JN238987

Contemporary Theory of Environmental Thought

現代環境思想論
―― 〈環境社会〉から〈緑の社会〉へ ――

松野 弘 [著]

ミネルヴァ書房

推薦のことば

松下和夫

　高度産業社会の発展により生じた様々な環境問題や，人口と経済の成長が地球の環境容量の限界に直面していることが指摘されて久しい。これらの諸問題に対しては，国際レベルおよび各国内において様々な政策的・技術的対応がとられてきた。その結果，今日の環境政策・技術の体系は格段に高度化している。しかし，それらの対策はあくまで経済成長の妨げにならない範囲で対症療法的に実施されているに過ぎず，環境問題を生起している社会の根本的・構造的な変革には程遠いのが現状である。

　世界の首脳が集まり「持続可能な発展」の実現に合意した地球サミットがブラジルのリオデジャネイロで開催されたのは1992年のことであった。リオの会議から20年を振り返り新たな政治的リーダーシップとモーメンタムを結集すべく，2012年6月には国連の「リオ＋20」会議が招集されたが，はかばかしい成果は得られなかった。各国の主要課題は依然として経済の量的拡大に集中しているように思われる。

　持続可能な発展は，本来，環境的・社会的・経済的な持続可能性を維持した発展を意味し，人々の生活の質的向上と生態系の持続可能性の維持を目的とする。ところが実際には，経済的持続可能性のみに焦点がおかれ，環境問題に対しては技術中心主義的なアプローチが重視されてきた。2011年3月11日の東日本大震災と福島第一原発事故を経た日本でも，とりわけ，この傾向が強いように思われる。環境問題そのものを生み出している現在の社会経済システムに内在する根本的要因を把握し，それらの要因を根底的に変革していくための思想的基盤としての環境思想が求められる所以である。

　このような状況の中で，現代の環境思想について，欧米や豪州の最先端の研究成果を踏まえて，〈エコロジー的に持続可能な社会〉，すなわち，〈緑の社会〉をめざして，体系的に著された本書の意義は大きい。

本書では「思想」を「人間が持っている社会の理想像の具現化に向けて行動していくための価値基盤」として位置づけ，そのうえで「環境思想」を，人間の内発的な価値転換のための「理念的・秩序的な環境思想」（環境哲学・環境倫理）としてだけではなく，環境問題を現実的に解決し，新しい環境社会を構想していくための「現実的・変革的な環境思想」としての位置づけを重視している。ここで「変革的」とは，経済発展優位の価値観から生態系の持続可能性優位へと価値観の変革を行うことによって，新しい環境社会を構築していくための行動的，かつ，制度的な変革志向性を意味している。すなわち，「環境思想」＝「思想＋政策」の総合的な思想体系を志向するべきことを明確に述べているのである。

　本書では，現代環境思想につき，歴史的な観点からの時系列記述（歴史的考察）とともに，内容的な観点からの概念的記述（理論的考察）が並存し，多様な角度と視座から論じられた力作である。そのことによって，著者が本書で意図しているところを読者はより多面的に理解をすることができるだろう。

（まつした・かずお：京都大学名誉教授）

推薦のことば

アーサー・モル

　本書では，今日の「大量生産－大量消費－大量廃棄」型の社会経済システムにおける思想・ライフスタイル・行動・政策を変革していくために，環境思想をめぐる歴史的論争の徹底的，かつ，包括的な分析を行っている。その分析の成果を，環境政治思想から環境政策思想に至るまでの多角的な環境思想へと結実させることによって，環境政策やそれを支えている社会経済システムの変革をめざすことを通じ，新しい環境社会のための理論的・実践的な視点と考え方を提示している。これは，これまでの環境思想研究に斬新，かつ，社会変革的な新しい展望を明示したすぐれた研究成果である。今日，われわれが直面している深刻化しつつある地球環境危機を克服していくために，こうした現代環境思想論が大きな役割と貢献をしていくことを大いに期待したい。

　　(Professor　Dr., Arthur Mol：オランダ・ワーヘニンゲン大学教授。「エコロジー的近代化論」・環境社会学・環境政策論。「エコロジー的近代化論」の世界的権威）

推薦のことば

ロビン・エッカースレイ

　本書の著者，松野　弘教授は環境思想研究の日本における第一人者である。彼は環境思想分野の研究では傑出した視点の持ち主であるといえる。なぜならば，彼は，アメリカのR.F.ナッシュ名誉教授（カリフォルニア大学サンタバーバラ校：環境思想史・環境倫理史）の『自然の権利』（訳，ミネルヴァ書房，2011年），イギリスのA.ドブソン教授（イギリス・キール大学：環境政治思想・緑の政治思想）の『緑の政治思想』（監訳，ミネルヴァ書房，2001年），さらに，私の著作『緑の国家』（監訳，岩波書店，2011年）等の環境倫理思想・環境政治思想・環境政治学分野のすぐれた著作を次々と日本に紹介しているからだ。本書は，環境思想の新しい息吹，すなわち，環境政治思想・環境経済思想・環境法思想・環境文化思想・環境政策思想等を有機的に統合化した「現代環境思想」の視点・考え方・方法論を明らかにし，環境思想が〈エコロジー的に持続可能な社会〉の構築に必要とされる思想・行動・政策・制度の変革の方向性を示しているという意味で，〈環境社会〉から〈緑の社会〉への展望を提示している，きわめてすぐれた研究成果である。

　　（Professor　Dr., Robyn Eckersley：オーストラリア・メルボルン大学教授。地球環境政治学・環境政治理論。グローバル環境政治学や「緑の国家」研究の世界的な女性研究者）

―Summary―

This book makes a significant and influential contribution to the academic and popular debates about the role of the contemporary environmental thoughts relatively composed of environmental political thought, environmental economic thought, environmental cultural thought, environmental law thought and environmental policy thought. It will greatly help us in finding out any possible solutions against the global environmental problems with those environmental thoughts and building up the future social design of Environmental Society as 'Ecologically Sustainable Green Society'.

序　文

「現代環境思想」とは何か
――地球環境危機と環境思想の役割――

　今日のような地球規模の環境問題を解決していくための方策，すなわち，環境政策を立案していく場合にも，さらに，環境問題を市民運動の立場から解決していく場合にも，環境問題を自然と人間との関係から考えていくための「思想」が必要であり，かつ，重要であることは，これまでの自然と人間との関係を歴史的に検証している「環境史」(Environmental History) の視点から考察すれば，至極，当然のことのように思われる[1]。というのは，今日の人間文明の興隆は，18世紀後半のイギリスの産業革命を起点とした近代産業社会の登場以来，近代的産業化を推進していくという美名のもとに，人間が自然を環境破壊し，征服しようとしてきたことからはじまったといえるからである。

　「思想」は，古代ギリシア哲学以来，人間の思惟作用の体系であり，人間生活における知的基盤としての役割を果たしてきた。さらに，これまでの人間の歴史をみてみると，「思想」は人間生活（＝社会）におけるさまざまな課題を解決していくための基本的な価値観であるとともに，人間生活を変革していくための知的装置であった。「思想」なくして，産業革命の登場（産業主義思想），近代社会の形成（近代化思想），ロシア革命（ソ連型のマルクス主義思想＝マルクス・レーニン主義思想）等の社会運動も存在しえなかったといっても過言ではない。

　こうした観点に立てば，現代環境思想とは，「環境問題という現代社会における最重要の社会的課題を解決していくための基本的な価値観（生態学的理性）であり，環境問題を引き起こしている資本主義的な社会制度や社会経済システムを変革していくための思想的，かつ，政策科学的な知的装置（環境政策の変革）である」，と考えられる。現代環境思想には，環境政治思想・環境経済思想・環境文化思想・環境法思想・環境政策思想等の市民生活に関わる諸思想が包摂される。このような現代環境思想を起点として，生態系の持続可能性を基

盤とした，〈エコロジー的に持続可能な社会〉（Ecologically Sustainable Society），すなわち，〈緑の社会〉（Green Society）を実現していくための環境思想の転換，環境政策の形成，さらに，環境計画・環境戦略の立案と実施が求められるのである。

現在，われわれ人類が直面している，地球温暖化問題，オゾン層破壊，森林伐採問題，砂漠化問題，廃棄物問題，資源枯渇問題等にみられるような，今日の多様化・グローバル化した環境問題の源泉は，18世紀の産業革命以降の〈近代産業社会〉によってもたらされた，「大量生産─大量消費─大量廃棄」型の社会経済システムの価値基盤となっている，〈産業主義思想〉にある。こうした産業主義思想は欧米先進国や日本などでは，近代化の過程の不可欠の要素として重視され，経済成長こそが社会発展の基盤であるという，経済成長＝社会発展の神話を増殖することになったのである。

しかし，物質的な豊かさの拡大とその享受が至るところでみられるようになる一方で，公害問題・環境問題・都市問題等の経済的豊かさの歪みを反映するような社会問題も頻発化するようになった。とりわけ，産業活動の高度化・多様化の進展につれて，反比例的に環境問題が増大化し，環境問題への取り組みが地球規模のものになりつつあることは周知のことである。このことは，人間の飽くなき物質文明の追求，それに伴う，経済成長神話への幻想があったことを如実に示している。その背景には，人間が自然より優位であり，人間社会の発展のためには，自然環境の破壊を容認してもよいという，〈人間中心主義〉（Anthropocentrism）的な価値観が存在している。今日の地球環境危機に対する公式的な見解は，ローマクラブの「成長の限界」に関する提言書，『成長の限界』報告書（Meadows, D.H. et al., 1972＝1972）にさかのぼるとされているが，このことは皮肉にも，人間が自然環境を破壊し尽くしてきた，歴史的な代償を経済成長の限界という形で，地球環境危機を警告したといってもよいだろう。つまり，われわれが直面している，地球環境問題とは，われわれが追求してきた，あるいは，これからも追求していこうとする，経済成長志向型の産業社会の進展を地球環境の保存，ないし，保全という枠組みの中で，どのように抑制し，さらには，現在の資本主義的な産業社会システムとしての，生産と消費の

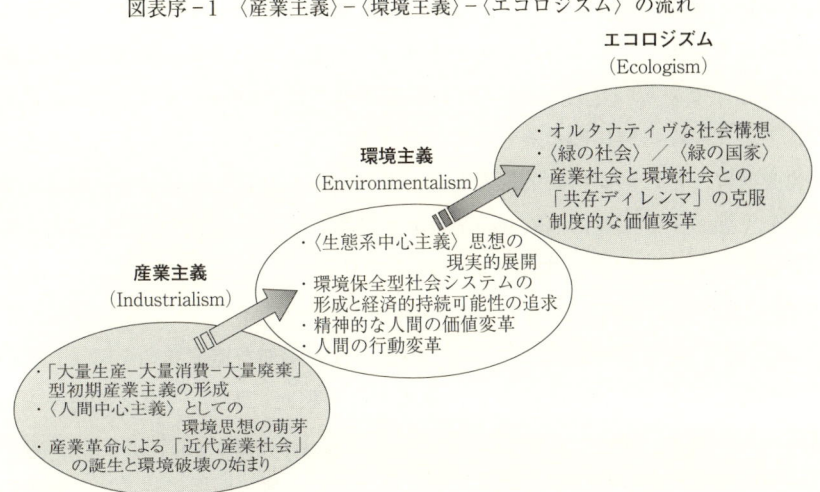

図表序-1 〈産業主義〉-〈環境主義〉-〈エコロジズム〉の流れ

エコロジズム
(Ecologism)
・オルタナティヴな社会構想
・〈緑の社会〉／〈緑の国家〉
・産業社会と環境社会との「共存ディレンマ」の克服
・制度的な価値変革

環境主義
(Environmentalism)
・〈生態系中心主義〉思想の現実的展開
・環境保全型社会システムの形成と経済的持続可能性の追求
・精神的な人間の価値変革
・人間の行動変革

産業主義
(Industrialism)
・「大量生産-大量消費-大量廃棄」型初期産業主義の形成
・〈人間中心主義〉としての環境思想の萌芽
・産業革命による「近代産業社会」の誕生と環境破壊の始まり

システムをどのように変革していくか,という課題をわれわれに突きつけているのである。

　環境問題の発生原因を人間による物質主義的な自己利益の追求による所産,つまり,「大量生産―大量消費」型の社会経済システムにあるとした上で,公害問題や環境問題を引き起こすような,企業の経済行動を抑制,ないし,改善していくような技術的対応を企業や国家の環境政策の基本的な柱としているのが一般的である。他方,環境問題の根底には,自然と人間との関係を人間の自己利益(self-interest)の観点から捉え,そこに,人間社会の発展を見出そうとする,人間中心主義的な価値観を変えていかなければ,環境問題を解決していくことは困難であるとする,環境倫理思想的な対応があった。環境問題に対する技術的対応(経済発展〔ないし,経済成長〕)と思想的対応(自然環境保護)との対立が,古くはアメリカにおける〈ヘッチヘッチ論争〉にみられるような,「環境保全主義」(Conservationism)対「環境保存主義」(Preservationism),さらに,今日では,政治イデオロギー的観点からの「環境主義」(Environmentalism)対「エコロジズム」(Ecologism)といった,環境思想上の対立を生み出しているのである。「環境主義」(Environmentalism)は,「持続可能な社会に向け

て，改良主義的（環境保全のための技術対応）なアプローチによって経済発展と環境保全とを両立させることが可能とするもので，道具主義的・人間中心主義的な思想」であるのに対して，「エコロジズム」（Ecologism）とは，「緑の政治のラディカルな形態に関わるもので，現在の生産と消費のパターンを生態系の均衡を前提とした形で根底的に変革し，われわれの政治的・経済的・社会的な生活を生態系中心主義的（Ecocentrism）な基盤による価値観や社会制度の変革へと変えていくという，生態学的合理性にもとづく思想」ということになる（Dobson, 2002：184-186）（図表序-1を参照のこと）。

　ところが，地球環境危機といわれている今日の深刻な環境問題を解決していくためのこれまでの方策をみると，環境問題の根底にある，「大量生産―大量消費―大量廃棄」型の社会経済システムを生態系の持続可能性というエコロジー的に持続可能な観点から再検討することなく，環境問題に対して技術的に対応していくこと（環境技術論，環境工学等のハードウェア的アプローチ）が最優先の課題となっているのが現状である。例えていえば，病人に対して体質改善等の根本的な治療をすることなく，薬物投与のような化学的な方法を用いることで対処療法を実践しているようなものである。このことが人間と自然の共生による，新しい環境社会，すなわち，〈エコロジー的に持続可能な社会〉＝〈緑の社会〉の実現を阻んでいる，といっても過言ではないだろう。

　そこで，本書では，今日の環境問題の根本的原因が生態学的合理性（生態系中心主義的な観点）よりも経済学的合理性（産業主義思想＝経済発展思想）を重視する，近代産業主義思想にあると考え，産業革命以降の近代西欧先進国における近代産業主義思想を構成している，さまざまな思想（社会進化思想，社会進歩思想，能率思想，合理化思想等）を批判的に検討していくことにしている。こうした作業を通じて，今日の環境問題を現実的に解決していくための，社会変革的な環境思想的基盤を見出していく方途として，〈観念思想〉としての伝統的環境思想（環境保護［保存］思想）から，〈現実思想〉としての問題解決志向型の環境思想への転換を考察していくことにしている。具体的には，環境思想（人間の価値変革）・環境政策（人間の行動変革）・環境シテスムの変革戦略（社会制度の変革）へと転換させることによって，現在の社会制度を変革してい

くための環境思想，すなわち，現代環境思想を構築し，その結果，人間の自己利益を優先した環境保全型の〈環境社会〉(Environmental Society) から，人間と自然との生態学的な持続可能性を前提とした，新しい環境社会としての，〈エコロジー的に持続可能な社会〉=〈緑の社会〉(Green Society) や〈緑の国家〉(Green State) へと移行させていくための視点・課題・方向性，つまり，環境思想が今日の地球環境危機を救っていくための現実的な社会制度変革のための可能性を多角的に探っていくことにしている。

〔注〕
(1) 「環境史」は自然と人間との関係を歴史的に検討し，人間が自然環境にどのような影響をもたらしたか，さらに，自然と人間との生態的な均衡関係をどのように構築していくべきかを模索していく学問領域である。R. F. ナッシュの『自然の権利』は，自然が人間の支配対象としている人間中心主義的考え方を歴史的に検証し，自然と人間との関係を生態系中心主義的な観点から捉えていく「環境倫理学」(Environmental Ethics) の出現の歴史的必然性を丹念に追究した画期的な著作である。また，J. マコーミックの『地球環境運動全史』は，今日の環境運動の原点となる思想である，「環境主義」(Environmentalism) の生成・発展課程を説明した上で，環境主義が環境思想・環境政策・環境運動等にどのような影響をもたらしたかを歴史的に追跡し，その課題と環境問題の解決法策のあり方を示唆した著作である。いずれの著作も，自然と人間との関係をどのように構築していくべきか，というテーマを検討している貴重な文献といえるだろう。
(2) 「環境保全主義」(Conservationism) は，「天然資源の効率的な保全は社会的利益のために開発されるべきであるという，土地管理（資源管理）の思想」のことを意味しているのに対して，「環境保存主義」(Preservationism) は，「どのような形の開発行為から自然（とりわけ，原生自然［Wilderness］）を保護・保存していくか，という自然に対する尊敬の念を基盤とした思想」のことである (Carter, 2001 : 2-3)。

現代環境思想論
―― 〈環境社会〉から〈緑の社会〉へ ――

目　次

推薦のことば……松下和夫／A. モル／R. エッカースレイ

Summary……vi

序　文　「現代環境思想」とは何か——地球環境危機と環境思想の役割……vii

第1章　環境問題と思想の役割 …………1
　　　　——思想的アプローチへの視点と位置——

第1節　環境思想の歴史的変容と現代的位置 …………1
第2節　「思想」とは何か …………2
　1．「思想」の社会的影響力：「思想」の意義と課題 …………3
　2．「思想」の可能性：「現状肯定的・秩序の思想」から「批判的・変革的思想」へ …………5
　3．「生活思想」への転換：「思想」を基盤とした市民政治意識の覚醒 …………7
　4．「思想」の基本的な考え方と原則 …………9
　5．「市民の思想」の社会変革力：「異議申立て」から，「社会変革」へ …………10
　6．「思想」への視点と分類 …………12

第3節　環境思想の意味と役割：思想的アプローチの意義と有効性 …16
　1．「環境思想」の捉え方：視点と考え方 …………17
　2．「現代環境思想」の意味と論理 …………22

第2章　近代産業社会の登場と社会的影響 …………37
　　　　——自然破壊と「大量生産―大量消費」型の近代産業社会の誕生——

第1節　産業革命の功罪：「社会発展思想」の影響と課題 …………37
　1．社会発展をめざす〈社会進歩思想〉(Social Progress) …………42
　2．近代産業社会の発展思想と〈社会進化思想〉(Social Evolutionism) …43
　3．近代産業社会の科学化と〈実証主義思想〉(Positivism) …………43

第2節　近代化と産業社会の役割：初期産業主義思想としての「競争原理」と「優勝劣敗」 …………45
　1．技術革新と「分業思想」(Division of Labour) …………49
　2．労働生産性と「能率思想」(Principle of Efficiency) …………51
　3．近代組織の効率化と「合理化思想」(Rationalization) …………53

第3節　産業社会のシステム化と中期産業社会の登場：「フォーディズム」と「脱フォーディズム」の世界 …………………………… 55
　　1．フォーディズムとフォードシステム（Fordism & Ford System）の思想と論理 …………………………………………………… 55
　　2．フォードシステムの要素と構成 ………………………………… 56
　　3．フォーディズムとフォードシステムの課題 …………………… 57
第4節　中期産業主義思想の展開 ………………………………………… 58
　　1．ホーソン実験と人間関係論思想 ………………………………… 58
　　2．近代企業と組織革新思想 ………………………………………… 59
　　3．近代企業とイノベーション思想 ………………………………… 61
第5節　近代産業社会の高度化と後期産業社会への発展 ……………… 62
　　1．高度産業社会と新しい産業化理論の登場：後期産業社会の特質と課題 … 62
　　2．後期産業主義思想の生成と展開 ………………………………… 62
　　3．近代産業社会と自然環境との共生：環境保全型のポスト産業社会への視点 ………………………………………………………………… 68

第3章　近代産業社会とそのディレンマ …………………………… 73
――「経済発展」か，「環境保護」か――

第1節　「ヘッチヘッチ論争」とは何か：「環境保全主義思想」と「環境保存主義思想」の対立 …………………………………………… 73
　　1．近代産業社会と「ヘッチヘッチ論争」の背景 ………………… 73
　　2．「ヘッチヘッチ論争」の争点 …………………………………… 74
　　3．「ヘッチヘッチ論争」の社会的影響力とその意味 …………… 75
第2節　「成長の限界」論と環境問題への影響：「批判」と「対応」…… 77
　　1．「成長の限界」論登場の背景と要因 …………………………… 78
　　2．「成長の限界」論の意図と意味 ………………………………… 83
　　3．「成長の限界」論への批判的論点 ……………………………… 87
　　4．「成長の限界」論への技術的・政策的対応：「持続可能な発展（開発）」論・「エコロジー的近代化」論・「産業エコロジー」論 …………… 95

第4章 「環境思想」の出現と変容 …… 101
―― 対抗思想としての環境思想 ――

第1節 「環境思想」の歴史的展開：生成と変容 …… 101
第2節 初期環境思想（1）：伝統的環境思想の浸透（18～19世紀）… 103
第3節 初期環境思想（2）：近代環境思想の登場（19～20世紀）… 106
第4節 中期環境思想（1）：現代環境主義思想の萌芽
　　　（1960～1970年代） …… 109
第5節 中期環境思想（2）：ラディカル環境主義思想の出現
　　　（1970～1980年代） …… 111
　　1．産業社会の負荷現象と「成長の限界」思想の警告 …… 111
　　2．樹木の当事者適格と法的「自然の権利」思想 …… 112
　　3．伝統的環境思想の革新と「ディープ・エコロジー」思想の出現 …… 112
第6節 後期環境思想（1）：環境主義思想の政治化（1980～1990年代）… 113
　　1．国際的な環境政策への取り組みと各国政府の環境政策の形成と
　　　推進 …… 114
　　2．環境政策スペシャリスト集団の勃興 …… 116
　　3．フェミニズム思想との融和による政治化 …… 117
第7節 後期環境思想（2）：環境主義思想の緑化（1990～2000年代）… 118
　　1．エコロジズム思想の登場と展開 …… 119
　　2．環境運動のグローバル化 …… 120
　　3．「エコロジー的近代化」論の登場：経済発展と生態系の均衡と
　　　持続可能性 …… 120
第8節 後期環境思想（3）：制度変革のための環境思想への転換
　　　―― 「環境思想」から「緑の思想」へ（2000年以降） …… 121
　　1．地球環境危機への対応 …… 122
　　2．〈エコロジー的に持続可能な社会〉と多角的な環境思想の有機的な
　　　統合化 …… 123
　　3．オルタナティヴな環境国家構想としての「緑の国家」論 …… 124

第5章 「現代環境思想」の五つの潮流 …… 135
―― 視点・考え方・課題 ――

第1節 「環境思想」の現代的な視点と潮流 …… 135

目次

　第2節　「人間と自然との関係」を変革していくための思想(1)：
　　　　　「ディープ・エコロジー」論の視点・考え方・課題 ……… 137
　第3節　「人間と自然との関係」を変革していくための思想 (2)：
　　　　　「自然の権利」論の視点・考え方・課題 …………………… 142
　　　1．「自然の権利」論とは何か ……………………………………… 143
　　　2．「自然の権利」論の基本的要素………………………………… 145
　第4節　「人間と自然との関係」を変革していくための思想 (3)：
　　　　　「環境的正義」論の視点・考え方・課題 …………………… 151
　　　1．「環境的正義」思想の登場と展開……………………………… 151
　　　2．「正義」論から「環境的正義」論へ…………………………… 154
　　　3．「環境的正義」論の視点・考え方・課題 …………………… 156
　第5節　産業主義思想のエコロジー化：「持続可能な発展（開発）」論と
　　　　　「エコロジー的近代化」論 ……………………………………… 157
　　　1．「成長の限界」論の意義と課題………………………………… 158
　　　2．「持続可能な発展（開発）」論の社会的影響 ………………… 159
　　　3．「エコロジー的近代化」論の登場と展開 …………………… 162
　第6節　社会制度を変革していくための思想：「ラディカル・エコ
　　　　　ロジー」論の視点・考え方・課題 …………………………… 172
　　　1．「ソーシャル・エコロジー」論の視点・考え方・課題 …… 173
　　　2．「エコソーシャリズム」論（「エコ社会主義」論）の視点・考え方・課題… 177
　　　3．「エコフェミニズム」論の視点・考え方・課題……………… 183

第6章　「現代環境思想論」の視点と考え方 ………………………… 191
　第1節　「現代環境思想論」の視点と方向性 …………………………… 191
　第2節　「環境政治思想」の視点と考え方：政治思想のエコロジー化… 192
　　　1．新しい政治スタイルと「環境政治思想」の登場 …………… 192
　　　2．環境政治思想から，緑の政治思想へ ………………………… 193
　第3節　「環境経済思想」の視点と考え方：経済思想のエコロジー化… 196
　　　1．公害問題・環境問題による経済思想の変容：環境経済思想の誕生 … 196
　　　2．環境経済学の視点と考え方 …………………………………… 197
　　　3．エコロジー経済学の視点と考え方 …………………………… 199

第4節 「環境文化思想」とは何か：文化のエコロジー化 ……………201
   1．「環境文化思想」の視点と考え方 ………………………………201
   2．環境倫理思想の進化とディープ・エコロジーの役割…………202
   3．〈観念としての環境文化思想〉（内発的変革）から，〈実践としての環境文化思想〉（外発的変革）への転換 …………………205
第5節 「環境法思想」の視点と考え方：「自然の権利」の役割 ……206
   1．環境破壊と「自然の権利」論の位置 …………………………206
   2．「自然の権利訴訟」の意味：「自然の権利」の制度化…………207
   3．アメリカにおける「自然の権利訴訟」の成果 ………………208
   4．日本における「自然の権利訴訟」 ……………………………209
   5．「自然の権利」思想の今後の視点と課題 ……………………210
第6節 「環境政策思想」の視点と考え方：政策のエコロジー化 ……212
   1．「エコロジー的近代化」論の登場と環境政策の転換 …………212
   2．「エコロジー的近代化」論の視点と考え方 …………………213

第7章 「現代環境思想論」の位置と方向性……………………………217

第1節 環境思想の源泉と位置 …………………………………………217
第2節 転換期の環境思想への視点と課題：現代環境思想の構成要素と考え方 ……………………………………220
第3節 現代環境思想の位相と方向性…………………………………222
   1．現代環境思想と多角的な構成要素の統合化 …………………223
   2．「緑の国家」への転換のための基礎的な条件：「環境的持続性指標」（ESI）から，「環境的成果性指標」（EPI）へ …226
   3．ESIとEPIによる環境ガバナンスの今後の方向性 ……………229
第4節 「持続可能な社会」への政策転換（事例研究）：スウェーデンにみる「緑の福祉国家」への視点と戦略 ………230

第8章 〈エコロジー的に持続可能な社会〉のための国家構想 …235
―「緑の国家」論の視点・思想・方法論―

第1節 〈エコロジー的に持続可能な社会〉への視点と方向性 ………235
第2節 「緑の国家」論の思想的構想：緑の政治思想の萌芽 …………236

第3節　「緑の国家」論の制度的構想：視点と考え方 …………237
　　1．「緑の国家」論の視点と構想 ……………………………237
　　2．「緑の国家」論の段階的発展論……………………………238
　　3．「緑の国家」論の制度的構想：「緑の政策」と「緑の憲法」の具体像…242
　　4．「緑の国家」論への展望 …………………………………246

終わりにかえて――現代環境思想のゆくえ……249

引用・参考文献一覧……255
あとがき……269
人名索引……275
事項索引……278

第1章

環境問題と思想の役割
――思想的アプローチへの視点と位置――

第1節　環境思想の歴史的変容と現代的位置

　環境問題への思想的アプローチとしての「環境思想」(Environmental Thought) という言葉は，環境運動が1960年代にアメリカで従来の富裕層やエリート階層中心の自然環境保護運動から，環境問題における社会的公正（ないし，社会的正義）の実現をめざしていくために，マイノリティの人々を含めた一般大衆を中心とする，社会変革志向型の社会運動としての環境運動へと移行する際に，そうした運動を支えていく価値基盤としての信条，理念，あるいは，主義・主張 (cause) を表現するものとして登場してきたといわれている。欧州では，今日，「環境思想」という言葉が定着しているのに対して，アメリカでは，「環境主義」(Environmentalism) という言葉が使われている。その背景には，「環境思想」には，環境哲学，環境政治学，環境経済学，環境社会学，環境法学等の学問的要素が包摂されており，〈思想＋政策〉，という総合的な思想体系を構築することが意図されているのに対して，「環境主義思想」には，環境運動という社会運動論的な要素が強く盛り込まれているためと思われている。したがって，アメリカにおける審美的な自然的価値を保護していくという伝統的な自然保護観から，環境問題という社会的争点を解決していくための方策としての環境運動の台頭（1960〜1970年代）がそうした運動を支え，推進していく価値的・行動的基盤としての，「環境思想」を生み出したのである。もちろん，こうした背景には，人種差別に反対する「公民権」(Civil Rights) の実現をめざす市民運動や公害・環境問題にみられるような企業の反社会的行動に対する一般大衆の怒りとしての「消費者運動」(Consumerism) なども，環境

運動を推進していく要因にもなっていたことは確かである。

　日本で「環境思想」という言葉が散見されるようなったのは，1990年代に，「環境哲学」(Environmental Philosophy)，あるいは，「エコフィロソフィ」(Ecophilosophy)，さらに，「環境倫理学」(Environmental Ethics)，に関する著作や翻訳等が紹介されるようになってからである。この場合，環境思想はアメリカのように環境運動を支えていく主義・主張（Cause）としての環境思想としてではなく，環境問題に対する人間の内発的変革（道徳的変革）を促す倫理的な概念としての意味をもっていた。今日でも，環境問題を解決していく方策として，環境問題への技術的な対応だけではなく，社会制度全体の変革へと進展させ，〈エコロジー的に持続可能な社会〉としての〈新しい環境社会〉を構想化，あるいは，具体化，ないし，体系化しているような著作や論文は欧州の一部の緑派の政治思想・政治学分野の研究者以外に今のところ，見出すことはできない。

　そこで，本章では，環境思想について論じていく前提段階として，人間にとって「思想」はどのような意味をもってきたのか，すなわち，①「思想」という人間の思索行為，あるいは，思惟行為がこれまで，人間生活にどのような意味と役割をもってきたのか，さらに，②環境問題に対して「思想的アプローチ」のもつ意味や役割，を検討していく作業を通じて，「思想」や「環境思想」のもつ，今日的な意義と役割を確認しておきたい。

第2節　「思想」とは何か

　「思想」という言葉が人間の思索行為，あるいは，思惟行為として社会的に認知されてきたのは，近代社会が形成される準備段階としての，17〜18世紀の欧州における「啓蒙主義時代」であった。それ以前は，「思想」とは，宗教思想であり，神に対する敬虔な祈りとしての意味合いをもっていたようである。つまり，神への信仰的な献身が「思想」の中心的なテーマであり，それゆえ，神学という神の教義（ドグマ）としての学問を教え，研究していくことが中世の大学における基本的な役割であった。

　17世紀に活躍した，近代哲学者，R.デカルトの「我思う，故に我在り」（『方

法序説』[1637＝1967])，B. パスカルの「人間はひとくきの葦にすぎない。自然の中でももっとも弱いものである。だが，それは考える葦である」(『パンセ』)，という人間理性の優位性の考え方は思想を神中心のキリスト教的な，かつ，権威主義的な知識体系から，人間中心の知識体系へと転換させる，近代社会の思想的方向性を提示したものといえるだろう。さらに，知識の集約体系としての「思想」が社会的に大きな政治的影響力となることを示したのは，18世紀におけるD. ディドロー，J. ダランベール等のフランスの「百科全書派」(Encyclopédistes) の知識人であった。彼らは，社会の設計図としての「思想」が一般大衆にフランスの絶対王政国家体制の社会的矛盾の存在を知らしめ，そのことが社会変革（フランスでは，市民革命）をもたらすことを認識し，その役割を普及しようとしたために，国王権力に迫害・弾圧されたのであった。しかし，人間精神の進歩が社会発展に繋がるという，社会進歩思想は近代社会の成立まで継承されることになったのである。

その意味では，「思想」という人間の思索行為は，近代社会としての民主主義国家を形成していくために，中世の絶対王政という封建的な社会体制を打破していく変革的役割を担っていたのであった。そうした経緯から誕生した「思想」が近代社会成立以降，われわれにどのような影響をもたらしてきたのかについて，近代的な思想発展過程の中で素描し，現代社会における「思想的行為」の意味を確認しておきたい。

1．「思想」の社会的影響力：「思想」の意義と課題

どんな人間でもその人なりの信条なり，生き方に対する考え方をもって生きてきたことは確かである。人間の構成要素が精神的要素と身体的要素から成るとすれば，人間が人間以外の存在物と異なるのは人間の精神性（理性と感性）であり，それを支えている精神的支柱が「思想」である。それが「思想」という呼び方でなくても，人間は程度の違いはあってもそれなりの「思想」をもっているのである。それが社会的役割や社会的使命（ソーシャル・ミッション）をもっているかどうか，は別の問題である。ここで重要なのは，環境思想を考えていく上で，「思想的行為」ということがわれわれの日常生活の中で，あるい

は，日常生活のさまざまな社会的争点を解決していく上で，どのような役割をもっているか，ということを明確にしていくことなのである。

「思想」には，西欧思想や日本思想などその国の文化や風土によってその考え方は異なるけれども，「思想」が社会体制や社会生活と関わる用語であったことは，これまでの西欧における政治運動や社会運動における主義・主張としての意味，また，日本では，社会主義運動との関係で，社会主義を敵視する形での反体制思想（政治的イデオロギー）としての意味などで使用されてきたことからも，「思想」という言葉にはすぐれて政治的な意味合いが含まれてきたといえるだろう。このことからみても，「思想」は出自的には決して，一般大衆の知恵からでてきた言葉ではなく，一部の政治運動・社会運動の指導者，あるいは，国家という権力から発せられた言葉としての意味合いをもっており，権威主義的要素を含んでいるといってもよいだろう。もちろん，ここでいう，「思想」とは哲学的意味での，知識が体系化された理論・学説・教義を示しているものではなく，人間の社会観や生き方を体現し，現実的な社会的課題を解決していくための実践的な価値観であり，社会的課題に対する自らの考え方・態度等を明示していくことを意味している（平凡社編，1971：589）。

日本の場合，「思想」という言葉が本格的に一般大衆に浸透していったのは，第2次世界大戦以降の民主主義社会が成熟化してきた段階からである。明治維新以降の近代国家の形成・発展過程の中では，「思想」とは，国家に敵対する無政府主義思想や社会主義思想という，政治的用語であった。それが一般大衆の考え方を社会に反映するような言葉として定着してきたのは，戦後の民主主義思想が浸透し，市民の政治的習熟性が向上してきたからであり，その結果として，市民の政治参加が具体化してきた1970年代以降であろう。つまり，これまで，政治運動や社会運動の指導者，あるいは，国家の独占物であった「思想」が民主主義社会における主権在民という本来の意味での，「思想の市民権」という形で一般大衆が獲得するような段階に至ったのである。これは市民権を得ただけであって，市民権を行使し，「思想」を市民の立場から社会や政治に本格的に反映させる段階にまでは至っておらず，今日でも「思想」は依然として，政治運動家・社会運動家，国家，学者・研究者の独占物となっていると

いっても過言ではないだろう。

　これまでの歴史からみても,「思想」が市民権を得たのはフランス革命やアメリカ独立革命のような,市民主体の社会的価値が必要とされた時のみである。日本のように,市民革命を経験することなく,近代国家の構築をめざした国では,「思想」は国家の発展を阻害していく障害物としての位置しかもっていなかったのである。「知識は力なり」(Ipsa scientia potestas est.) という名言を発したのは,16世紀―17世紀にかけてのイギリスの著名な哲学者・神学者・政治家でもあったF.ベーコンであったが,日本では,「無知は支配の力なり」になってしまったのである (Bacon, 1597=2004)。これは国家の国民に対する政治思想の高まりへのおそれを表現したものといってよいだろう。一般大衆が「思想」を求めようとしても,日本は明治維新以降の教育制度によって,彼らの勉学意欲を権力や資本の力によって抑圧し,一部のエリート階層に国家を担わせるような,エリート支配国家=官僚制国家をつくり上げてきたために,「思想」はますます一般大衆の手から離れていったのである。

　今日のように,地方分権,市民参加,市民と行政の協働といったような政策テーマが国の政策の中枢的な課題になってきたのは,官僚制的な国家機能が機能不全化してきたからである。こうした明治時代以来の官僚制国家の弱体化を契機として,一般大衆が政治的参加のための「思想」を自らの力として獲得していこうとする現状からみると (例:さまざまな政策課題に対する地域住民や国民の直接請求運動の増大化や活発化等の動向),「思想の市民権」を社会変革のための自らの知的装置として活用しはじめたといっても過言ではないだろう。つまり,「思想は変革のための力」として,一般大衆の重要な知的基盤となり,社会変革のための知的装置として孵化しつつあるといってよいだろう。

2.「思想」の可能性:「現状肯定的・秩序的思想」から「批判的・変革的思想」へ

　「思想」が欧州において,キリスト教の教義として信者や一般大衆に影響力を行使できたのは,教義としての神秘性や権威性にあったからである。欧州の近世初頭に支配的な「思想」となっていた,王権神授説にみられるように,国

王権力の存在理由と神の支配思想とを政治的に結びつけることによって，政治的支配と宗教的支配を巧みに融合させ，国王権力の正統性を確立することができたのは，キリスト教の教義に超自然的な神秘性と神から授与された支配の有効性を偽装させることができたからである。こうして，「思想」には，社会体制を維持していくための「秩序」，抑圧的な支配思想としての「社会規範」としての意味が付与されたのである。

このような絶対王政体制擁護のための「思想」は近代社会への過渡期としての啓蒙主義時代を経て，近代化への社会進化的・社会進歩的要素と実証主義的要素（自然科学的法則性）を結実させることで，近代社会形成のための変革志向性をもつことになるとともに，「思想」の主体が国王権力から，人民の権利へと移行していくことになるのである。換言すれば，前近代社会から，近代社会への移行過程の中で，王権の絶対性や封建的な身分的秩序体制といった，旧来の社会体制の構造的矛盾を批判し，近代社会を構築していくための変革的志向性をもつような，一般大衆の知的装置へと変貌していったのである。とりわけ，フランスの啓蒙主義思想は絶対王政下の社会体制（旧体制＝アンシャン・レジーム）への批判的精神を醸成し，それを社会変革，つまり，フランス革命へと進展させる重要な役割を担った。

これは，「思想」が中世時代の神学によって形成されてきた，神や王権への忠誠を誓う，観念としての「思想」から，科学的な知の力によって，伝統的な封建的社会体制を批判し，新しい社会をつくり上げていくための「創造的な知的基盤」へと転換していったことを意味しているのである。つまり，「思想」はたんなる「知識」の集合体や論理体系ではなく，人間の価値意識や社会変革志向性などと結合することによって，人間として理想像（社会像）を創造していくための知的装置として機能していくことを示しているのである。

近代社会以降，人間は自らの物資的幸福を追求していくために，経済発展（ないし，経済成長）による社会発展を推進してきたが，その知的基盤となったのが，〈近代産業主義思想〉（Modern Industrialism）なのである。近代産業主義思想とは，社会発展の基盤を経済発展に置き，この経済発展を推進していくための産業力の知的基盤となるもので，社会進化思想，社会進歩思想，分業思想，

能率思想，合理化思想などから構成され，現在の「大量生産—大量消費」型の産業社会を形成していく重要な要素となったものである。こうした近代産業主義思想が既存の社会を継続的に発展させていくという，すぐれて楽観的な志向性をもっているのに対して，本書でこれから頻繁に登場してくる，「環境思想」（Environmental Thought）という言葉は，こうしたバラ色の社会発展思想がもたらした，物質文明の負荷現象としての「環境問題」を解決していくための，一般大衆の知的な変革装置となるものである。

このように，「思想」には，社会変動に対応して，既存の社会体制（近代産業社会）を維持していくための「秩序的思想」，そうした体制を検討し，打破していくための「批判的思想」，さらに，既存の社会体制に代わる，新しい社会構想（「環境社会」）を構築していくための「創造的思想」，の三つの観点から捉えることができる。このような「思想」の基底要素は，人間が既存の社会体制をどのように変革していくかという場合に，一般大衆にとって「知的変革力」となりうるものである。

3．「生活思想」への転換：「思想」を基盤とした市民政治意識の覚醒

すでに述べたように，「思想」は元来，社会のエリート階層の人々が国家・社会を支配していくためのイデオロギー的道具であり，一般大衆は「思想」を必要としなくても生きることはできたのである。生きることができたというのは逆にいえば，一般大衆に「思想」すること（思想的行為）を停止させるような環境をつくり，「思想」することが無意味なように仕向けて，国家や社会を支配してきたのである。国家や社会のことなど一切，考えてもらわないほうが為政者にとって都合がよいのである。一般大衆は，「ふつうの生活をふつうに生きている」だけでいいのであって，「『思想』なんかなくても，……そうして生きてきたのである」わけで，その理由は，「思想は世界史を動かしはするが，現在のわたしを動かさないのである」という指摘も「思想」のもつ政治性からすると理解できなくはない（勢古，2004：13, 55）。こうした考え方は高度大衆消費社会にみられた，文化的頽廃状況下によくいわれる「無思想性としての思想」である。これもある意味では，「イデオロギーの終焉」の今日的現れかも

しれない。かつて、評論家の大宅壮一は、1960年代の高度経済成長期に、テレビ文化が大きな影響力をもちはじめたことに対して、「一億総白痴」という表現で、映像文化の進展は人間の思考能力を奪い、政治や社会に無批判な一般大衆をつくり出していくことを懸念していた。マスメディアを通じてこうした無思想的状況を意図的に創出して、一般大衆を政治的アパシー（無関心）の世界（つまり、テレビ番組のワイドショー的な世界への状況）に引きずり込み、①一般大衆の政治的・社会的関心を「思考停止」させ、②さらに、「思想的行為」を放棄させることで、政治家、官僚、ジャーナリスト、学者たちに政治活動を委任させてしまうことが時の為政者にとっては好都合なのである。かつて、2005年の衆議院選挙において、当時の内閣総理大臣・小泉純一郎が郵政民営化を争点の集約化、すなわち、シングル・イッシュー（単一争点）として、「官か、民か」というたった一つのキャッチ・フレーズの連呼のみで、郵政民営化政策の論拠や政策の問題点を国民に十分に説明することなくして、二者択一的に「イエスか、ノーか」の政策選択をおもしろ、おかしくしゃべって、政策に無知な一般大衆を喜ばせるような──いわゆる〈ワンフレーズ・ポリティックス〉手法を駆使していた。こうしたポピュリズム的な政治手法は「思想」を単純化することで、一般大衆に「思想的行為」を放棄させていくのは、かつてのナチス（ドイツ）の独裁主義者のA.ヒットラーにみられるように、多様なメディアを独占的に駆使して為政者が一般大衆を操作し、支配していくための常套手段である。かつて、徳川家康が民衆統治の心得として論語から転用した、一般大衆を常に無知状態に追い込むような大衆操作戦略としての、「由らしむべし、知らしむべからず」という言葉は、今でも生き続けているのである。一般大衆が、「ワイドショー的政治劇場」の観客として埋没し、国家の政治や政策に疑問をもたなくなってくれれば、この統治原理は支配者にとっては、まさに一般大衆の支配政策は成功することになる。

　「思想」は日常生活の一般大衆の実践的な問題意識や現実的な思考の中から出てくるものであって、「日々の生活、日々の判断や行動のうしろには、自覚はされなくとも、必ず一定の思想がひそんでいる」のである（古在、1960：はしがき）。こうした日常的な思考が一般大衆の社会意識を高め、日常生活に関

するさまざまな問題に対する解決方策への視点や方法を提起してくれるのである。つまり，市民生活という日常的な生活空間についての一般大衆の問題意識や問題提起が政治参加への自覚や行動を生み出すことになる。つまり，「思想的行為」は，一般大衆が政治的市民としての自覚を認識し，自らの政治的習熟性を醸成・発展させることになり，国家や社会に対する批判的精神をつくり出し，自らにとっての社会のあり様を構想していくことをわれわれに可能にさせてくれるのである。為政者の意図する，「思想なんかいらない生活」から解放されて，国家や社会へ積極的に発言していく（しなくても意思表明はしていく），「思想的行為のための生活」へと自らの意識や行動を転換させることによって，われわれは自らの社会で主体的に生きていくことを見出していくのである。

4．「思想」の基本的な考え方と原則

一般に，「思想」とは，「この世の現実は〈かくあるべきだ〉とし，そのあるべき現実を実現するためにわれわれのもっている知識，能力を〈どの方向〉に〈いかに働かせるべきか〉についての，一定の，大なり小なりまとまりのある見解，考え」に示されているように，人間がもっている社会の理想像（ないし，理念像）に対して，知識と価値観を有機的に連関させて，理想像の具現化に向けて行動していくための価値基盤であるといえるだろう（思想の科学研究会編，1995：190）。「思想」は社会的現実に対して十分な現状分析をした上で，社会的課題を解決するための，あるいは，社会構想を具現化していくための価値認識を明確にすることによって，知識や方法論を選択し，それらの目標を実現していくために行動を喚起していくための知的装置なのである。したがって，「思想」には一定の社会的課題を解決し，自らの価値理念にもとづく社会構想を実現していくという，すぐれて実践的な動機が必要となってくる。いささか，マルクス主義運動論的な感もなくはないけれども，古在由重によれば，「思想」は，「実践が提起する課題との対決，格闘，そしてこれを通じて自らの難路をきりひらき，自らの展望をかちとっていく作業」ということになる（古在，1960：i）。さらに，鶴見俊輔は古在の社会運動論的な表現を思想の科学性の観点から，「まず客観的なものとして『課題』があり，次にある個人が『設

問する』，問題を自分で立てる。ついでそれに取り組む解決の『方法』があり，そのあとで『体系』となって，この体系にもとづいて個別の状況についての『判断』がある」こととして，「思想」を捉えている（鶴見，1996：317-318）。

このように，「思想」には，①自らの価値認識を明確にした上で（価値認識前提の原則），②さまざまな社会的課題を科学的に分析し（課題分析の原則），③その課題を抽出することによって（課題抽出の原則），④その課題解決の方策を見出し（課題解決のための方策選択の原則），⑤その課題解決のための行動を起こすことで（課題解決のための行動の原則），課題解決という目標を達成していくことになる。そうした経験を積み重ねていくことで，「思想」作業が一つのまとまりとしての体系を形成していくことになるが，「思想」は生きた社会を対象とするので，課題の変化に対応して，解決方策も柔軟に対応していくことになる。しかし，「思想」に対する基本的な考え方は国家や社会のために「思想」は存在するのではなく，それらを構成する主体である国民や市民が市民としての公共性的視点（市民的公共性）に立った，「思想」を通じて，民主主義原理を基盤としたよりよき社会状態，よりよき社会目標を形成していくことにある。これが「思想の公共性」たる所以であって，「思想」は個人としての私益を追求するための知的装置ではない。

5．「市民の思想」の社会変革力：「異議申立て」から，「社会変革」へ

近代社会以降，「思想」が政治的イデオロギーとして，社会変革をもたらしたのは，K.マルクスとF.エンゲルスによって形成された，科学的社会主義としての，マルクス主義思想である。近代産業社会には，①経済発展に支えられた，社会進化論的・社会進歩論的な社会発展思想がもたらされるという，資本主義社会を肯定する見方（産業主義的な社会発展思想）と，②資本主義社会に内包されている構造矛盾，つまり，生産手段を独占し，資本の自己増殖によって，経済的支配体制を確立する資本家階級と生産手段を所有しないで，資本家階級に労働を提供することで，労働対価を得る労働者階級との対立によって，階級闘争が必然として起こり，資本主義社会が崩壊していくという，資本主義社会を否定する見方（社会主義的な革命思想），の二つの見方がある。こうしたマル

クス主義的な社会観は，労働者階級が社会矛盾を認識して，社会主義革命を起こすという考え方が基本であるが，こうした社会革命運動を導いていくのは，人民ではなく，職業革命家である。

　こうしたマルクス主義思想は一般大衆によって草の根的に叢生していくというものではなく，職業革命家の思想論・組織論・運動論によって一般大衆をオルグ化（組織化）していくという点からみても，市民が〈資本主義社会〉を革命化していった，「市民のための思想」とはいい切れない。むしろ，職業革命家という，社会革命運動のリーダーが一般大衆としての人民を啓蒙・指導・組織化することで，資本主義社会を打破して，社会主義革命へと導く役割を果しているので，「リーダー的革命思想」と呼んでもよいだろう。

　これに対して，資本主義社会としての産業社会を革命的手法としてではなく，体制内変革として，社会のさまざまな問題を解決し，社会運動を通じて，政治的目標を獲得していこうとするのが市民社会論的な社会変革運動としての社会運動であり，住民運動や市民運動である。そうした運動論の価値基盤となるのが，「市民の思想」なのである。こうした傾向は第2次世界大戦後の経済復興が達成されてから，わが国でも経済開発中心の地域開発政策がもたらしたさまざまな公害問題や環境問題に対する，1960年代後半の地域住民の工場誘致反対運動や公害反対運動という，「異議申立て」（Contestation）から出現してくることになる。このような運動の背景には，大企業の資本の力，あるいは，国家政策による無秩序な経済開発行為に対する，地域住民自らの生活防衛という生活環境思想が基盤となっている。このような住民運動が今日の市民運動の思想的源泉となっている。こうした市民運動は市民の高学歴化と政治的習熟性の高まりによって，政治機会を獲得し，政治活動に参加することで，政策立案を行っていくという（市民立法），社会変革のための市民参加基盤を形成していったのである。こうした市民活動の政治参加機会の拡大によって，市民はNPOやNGOという，非営利組織としての市民活動団体を通じて，草の根の市民運動を基盤とした，社会変革志向の市民活動を展開していった結果，今日，行政が中心的な政策テーマとして取り上げている，「市民と行政の協働」を志向した行政施策への転換に結実していったのである。

このように，かつての「思想」は社会革命運動のための，「リーダーのための思想」であったのに対して，今や，「思想」は市民運動や市民活動の中心的な基盤となり，政党や政治家のためのイデオロギー的役割ではなく，市民の生活環境の防衛を起点とした，市民自治・国民自治のための，さらに，社会変革のための「日常生活のための実践的思想」の役割を担っているといえるだろう。

6.「思想」への視点と分類

「思想」がこれまで，歴史的な流れの中で，どのように捉えられてきたか，について簡単に素描することを通じて，「思想」の特質が明らかになれば，「思想」の今日的な意義を見出すという点で意味のあることと思われる。ここでは，①「思想の概念的分類」と，②「思想の歴史的分類」（日本—明治以降）という作業を通じて，「思想」がどのように変遷してきたか，について考えてみたい。

「思想」という言葉が「哲学」等の西欧思想用語とともに日本に文化移入されたのは，明治維新以降の「文化の近代化」の過程からといわれており，「thought」（英語），「pensée」（フランス語），「denken」（ドイツ語）等の原語に対する日本語としての訳語が「思想」の言語的起源となっているようである。明治維新以降の社会を近代社会とすれば，幕藩体制下の社会は前近代社会ということになる。前近代社会における「思想」は，時の為政者のイデオロギー的，ないしは，文化的支えとなるような，文化的価値観であった。具体的にいえば，徳川時代においては，儒学における「徳」の概念，すなわち，道義的概念が「思想」の支配的位置を占めていたようである。例えば，武士道という言葉に表象されるように，支配階級の文化的価値が優位をもち，一般大衆がそれに従っていくということで，そこに，士農工商という封建的身分制度の政治思想的な意図を見出すことができる。

こうした日本固有の「思想」を「土着思想」とすれば，日本における「思想の近代化」は，福沢諭吉の「脱亜入欧」という言葉に象徴されるように，当時の先進諸国の集合体である欧州の政治・経済・文化に追いついていくための，近代文明的な知的基盤ということになり，これが「輸入思想」といわれる所以である。明治・大正・昭和・平成という，一世紀を超えた時代変遷（近代化過

程・現代化過程）の中で，「思想」はその役割を変化させていくことになる。基本的には，「思想」はこれまでの思想の歴史的流れから考察していくことを通じて，次のような三つの価値観にもとづいた「思想」に集約することができるだろう。

〔1〕「イデオロギー」としての「思想」

　近代社会以降のどのような時代でも，政治的・党派的な立場から社会運動を喚起していくためには，一般大衆を思想操作していくための知的基盤としての「思想」が有効である。このようなイデオロギー的な「思想」は，特定の社会階級（資本家階級や労働者階級）の政治的な主義・主張を実現していくためのものであって，時には支配者階級が，時には被支配者階級が，政治的イニシアティヴを獲得していくために，こうした「思想」を活用してきたのである。現代社会は高度産業社会体制の下で，脱イデオロギー状況にあり，このような意味での「思想」は日本では，死後に近い言葉となっている状態である。こうした状況が「一億総中流化幻想現象」と相まって，一般大衆の社会体制に対する過剰な満足状態を演出することで，社会体制への政治的不満のない，「無思想状態」を醸し出しているといえよう。

〔2〕「運動」としての「思想」

　社会運動的な文脈では，政治的・党派的なイデオロギー思想を基盤として，社会運動としての「思想」が成熟化してくるのが常であるが，ここでは，1960年代の高度成長の萌芽期の日本において，「サイレント・マジョリティ」（沈黙せる民）としての一般大衆が政府の地域開発政策推進による公害問題の噴出に抗議していく住民運動や市民運動への知的な萌芽として，「思想」を捉えている。これは自らの生活環境を守っていくための「生活環境思想」を起点としている意味で，一般大衆の政治的習熟化への一つの出発点としての意義をもっている。このことが例えば，公害問題や環境問題への一般大衆の社会運動的反応にみられるように，地域を越えた住民運動の社会的連帯としての市民運動や特定の社会的争点としての，環境問題への市民レベルでの運動の展開（環境運動）へと継承されていくのである。

〔3〕「科学」としての「思想」

　この「科学としての思想」は，1945年の日本の第2次世界大戦の敗戦という事実から出発したもので，戦前の政治的イデオロギーとしての「思想」が支配階級による一般大衆操作のための道具としての役割を担っていたのに対して，清水幾太郎，鶴見俊輔，日高六郎らのいわゆる，進歩的文化人といわれた人々がアメリカ流のデモクラシーやプラグマティズムに刺激を受けて，「思想」を主観的な主義・主張としてではなく，実証的な論拠をもった，一つの科学的な「思想」として捉えるとともに，生活科学としての「市民の思想」という意味をもたせることで，アメリカ流のデモクラシー的な思想観を普及させようとした。これが「思想の科学研究会」に発展することになり多くの読者に読まれてきたが，1996年3月に刊行された5月号をもって休刊となった。かつて，マスメディア等から批判されたけれども，一国の内閣総理大臣が本や新聞を読まないで，マンガを愛読する，というような無思想的状況に，「市民の思想」の普及活動をリードしてきた「思想の科学」の精神を私たちはどのように受け止め，継承していくべきだろうか。

〔4〕「変革」のための「思想」

　「変革」とは，政治的・社会的文脈では，既存の社会体制や社会制度を変えることによって，新しい形態の社会体制や社会制度を構築していくことを意味している。したがって，「変革」には政治的変革・経済的変革・文化的変革等の多様な変革要素があるが，グローバルな変革要素としての地球環境問題がどのような歴史的経緯から出現してきたのかについて確認していくことを通じて，「変革」の思想的意味を見出すことにしている。というのは，地球環境問題は国家体制，民族，宗教の違いの如何にかかわらず，地球全体に共通の重要な政策課題として認識されており，その解決のための方策の提示が焦眉の急となっているからである。地球環境問題を解決していくための，既存の社会体制や社会制度を変革していくことがこの地球環境危機を救うことになる，という共通認識となっているからでもある。

　近年の市場原理主義を基盤として展開されている，グローバリズムやグローバル・スタンダードという言葉に代表されるように，政治・経済・文化等，市

民生活に関わるすべての分野はグローバルな環境の中で活動し，一つの国の社会的・経済的な変化が地球全体に大きな影響を与えているのである。このことは，環境問題における代表的な言説として有名な，「成長の限界」論，すなわち，1972年に発表された，ローマクラブの『成長の限界』報告書 (The Limits to Growth—A Report for THE CLUB OF ROME'S Project on the Predicament of Mankind) ほど，人類，とりわけ，石油資源を自由自在に浪費してきた企業にとっては，大きな衝撃を与えたものはない。「世界環境の量的限界と行き過ぎた成長による悲劇的結末を認識することは，人間の行動，さらには，現在の社会の全体的構造を根本的に変えるような新しい形の思考をはじめるために不可欠のものであることを確信する」と（Meadows et al., 1972＝1972：178）。これまで，人間が文明という，自らの物質的欲求を満たすために，経済成長のための手段として，自然環境破壊を繰り返してきた結果，地球資源枯渇の可能性を予測したのがこの報告書である。この「成長の限界」論が経済活動のグローバル化よりもはるか以前に，地球資源の有限性をグローバルに認識していくことの必要性を警告したのである。

　このことは近代産業社会以降，進展してきた今日の「大量生産―大量消費―大量廃棄」型の社会経済システムを変革していくことの必要性を人類全体に迫っているものであり，そのことを怠れば，地球自体が破滅の運命を辿ることを予見しているのである。その意味で，ここでいう「変革」とは，産業革命以降の経済発展のための「大量生産―大量消費―大量廃棄」という悪循環的な社会経済システムを変えていくことであり，経済発展と生態系との均衡を前提とした〈環境社会〉，さらには，生態系の持続可能性を基盤とした〈エコロジー的に持続可能な社会〉（＝〈緑の社会〉）を実現していくための，社会制度変革を意味している。その意味では，こうした環境社会を構築していくための変革を志向した，価値変革，行動変革，制度変革がこの「変革」の意味に込められているのであり，すぐれて，グローバルな視点での「変革」が私たちに求められているといっても過言ではないだろう。

第3節　環境思想の意味と役割：思想的アプローチの意義と有効性

　環境問題の歴史的な潮流を考えていく上で，重要な役割を果たしたのは科学としての「エコロジー」(生物学としての生態学) 的視点であるといわれている。この「エコロジー」(Ecology) という造語を生み出したのは，19世紀のドイツの動物学者であり，進化論者でもある E. ヘッケルで，「エコロジー」の本来的な意味は「生物と環境の相互関係を研究する生物学の一分野」ということになる。この言葉が環境問題を考えていく上で，思想的な意味をもってきたのは，産業革命以降の近代産業社会の成立・発展とともに，経済発展を推進していくために，天然資源としての自然環境が破壊されることになり，そうした人間の自己利益的な行為が社会問題となってきたからである。つまり，「人間を含めた生物と環境の相互関係の問題が生態学的な問題 (生態系との均衡の持続可能性 [筆者]) と同時に，社会的な問題としてあらためて問い直されてきた」からである (濱島他編, 1997: 38-39)。こうして，自然科学としての「エコロジー」概念が社会科学，つまり，「思想」としての「エコロジー」概念へと転換していったのである。そこには，自然環境と人間が一つの生命共同体 (Life Community) として存在し，全体論的な生態系 (Holistic Eco-System) の持続性という，すぐれて生態系中心主義的な環境思想としての意味が内包されていたのである。このような「エコロジー概念」への思想的転用から誕生したのが，環境哲学 (Environmental Philosophy) や環境倫理学 (Environmental Ethics) である。こうして，人間固有の道徳思想や道徳規範を人間以外の存在 (動植物等) にまで拡大して適用することによって，「エコロジー」概念に新しい思想的息吹をもたらしたのであった。[4]

　このことは神学的な観念的世界観から，実証的な科学的世界観へと転換することを通じて，近代社会が形成された際に，科学思想の役割の重要性を認めさせたと同時に，科学思想に過度に依拠することの危険性を孕んでいることを示唆している。科学思想は人間生活の物質的側面 (人間の欲望) を維持・発展させるけれども，精神的側面 (人間の道徳観，あるいは，倫理観) を荒廃させる機

第1章　環境問題と思想の役割

能ももっていることを人類は数多くの公害問題・環境問題等から学んだのである。

ここでは，環境問題への思想的アプローチの帰結としての「環境思想」(Environmental Thought) の本源的な意味を問い直すことを通じて，「環境思想」の今日的意義や役割を明らかにしておきたい。

1．「環境思想」の捉え方：視点と考え方

「環境問題」に対する思想的アプローチを扱う以上，「環境思想」とは何か，という基本的な考え方の提示が必要となる。しかしながら，これまでの「環境思想」に関わる著作をみる限りにおいては，「環境思想」について明確な定義づけをしている著作を見出すことはできない。この背景には，①「思想」概念そのものがア・プリオリに使用されているために，「環境思想」もその延長的な展開として登場してきたので，思想概念としての原則が不明確であること，②「環境思想」に関わるさまざまな潮流的思想を歴史的に整理することはあっても，「環境思想」を一つの思想体系として集約していく作業がなされてこなかったことなどが考えられる。これは日本に限らず，欧米においても，人間と自然との関係に関わる「思想」として捉える範囲の概念化しかされていないのが実情である。そこで，ここでは，「環境思想」に関わる著作をいくつか取り上げ，それらが「環境思想」をどのように捉えようとしているのかを分析することによって，環境思想の視点や考え方を探っていく手掛かりとしていくことにしている。

日本で，「環境思想」という表題をはじめて使用したとされる，1995年に刊行された，環境思想のアンソロジー，『環境思想の系譜（1〜3巻）』(小原秀雄監修，1995) の冒頭論文「人類史と環境思想」においても，「エコロジー」，あるいは，「エコロジーの世界観」といった表現は用いられてはいるものの，「環境思想」とは何かについては一切，触れられていない。また，「エコロジー」思想について体系的な観点から分析した，A.ブラムウェルの著作『20世紀におけるエコロジーの歴史』(Bramwell, 1989＝1992) においても，「エコロジー思想」，「エコロジズム」等の言葉を用いているものの，「環境思想」という言葉

17

は使用されておらず,「エコロジー思想」と「環境思想」が同義的な概念かどうか,についても明確化されていない。1999年に刊行された,『環境思想を学ぶ人のために』(加茂他編,1994)においても,「環境問題を思想的側面から多角的に照射し……」といいながらも,環境哲学,環境倫理学,環境法学,現代経済学(環境経済学と明記していない)の視点から環境問題をどう考えていくべきか,という視点をさまざまな筆者の専門的関心の視点から著述しているだけである。このように,それぞれの学問的専門領域から「環境思想」へ接近し,それらを体系化しようとする意図がみられないからこそ,「これについての本格的な思想書が欠けていると判断したからであるが,……(中略)……われわれ自らが創出すべき思想書の具体的イメージは,編集の最後の段階にいたるまで十分明らかにはならなかった」とか,「したがって,各執筆者にテーマを割り当て,全体として体系的な書物を構想するという作業は,厳密な意味では不可能であった」,という結論しかでてこないのである。このような立場で,どうして「環境思想を学ぶ」ことができるのだろうか,という基本的な疑問が出てくるのは当然ではなかろうか。

　2000年以降に刊行された,五つの著作,①『環境思想を問う』(高田,2003),②『環境論——環境問題は文明問題』(岸根,2004),③『環境思想——歴史と体系』(海上,2005),④『環境思想キーワード』(尾関他編,2005),⑤ *Environmental Thought* (Page & Proops (eds.), 2003) の中には,「環境思想」概念に対する何らかの積極的な応答,あるいは,環境思想の現代的位置を示しているものもある。

　まず,高田純の『環境思想を問う』は環境問題に関する哲学的・倫理学的論議を整理し,集約したものであるが,環境哲学と環境倫理学の差異には触れているけれども,それが環境思想とどのように関わり,環境思想とはいかなるものか,については明確な定義を明示していない。「環境哲学よりも柔らかいものとして『環境思想』という表現も用いられます」といった程度のものである(高田,2003:9)。

　次に,岸根卓郎の『環境論』は著者独自の文明史観(文明興亡の宇宙法則)から環境問題を多角的に捉えようとしたもので,「環境問題は文明問題」であ

り，この問題を解決していくためには，「……全体的な環境対策としての総合療法的な『学際研究』（［形而上学的研究］＝哲学・宗教・文学・芸術・倫理学等，［形而下学的研究］＝科学・技術・社会・政治学等，の融合的な研究）が不可欠である」として，「環境思想」という言葉は使用していないが，地球環境危機を知的に認識し，それを「知的」に修復することができると指摘しているように，「知的認識」，「知的修復」という言葉を使用することで，環境問題を多角的な文明思想の問題として捉えているという点で，「環境思想」の意味を問い直す，有益な視点を提供してくれている（岸根，2004：はじめに）。

　三番目の海上知明の『環境思想』では，「環境思想とは……，環境問題への何らかの形で対応した思想のことである」とした上で，「環境思想は一本化されておらず，様々な形態の思想が同時並行しているのである」といったように，環境思想に対する捉え方が不明確であるとともに，環境思想に対する明確な思想的位置づけがなされていない（海上，2005：はじめに）。同書のタイトルが『環境思想』と銘打っている著作であれば，また，博士学位論文を著作化しているのであれば，少なくとも，「環境思想」が登場した歴史的視点・その考え方・その方法論等について，これまでの「環境思想」に関する先行研究内容を整理・分析・類型化した論拠を明示した上で，自らの見解を提示するのが学問的に正当な手続きといえるのではないだろうか。ただ，同書の「環境思想の系統図」（海上，2005：vii）にみられる環境思想の分類に際しては，イギリスの環境政策研究者であるT.オリョーダン（イースト・アングリア大学名誉教授）の『環境主義』（O'Riordan, 1981：1；Carter, 2001：72-77）の「環境主義」思想（Environmentalism）の二分法的な概念の定式化を援用したと考えられる。環境思想の系統図を〈エコセントリズム〉（生態系中心主義＝Ecocentrism）対〈テクノセントリズム〉（技術中心主義＝Technocentrism）の環境思想的対立軸を基本とした類型化を企図していることは，これまでのたんに時系列的に環境思想（＝環境倫理思想）を整理している系統図にはない新しい視点を紹介している点や環境経済学，環境政策を「環境思想」の新しいカテゴリーとして取り上げている点については，興味深い著作といえるかもしれない[5]（図表1－1を参照のこと）。

　これに対して，尾関他編の『環境思想キーワード』では，環境思想に関する

図表1-1　エコ中心主義とテクノ中心主義の比較（D.ペッパー）

エコ中心主義　←――――――――――――→　テクノ中心主義

環境保護主義

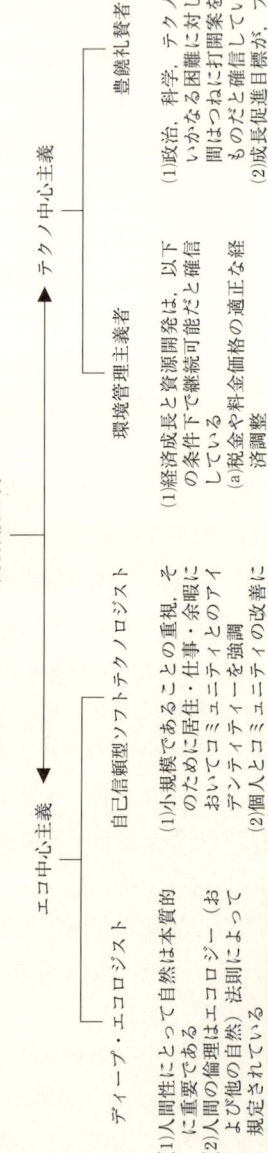

ディープ・エコロジスト	自己信頼型ソフトテクノロジスト	環境管理主義者	豊饒礼賛者
(1)人間性にとって自然は本質的に重要である (2)人間の倫理はエコロジー（および他の自然）法則によって規定されている (3)生物の権利（biorights）―危機に瀕した種やかけがえのない景観が手つかずのまま保存される〈preservation〉権利（人間の介入による保全〈conservation〉とは区別される）〈〉内訳者	(1)小規模であることの重視。そのための自然のエコロジーにおいてコミュニティ・余暇におけるアイデンティティとの同調 (2)個人とコミュニティの改善による労働と余暇という概念の統合 (3)コミュニティへの参加（教育による参加、政治的参加）。少数派の利害の保証を重視	(1)経済成長と資源開発は、以下の条件下で継続可能だと確信している (a)税金や料金価格の適正な経済調整 (b)最小レベルの環境クオリティー維持のための法的利権の改善 (c)環境や社会にマイナスの影響を受けたものに対する十分な補償 (2)それぞれの利害を代表する集団間での幅広い議論や、コンセンサスのための真の探求が可能になるように、プロジェクトの新たな査定法を決定再考のための手続きの承認	(1)政治、科学、テクノロジーのいかなる困難に対しても、人間はつねに打開策を見い出すものだと確信している (2)成長促進目標が、プロジェクトの評価と政策作成の合理性を明確にすると考える (3)人間は世界人類の運命を改善する能力をもつことに対する楽観主義 (4)科学とテクノロジーの専門家は、経済成長、公衆衛生、公共の安全なるものについて基本的に助言するものだという信念 (5)プロジェクトの評価や政策決定に判への参加が、周囲の基盤拡大による議論の模疑のための基盤だという信念 (6)意志と工夫があれば、あらゆる資源障害は十分な確信があれば、克服可能だという確信

(4)現代の大型化したテクノロジーや、これと結びついたエリートの専門家、中央の国家権力、本質的に反民主主義的な諸制度への信頼の欠如
(5)唯物主義はそれ自体として悪いものであり、経済成長を最低の生活水準以下の者たちの基本的な要求を満たすように適合させることは可能であると主張

(出所) Pepper, 1984 : 11 = 1994 : 51 ; O'Riordan, 1981b.

用語の解説書としての性格上,「環境思想」そのものについては,明確に定義をしていないのが難点であるが,「環境思想は,どちらかといえば,環境倫理学のイメージが強かったが,最近では,それのみならず,環境哲学,環境法学,環境社会学,環境教育学,環境経済学,環境政策学,エコフェミニズム論,さらには,環境農学,環境科学,環境工学,環境デザイン学などなど,多くの学問分野で〈環境思想〉が語られるようになってきた」と指摘することを通じて,今日の環境思想における多角的アプローチの必要性を提起し,環境思想上の重要なテーマごとに用語を編集している点は環境思想の新しい側面を提示した成果であるといえるだろう(尾関他編,2005:はしがき)。

現代環境思想に関する欧州における最先端の研究成果をイギリス・キール大学の環境政治学・環境経済学等の研究グループである,SPIRE(School of Politics, International Relations and the Environment)グループの中核メンバーであった,E. A. ページ(環境政治思想・環境政治学)やJ. プループス(環境経済学)が編者となってまとめたのが前掲の『環境思想』(*Environmental Thought*)という著作である。この著作は環境問題に関する学術的研究があまりにも理論的,抽象的すぎて,環境問題を顕在化させている社会を変革していくには実践的ではないという問題意識のもとに,現代環境思想の基本コンセプトとして,①予防原則(The Precautionary Principle),②持続可能な発展(Sustainable Development),③環境的安全性(Environmental Security),④エコロジー的近代化(Ecological Modernisation),の四つを提示し,対象領域として,①消費(Consumption),②生物多様性(Biodiversity),③地球気候変動(Global Climate Change),④人口(Population),を取り上げている。これらの政策課題に対する研究アプローチとして,①哲学(Philosophy),②政治学―国際関係も含む(Politics [including International Relations]),③社会学(Sociology),④経済学(Economics),⑤法学(Law),等の学際的な専門領域における連関性の重要性を提起している。このことは環境問題を解決していくための政策科学的アプローチの必要性を喚起しているもので,上記のような環境問題におけるさまざまな政策課題の解決に際して,環境思想が社会科学的アプローチの有機的連関性にもとづいて寄与すべき方向性を示しているものである。(Page & Proops, 2003:3-5)。

このように，わが国における「環境思想」に関する視点・考え方は基本的には哲学的・倫理学的カテゴリーから脱却しておらず，環境意識の変革という環境問題の内発的変革段階に止まったままである。環境問題を総合的に捉えていくという観点，つまり，環境哲学・環境倫理学（環境文化思想）という内発的，かつ，変革志向的な思想から，環境政治思想・環境経済思想・環境法思想・環境政策思想などの現実的（政策的），外発的，変革志向的な「思想」へと環境思想を転換させていく考え方は欧米に比べるとわが国ではいまだ，未成熟である。しかしながら，E.ページ他編の『環境思想』にみられるように，従来の環境哲学思想に加えて，環境政治思想・環境経済思想・環境社会学思想・環境法学思想を有機的に連関させていくことを通じて，環境思想を通じてより強力な影響力を与えようとしている研究活動が出現していることは環境問題の実践的な対応に苦慮している環境政策の意思決定者にとって，注目に値する研究動向といってよいだろう。

2．「現代環境思想」の意味と論理
〔1〕「現代環境思想」への基本的視点
　「現代環境思想」は，人間と自然との関係に関する哲学的・倫理学的考察だけを行うものではなく，環境問題を現実的に解決していくための視点・方法・方策を政策科学的に具現化していくための道筋を示していくための知的装置である。したがって，人間と自然との関係をどのように捉えていくかによって，環境思想の基盤となる価値認識を得ることができる。具体的には，①自然を保護（保存）していくことが人間と自然とが一体化していく，という「審美主義的視点」，②経済発展と環境保護（保存）とが両立していくことで既存の人間社会と持続可能な発展を図るという，「功利主義的視点」，③経済発展（開発）を目的とした，人間中心主義的な環境保全活動は地球環境に破滅をもたらすもので，生態系の持続可能性を価値基盤とした上で，産業効率性を抑制し，環境負荷を最小化することを制度化した，〈エコロジー的に持続可能な社会〉(Ecologically Sustainable Society)，つまり，〈緑の社会〉(Green Society) を構築していく，という「エコロジズム的視点」(Ecologism)，の三つの視点が環境

思想における価値基盤的視点として捉えることができるだろう。このことが「現代環境思想」の中核的な要素となるのである。

　今日の「環境思想」は高度産業社会の進展の中で生起している多様な環境問題をどのように解決していくかという視点を提示していくとともに，ポスト高度産業社会の社会像としての「新しい環境社会像」を構想化していくための基盤となるものでなくてはならない。その意味で，環境思想が環境問題を解決していくための役割を担っていくためには，〈学際志向性〉・〈現実志向性〉・〈問題解決志向性〉といった，三つの視点を有機的に連関させていく方策を構築していくことが今，まさに現代環境思想に要請されているといえるだろう。

　A.〈学際志向性〉：

　環境問題に対しては，既存の社会経済システムが内包している環境負荷的構造をいかにミニマム化していくのか，ということが今日のような高度消費社会における消費者の環境志向的な意識（ないし，価値観）や生活行動（ライフスタイル）をどのように変革していくか，ということにつながっていくのである。したがって，環境問題への技術的対応（ハードウェア的側面），政治学的・経済学的・文化学的対応（ソフトウェア的側面）との有機的な連関性が必要となってくる。具体的には，環境工学・環境生態学等のハードなアプローチ（技術的アプローチ）と環境政治学，環境経済学，環境文化学，環境法学，環境政策学等のソフトなアプローチ（人間関係的アプローチ）との有機的な連関性をどのように統合化していくか，ということが課題となってくる。

　B.〈現実志向性〉：

　一般に，環境問題も含めて，社会におけるさまざまな政策争点（Policy Issues）の現状分析，課題の明確化，対応方策の提示等という現実の課題に即応した方法や方策が必要となってくる。したがって，環境問題に関わる学問的アプローチには，環境問題に対する人間の価値観を経済的価値から，環境的価値（ないし，生態学的価値）へと移行させるとともに，具体的な解決方策を政策として創出していくような，「環境プラグマティズム」（Environmental Pragmatism）的視点が有効性をもってくる。このことは環境社会への深遠な環境理念，すなわち，生態系の持続可能性の追求という考え方を提示するだけではなく，

現実的な対応性をもった学問的アプローチを確立していくことを意味しているのである（Eckersley, 2002 : 178-180）。

C.〈問題解決志向性〉：

B. の〈現実志向性〉の方法論的基盤を形成するのがこの〈問題解決志向性〉の視点である。これはすでに，人間と自然との関係における価値基盤的視点で提起した〈功利主義的視点〉の実践的な役割を示すもので，現在の社会経済システムを前提にしている以上，経済発展と環境保全をどのように両立させていくか，という環境問題への政策的対応性を意図したものである。環境問題へのこうした視点が登場してきたのは，環境問題がグローバル化し，人類共通の重要な政策課題となった，1970年代以降である。その契機となったのは，化学薬品（殺虫剤）が自然環境や人間環境に及ぼす危険（環境汚染）を警告した，R. カーソンの『沈黙の春』（Carson, 1962 = 1992），環境悪化の原因を人間の人口過剰現象に求める，P. エーリックの『人口爆弾』（Enrich, 1968 = 1974），「大量生産―大量消費」型の社会経済システムが地球資源を枯渇させ，地球を破滅にもたらす将来的な危険性を警告した，D. H. メドウズらのローマクラブの『成長の限界』報告書（Meadows et al., 1972 = 1972），さらに，化石燃料（石油）を動力とする大規模の現代工業文明がエネルギー危機を招くことを予言し，自然生態システムに対応した適正規模の経済活動の必要性を提唱した，E. F. シューマッハの『スモール　イズ　ビューティフル――人間中心の経済学』（Schumacher, 1973 = 1986），等に代表されるような，さまざまな地球環境危機に関する科学的検証による警告である。こうした環境問題を現実に解決していく方策として，1980年代に欧州で，J. フーバーら（ドイツの環境社会学者）によって提唱され，欧州の環境政策の担当者に大きな影響力を与えたのが，「エコロジー的近代化」論（Ecological Modernisation Theory-EMT）である。これは経済発展と環境保全をどのように環境政策として両立させるか，という政策課題に応えていくもので，環境効率性（Eco-Efficiency）を高めていくために，産業社会の構造や消費者行動を変革させようという方策に関する，環境保全型の環境政策的な議論である。具体的には，環境保全目標を達成していくための，生産における資源の再配置，生産上の技術やプロセスの革新，製品のライフサイクル

の評価，製品デザインの検討，リサイクル化等である（Christoff, 2002 : 154-157）。

こうした「エコロジー的近代化」論に対しては，現在の「大量生産―大量消費―大量廃棄」型の社会経済システムを生態学的理性に根ざしたシステムに根本的に変革しない限り，この考え方は環境問題の全面的な解決にはならないといったような批判が環境政治学の視点から提起されている（松野，2003 : 70-73）。残念ながら，わが国では，学会・経済界においても，こうした「エコロジー的近代化」論に対する理論的・実践的な理解やこの理論を生産過程に導入していくための議論はほとんどなされていないのが現状である。しかしながら，「エコロジー的近代化」論は少なくとも生産上の環境負荷を現実に減少させ，環境問題を現実的に解決していくための方策の中の重要な選択肢の一つとなることは確かである。

〔2〕「環境思想」の歴史的展開：〈伝統的環境思想〉から〈近代環境主義思想〉・〈現代環境主義思想〉への変容

(1)「環境思想」の歴史的変遷

「環境思想」が伝統的な環境保護思想や環境保全思想（伝統的環境思想）から，環境問題のグローバル化に伴い，一般大衆が政治的志向性をもった社会運動型の環境運動（近代的環境主義思想）へと転換していったのは環境問題が先進産業国の共通の社会問題となっていった，1960年代以降といわれている。とりわけ，アメリカではこうした自然に対する審美主義的，あるいは，ロマン主義的な傾向がみられるのに対して，欧州では，人間が自然を支配するというキリスト教的自然観（神の管理人思想［Stewardship］による人間の自然支配の正当化）が人間による自然支配に拍車をかけ，イギリスの哲学者，F. ベーコンに科学の目的は自然を支配することである，とさえいわしめたほどである。（Bacon, 1597＝2004）こうした社会進歩論的な自然観を論拠にして，後進諸国を植民地化することで，天然資源を収奪していった考え方を「自然の植民地化」（D. アーノルド），ないし，「生態学的帝国主義」（A. W. クロスビー）と呼んで，近代産業社会の進展の中で，科学的・技術的進歩思想がこうした天然資源の収奪を正当化することに貢献した，としている（Arnold, 1996＝1999 : 10-12）。このこ

とは欧米におけるたんなる自然観の相違だけでなく，人間と自然との関係に対する人間の経済的な欲求への対応の仕方にも差異があることを示しているといえるだろうし，このことがまた，後の欧米における環境問題を解決していく際の思想的・政策的差異を生み出してくることになるのである。

こうしたアメリカにおける伝統的な環境保護思想・環境保全思想が変革されていく思想的基盤となったのが，近代環境主義思想（Modern Environmentalism）で，その考え方には，①地球規模に拡大した環境問題に対して一般大衆が関心をもってきたこと，②さらに，自然環境や人間環境といった環境そのものや大衆的な政治運動に対して一般大衆の関心が高まってきたこと，③また，こうした環境運動が環境問題の解決に際して，政府や企業に対して圧力団体化してきたこと，などがあげられる。

(2)環境思想における社会的争点の歴史的変容

イギリスの環境政治学者，N.カーターによれば，環境問題が社会的争点となるにつれて，次のような三段階に環境問題に対する考え方が進化したとしている（Carter, 2001：1-8）。

A.：［第1世代］（1960年代以前）「環境保存と環境保全の時代」
　①原生自然やその棲息地の保護の問題，②土壌浸食問題，③局地的環境汚染問題。

B.：［第2世代］（1960年代〜1970年代）「近代環境主義の時代」
　①人口成長問題，②技術発展問題，③砂漠化問題，④殺虫剤問題，⑤天然資源収奪問題，⑥環境汚染排除問題。

C.：［第3世代］（1970年代以降）「地球環境問題の時代」
　①酸性雨問題，②オゾン層破壊問題，③熱帯林伐採問題，④気候変動問題，⑤生物多様性の損失問題，⑥遺伝物質改造問題。

「環境保護や環境保全の時代」では，自然環境の保護（保存-Preservation）や経済発展と共存する自然環境の保全（Conservation）という，自然環境を対象とした，「保護・保全思想」が環境思想の原初的課題であった。「近代環境主義の時代」になると，先進諸国における経済発展に伴う，さまざまな公害・環境問題の増大化により，環境問題が特殊・個別的な課題ではなく，人間社会特

有の社会経済システム，つまり，資本主義的な生産と消費のシステムが環境問題を生み出している，という危機意識が地球全体の共通認識となり，そうした問題解決のために，一般大衆の政治的関心が高まり，環境問題を政策課題として積極的に解決しようとしない政府や企業に対して，一般大衆の「異議申立て」として環境運動が出現したのである。

　このような環境問題のグローバル化に伴い，環境問題に対する政治的アプローチ（環境政治思想＝緑の政治思想の登場や緑の党の創設等），経済的・政策的アプローチ（環境経済思想＝環境経済学／エコロジー経済学，環境政策思想＝エコロジー的近代化論や産業エコロジー論等）が環境哲学・環境倫理学等の文化的アプローチよりも影響力を増してきている。すでに，紹介した，E. A. ページ等による，『環境思想』の刊行は環境問題に対する学際的・多様なアプローチの必要性を喚起している。このことは，環境問題の解決には多角的なアプローチが必要であることを示しているものであり，環境問題を解決していくための社会制度変革のための社会構想としての，〈エコロジー的に持続可能な社会〉(Ecologically Sustainable Society)，ないし，〈緑の社会〉(Green Society) などの新しい環境社会構想への現実的な検討が要請されていることを意味している，といってよいだろう。

〔3〕「環境主義思想」の視点と捉え方：欧州型環境主義思想の視点と考え方

　まず，環境主義思想と環境思想について確認すべきことは，「環境主義思想」(Environmentalism) は環境問題を一つの社会的争点として捉えていくための見方であり，さらに，「環境思想」(Environmental Thought) は環境問題を包括的な社会的課題として捉え，多様な視点（政治・経済・文化・政策等）からそれらの課題を解決していくための政策的な思想や方策を提示していく考え方である，ということである。

　一般に，「環境主義思想」には，アメリカでは，1970年代に伝統的な環境保護運動（古典的環境思想）に代わって，環境問題を社会的争点として捉え，一般大衆がその争点を解決していくために展開された「社会運動志向型の近代環境主義思想」と1980年代に欧州でドイツを中心として台頭してきた，緑の党などの政党活動の理論的な柱として登場してきた，環境政治や環境政策の観点か

ら解決していこうとする，「環境政策志向型の近代環境主義思想」とに分けることができる。アメリカ型の環境主義思想が環境問題の政治過程に影響を与えるための政治的な環境運動を志向していたのに対して，欧州型の環境主義思想は環境政策を実現していくための政治活動や政策提言活動を志向していくような，すぐれて政策的な環境運動をめざしていた，といえるだろう。このことは1990年代に，欧州を中心として，環境政策をより現実対応的に推進していくための理論的・実践的装置として，エコロジー的近代化論や産業エコロジー論 (Industrial Ecology Theory) が台頭してきたことからも理解されるであろう。

　ここでは，T. オリョーダンや D. ペッパー等の環境政治学や環境政策の研究者による，欧州における近代環境主義思想の捉え方を紹介することを通じて，欧州型の近代環境主義思想の特質を明らかにし，アメリカ型の近代環境主義思想とどのように異なるかについて提示しておきたい。というのも，このことが現代環境主義思想としての，「環境思想」と社会変革の方向性との関係に大きく関わってくるからである。環境主義者や環境主義思想の考え方を分析していくのに際して，ペッパーは次のような三つの分析枠組みを提示している (Pepper, 1986:26)。その一つは自然環境保全運動が出現した際に登場してきた，「イデオロギー的なテーマ，あるいは，思想系統」で分類していく有名な考え方で，その典型として，オリョーダンの有名な環境主義思想の類型化，すなわち，「生態系中心主義的（エコセントリック）」(Ecocentric) と「技術中心主義的（テクノセントリック）」(Technocentric) をペッパーは取り上げている。この考え方は現代環境思想において「経済成長」と「生態系の持続可能性」との両立を環境保全政策として考えていく場合の基準となっているものである (O'Riordan, 1981)。二番目は，「社会科学的理論と説明」を基準にしたもので，環境問題に対して，社会がどのように対応していくか，という社会の機能を社会科学的に分析していくことである。典型的には，環境問題に対する資本主義社会における機能主義的・多元主義的観点とマルクス主義的観点である。つまり，資本主義的な生産と消費のシステムに対する是非に関わる問題の提起である (Sandbach, 1980)。最後は，「人間と自然の関係」に対する哲学的基盤に関する基準で，具体的には，決定論者 (Determinist) と自由意思論者 (Free Will) による

図表1-2　西欧思想における環境倫理学と知的遺産を基準とする環境主義思想の三類型

個人＝自己中心的	[自己利益的] トマス・ホッブス／ジョン・ロック／アダム・スミス／ギャレット・ハーディン	[個人の利益の極大化] 個人にとって善いことが全体としての社会に利益をもたらすこと／相互の合意に基づく相互的強制 [メカニズム] 1. 物質は原子から構成されている　2. 全体は個の総和である（アンティノミーの法則）　3. 知識は文脈的に独立している　4. 変化は部分の再編成である　5. 二元性（心と身体、物質と精神）
	[宗教的] ユダヤ・キリスト教的倫理／アルミニウス派異端説（カルヴィン派の厳格な予定説に反対）	[神の権威（創世記1）] プロテスタントの倫理／個人の救済
社会＝人間中心主義的 [責務の論拠]	[功利主義的] J.S.ミル／ジェレミイ・ベンサム／ギフォード・ピンショー／ピーター・シンガー／バリー・コモナー／レイ・ブックチン／ソーシャル・エコロジスト／左派系緑派の人々	[最大多数の最大幸福] 社会的正義／他人に対する責務 [形而上学] 機械的／全体論的
	[宗教的] ジョン・レイ／ウィリアム・ダーハム／ルネ・デュボス／ロビン・アットフィールド	[人間による神のスチュワードシップ] 神の委託管理人／黄金律（創世記2）
普遍的世界（コスモス）	[生態科学的] アルド・レオポルド／レイチェル・カーソン／ディープ・エコロジスト／修復エコロジスト／生物学的管理／持続可能な農業	[生態系の法則にもとづく合理的・科学的信念体系] 個体、安定性、多様性、生態系の調和／自然の均衡、カオス的システム・アプローチ [有機体論] 1. すべてのものは他のすべてのものに関連している　2. 全体は部分の総和よりも大きい　3. 知識は文脈的に依存している　4. 人間と人間以外の存在との統一体
	[生態宗教的] アメリカ先住民／仏教／スピリチュアル・エコロジスト（精神的エコロジスト）／スピリチュアル・グリーン（精神的な緑派の人々）／過程哲学者	[すべての生物は生物固有の価値を有している] 全体環境に対する責務／人間以外の存在と宇宙的世界の生存

(出所)　Pepper, 1996: 41.

区分である。この中で,環境主義思想に大きな影響を与えたのは,オリョーダンの「生態系中心主義的な環境主義」(Ecocentric Environmentalism)と「技術中心主義的な環境主義」(Technocentric Environmentalism)で,生態系の持続可能性を前提とする〈ユートピア的な環境主義思想〉と経済成長の共存を前提とする〈現実的な環境主義〉として捉えることができる。このような背景には,近代産業社会の登場を起点として,文明(人間)と自然との生態系の持続可能性的な関係をどのように捉えていくか,という環境思想上の重要な命題がわれわれに突きつけられているということが散見されるからである。

アメリカのすぐれた環境史・環境哲学・環境倫理学の研究者であり,エコフェミニズム運動の実践的リーダーでもある,カリフォルニア大学バークレー校自然資源学部教授のC.マーチャントは環境倫理と西欧環境思想との関係を基盤とした,環境主義思想の歴史的変遷を「個人(自己利益)―社会(人間中心主義)―宇宙(生態系中心主義)」という三つの枠組みで分析し,人間の利益に対する考え方と宗教的(精神的)な考え方の差異による,環境主義思想の類型化を試みているので,ここで紹介しておくことにする(図表1-2を参照のこと)。これは環境問題に対する人間の自己利益の獲得(人間中心主義=経済成長)と生態系の利益の遵守(生態系中心主義=自然の生態系の持続可能性)に関する考え方の歴史的変容過程を通じて,環境主義思想の展開過程を理解する上で重要な参考資料である(Merchant, 1992 ; Pepper, 1996 : 41)。

〔4〕「環境思想」の現代的な意味と展開

(1)「環境思想」の現代的な意味:現代環境思想の位相

「環境思想」は,これまで,哲学的,あるいは,政治学的考察の対象となってきていたために,哲学的(倫理的),政治学的視点からの意味が付与されていることが多いようである。意味が付与されているということは,「環境思想」に対する公式な定義というものが存在しないからである。『エコロジズム入門』(*Ecologism-An Introduction*)(Baxter, 1999)の著者である,イギリス・前ダンディー大学上級講師のB.バクスター博士によれば,「環境思想」とは,「人間を含めた,すべての生命体の相互関連性,について哲学的・倫理学的,ないし,科学的視点からの関心にもとづく一つの考察」である,としている。こう

した定義の論拠として，彼は，①環境思想の全体論的特質(ホーリスティック)，②人間と人間以外の存在との関係，③人間と人間以外の存在（あるいは，人間と人間との関係）に関する宗教的，社会的，経済的，政治的次元における考察，等をあげている[(6)]。これは，「環境思想」に関する一般的，かつ，包括的な定義であり，どちらかといえば，古典的な視点からの定義であり，われわれが意図するものではない。ただ，「環境思想」に関する定義が数多くの研究者からなされていない現状に鑑みて，一つの基準を示したものである。

　今日では，「環境思想」にはこれまでの社会的・経済的・文化的等の視点からの「環境」に対する捉え方の価値観に差異，すなわち，①生態系中心主義（Ecocentrism），ないし，②人間中心主義（Anthropocentrism）＝技術中心主義（Technocentrism），によって，二つのタイプが考えられる。一つは，経済発展と生態系の持続可能性との両立可能性を前提とした，「環境思想」（Environmental Thought）で，環境保全型，つまり，既存の社会経済システムを維持していくという，秩序志向的な環境思想である。「環境思想」という場合，このような表現が圧倒的に多い。もう一つは，欧州における環境政治思想・環境政治学研究の第一人者である，イギリス・キール大学のA.ドブソン教授がその著作，『緑の政治思想』（*Green Political Thought*）の中で提起した，「エコロジズム」から派生したと考えられる，「緑の政治思想」（Green Political Thought）である。これは生態系の持続可能性を基盤とした，政治的・経済的・文化的制度の構築による，〈エコロジー的に持続可能な社会〉（Ecologically Sustainable Society）を実現していくための，社会制度変革的な環境思想である（Dobson, 1990）。この「エコロジズム」概念はすでに述べたように，原初的には，ドイツの生物学者，E.ヘッケルが提唱した，科学としての生態学（エコロジー）を源泉としているが，ここでは，〈持続可能な社会〉の構築に必要なラディカルな社会変革を求めているもので，具体的には，人間と人間以外の存在との関係や現在の資本主義社会における経済的・社会的・政治的な生活の変革をめざしている，「緑の政治的イデオロギー」のことを意味している（Carter, 2001：5）。

　このような環境思想の捉え方の差異は既存の資本主義的な生産と消費のシステムでは，地球環境自体の持続可能性，さらには，人類の生存に持続可能性を付

与することは困難である，という見解からでてきている．

そこで，われわれは，〈エコロジー的に持続可能な社会〉の構築を前提とした上で，現在の「環境思想」（環境主義）から，現代環境思想としての「緑の思想」（エコロジズム）へと転換させていくための視点，すなわち，環境思想は，人間の価値転換のための〈観念的・秩序的な環境思想〉（環境哲学・環境倫理学）だけではなく，環境問題を実践的に解決し，新しい環境社会を構想していくための〈実践的・変革的な環境思想〉として位置づけられることを提起しておきたい．ここでいう，〈実践的〉とは，問題解決志向的ということであり，〈変革的〉とは，環境主義型の価値観（経済発展が優位）から，エコロジズム型の価値観（生態系の持続可能性が経済発展よりも優先すること）へと価値観の変革を行うことによって，新しい環境社会を構築していくための行動的，かつ，制度的な変革志向性を意味している．

(2) 「現代環境思想」とは何か：視点と考え方

今日の環境思想には，人間の内発的な価値転換のための〈観念的思想〉（哲学・倫理）だけではなく，環境問題を近代産業主義思想から発展してきた，資本主義としての社会経済システムが内包している構造的矛盾として捉え，さらに，高度産業社会から，ポスト産業社会としての，新しい環境社会（=〈エコロジー的に持続可能な社会〉）への構造転換に向けての，われわれの価値変革（思想の変革）や行動変革（政策の変革）を社会システムそのものの制度変革（社会制度の変革）に転換していくという，政策科学的な視点から今日の環境問題を解決していくことが要請されている．そのためには，環境思想は環境問題を技術対応的に解決していくための，改良主義的な位置ではなく，環境問題そのものを生み出している社会経済システム自体に内在している，多様な要因（政治的要因・経済的要因・文化的要因等）を有機的に把握し，それらの要因を根底的に変革していくための思想的触媒としての，新しい環境思想クラスター，すなわち，環境政治思想，環境経済思想，環境文化思想（環境哲学・環境倫理思想），環境法思想，環境政策思想，等の多角的な視点から，環境問題の解決方策を見出し，環境社会の新しい方向性を展望していかなければならないのである．「思想」は内発的変革のみならず，外発的変革としての社会制度変革を

もたらすのでなければ、たんなる環境志向的な意識という自己満足的な知的装置にすぎない。その意味では、環境思想はまさに、地球環境危機という深刻化しつつある状況の中で、人間の内発的変革（意識変革）のための〈理念的思想〉としてではなく、こうした危機的状況を打破していくための、外発的（変革的）な〈実践的思想〉としての役割を担っていくことが焦眉の急となっている、といっても過言ではないだろう。

したがって、ここでは、「環境思想とは、自然と人間との関係を生態系の持続可能性的な視点から捉え、地球環境における人間と人間以外の生命体が生命共同体の一員として、共存・共生し、環境負荷をミニマムにした、〈エコロジー的に持続可能な社会〉、すなわち、〈緑の社会〉（Green Society）をわれわれが構築していくための知的装置である」と定義しておきたい。

(3)「現代環境思想」の位相：多角的な思想クラスターとしての「環境思想」の現代的視点と位置

環境思想は現段階では、多様化・複雑化している地球環境危機に対して、どのような視点から諸問題を解決し、〈環境的・経済的に持続可能な社会〉（Environmentally and Economically Sustainable Society）を具体的にどのような社会像として構築していくべきか、という実践的な方向性を求められている。この背景には、環境問題に対する技術中心主義的アプローチと方法論が重視され、環境保全政策を十全に行っていれば、環境問題は解決可能であるという楽観的な考え方があるからである。周知のように、環境問題は人間生活における経済的価値を優先することで、自然環境を収奪・破壊してきた結果、汚染・資源の枯渇・生態系の破壊等の深刻な事態を生み出したのである。したがって、経済の成長と生態系の持続可能性との均衡をどのような社会構想のもとに具現化していくべきかがわれわれの直面している課題となっているのである。そのためには、すでに指摘したように、環境問題におけるハードウェア的役割（技術中心主義的な志向性）とソフトウェア的役割（思想・政策中心主義的な志向性）の有機的連関の可能性を探るとともに、環境思想を〈新しい環境社会〉の構築に向けた、知的基盤・知的戦略のための変革的な装置として転換させていく必要がある。

そこで、われわれは、環境思想における価値基盤をこれまでのような、経済

図表1−3 「現代環境思想」とは何か：基本的視点と展開

「現代環境思想」に必要な要素
「A　学際志向性」「B　現実志向性」「C　問題解決志向性」 ◇この三つを有機的に連関させる方策を構築すること。
「環境思想」の歴史的変遷
第一世代　1960年代以前　環境保存と環境保全の時代　原生自然保護の問題 第二世代　1960年代〜70年代　近代環境主義の時代　砂漠化，天然資源収奪問題 第三世代　1970年代以降　地球環境問題の時代　酸性雨，オゾン層破壊
「現代環境思想」の定義
◇自然と人間との関係を生態系中心主義的（エコセントリック的）な視点から捉え，地球環境における人間と人間以外の生命体が生命共同体の一員として，共存・共生し，環境負荷をミニマムにした〈エコロジー的に持続可能な社会〉をわれわれ人間が構築していくための知的装置としての役割をもっている。
「現代環境思想」の役割
◇人間の内発的変革のための〈観念的思想〉ではなく，危機を打破するための外発的変革のための〈実践的思想〉である。

　成長を基盤とした人間社会の発展のための環境保護・環境保全ではなく，人間の生活の質の向上と自然の生態系の持続可能性との両立可能性を見出していくための「エコロジー的な持続可能性」として把えていくことにしている。換言すれば，人間社会の経済的豊かさの追求を前提とした，「技術中心主義的な持続可能性」（Technocentric Sustainability）を基盤とした「環境社会」から，自然の生態系の持続可能性を基盤とした，「生態系中心主義的な持続可能性」（Ecocentric Sustainability）を基盤とした新しい環境社会へ，と環境思想の知的基盤をシフトさせていくことに「現代環境思想」の役割がある（Dobson, 1998：54-61）。（図表1−3を参照のこと）

　そのためには，環境思想を理念的思想としてのアプローチ＝環境文化思想的アプローチ（環境哲学・環境倫理学等）のみならず，現代的な位相の観点，すなわち，環境思想を取り巻く多角的な思想クラスター，具体的には，①現在の「環境社会」である，環境保全型社会における政治・行政制度を変革していく，「環境政治思想」（Environmental Politics），ないし，「緑の政治学」（Green Politics），②「自然と人間との関係」，さらに，環境問題に関わる法規範・法制度

について、「自然と人間との関係」をめぐる権利の視点（人間の固有な、かつ、自己利益的な「自然権」から、自然の事物を人間と同等な生命共同体の一員として、その固有の権利を認める、「自然の権利」への転換）を根底的に再検討し、自然と人間との共生の法的可能性を追求していく、「環境法思想」(Environmental Law)、③「大量生産―大量消費―大量廃棄」型の社会経済システムのあり方を再検討し、究極的には、〈エコロジー的に持続可能な社会〉の実現に向けての経済的転換の可能性をめざしていく、「環境経済思想」(Environmental Economy)、ないし、「エコロジー経済思想」(Ecological Economy)、等の環境思想の現代的構成要素の有機的な連関性による、問題解決志向型の環境思想、すなわち、「現代環境思想」への転換が要請されているのである。

〔注〕
(1) 16世紀～17世紀にかけてのイギリスの著名な哲学者・神学者・政治家であった、フランシス・ベーコンは日本では、一般的には、「知識は力なり」という名言で有名である。この言葉は1597年の著作『聖なる瞑想。異端の論について』(*Meditations Sacrae. DE Haeresibus*) の中で、「そしてそれゆえ、知識そのものが力である」(Nam et ipsa potestas est.) として書かれたものである。さらに、1620年に刊行された彼の主著『ノヴム・オルガヌム』(*Novum Organum*) の中で、「人間の知識と力は一致する。というのは、原因を知らなければ、結果を生み出すこともできないからだ」(Scientia et portetia humana in idem coincident, quia ignorantio destituit)、という形で表現されている。(出所：http：//philpapaers.org/sep/francis-bacon/、http：//www.iep.utm.edu/bacon）
(2) ①環境哲学分野～「エコフィロソフィ」（間瀬啓允、1991）、「環境哲学」（桑子敏雄、1999）、"Man's Responsibility for Nature" (Passmore, 1974 = 1998)。②環境倫理学分野～「環境倫理学」（加藤尚武、1991）等。
(3) Shrader-Frechette（1991 = 1993）や、Nash（1990 = 1993；1999；2011）。
(4) 尾関周二他編（2005：12）、Clarke（1973 = 1986）。この改定版が1994年に新評論より、『エコロジーの誕生――エレン・スワローの生涯』として刊行されている。
(5) ただし、このような環境思想に関わる価値的対立図における多様な環境思想を整理・配置しているが、こうした思想的潮流の体系的な論拠を明確にすべきかと思われる。論拠を明示した上で、こうした系統図を示すことができるならば、この系統図は大方の理解を得ることが可能となるであろう。とりわけ、本文で紹介した〈エコセントリズム〉対〈テクノセントリズム〉という、「環境主義」思想の二分法はこの本の基幹的な部分なので、T.オリョーダンの代表的な定式化を援用したのであれば、そのことを最初から

明記するのが学問的倫理というものである。
(6) バクスター博士は政治哲学の視点から,環境政治思想としての「エコロジズム」についてすぐれた著作,『エコロジズム入門』(*Ecologism–An Introduction*)(Baxter, 1999. 現在,ミネルヴァ書房から,「環境政治思想の名著シリーズ」の一巻として翻訳準備中)を刊行した環境政治学者であり,著者の友人であることから,個人的に「環境思想」の定義について聞いたものである。

第2章

近代産業社会の登場と社会的影響
──自然破壊と「大量生産─大量消費」型の近代産業社会の誕生──

第1節　産業革命の功罪:「社会発展思想」の影響と課題

「産業革命」(Industrial Revolution) とは一般的には，狭義では，1760年代から1830年代までの約100年近くの間にかけて展開されたイギリスにおける技術上・経済上の変革のことである。広義では，これらの技術革新を基盤とした，社会生活の変革のことをも意味している。具体的には，産業革命は「工場に能率の高い機械や動力が導入され，生産力が急激に増大する変化」のことであり，その結果，「工場制度が確立して生産手段の資本による所有という資本主義制度が生み出されていく決定的なモメントとなる出来事なのである」(産業化─Industrialization) と同時に「既存の都市を膨張させたに止まらず，無数の全く新しい都市を勃興させた」(都市化─Urbanization) のである (山本，1992:109) (イギリスの産業革命の産業化・都市化の状況については，図表2-1/2-2を参照のこと)。

この背景には，①植民地戦争における勝利によって海外の広大な市場を獲得したこと，②それに伴う貿易・商業活動の発達による資本の蓄積，③第二次囲い込み運動による労働力の確保，④市民革命による中産階級の台頭の結果，国内市場が形成されてきたこと，などがあげられる。さらに，18世紀半ばから発生した毛織物工業や織物工業を中心とした軽工業における慢性的な供給不足への対応という背景的な要因が存在していた。そのために，安定した大量の商品供給のための大量生産機械の導入とそれに対応した大量生産システムが必要となったのである。

イギリスの産業革命はこうした背景のもとに，四大発明（①ハーグリヴスの

図表2-1　イギリス産業の構造変化（1770-1831年）

産　業	総付加価値にしめる割合（%）		価格変化 (1770年価格＝100とする1831年の指数)
	1770年	1831年	
羊毛製品	30.6	14.1	113.4
リンネル	8.3	4.4	99.3
皮革	22.3	8.7	123.8
木綿製品	2.6	22.4	66.2
鉄製品	6.6	6.7	30.1
石炭	4.4	7.0	133.3
建築	10.5	23.5	178.8
その他産業	14.8	13.3	173.5

（注）1）その他は，絹，銅，ビール，石鹸，蝋燭，紙の6産業。
　　　2）その他産業の価格変化指数は，フィッシャーの理想式によって算出。
（出典）Crafts, *British economic growth*, pp. 22, 25.
（出所）斎藤編, 1998：12。

図表2-2　イギリス経済の構造変化（1700-1870年）

年	1人当り 国民総生産 (1700＝100)	資本形成 比率	構造変化指数（%）		
			農業従事者 割合	工業従事者 割合	都市化率
1700	100	4.0	61.2	18.5	17.0
1760	120	6.0	52.8	23.8	21.0
1800	128	7.4	40.8	29.5	33.9
1840	170	10.4	28.6	47.3	48.3
1870	271	8.5	20.4	49.2	65.2

（注）1）資本形成比率は，固定資本投資額の国内総支出にしめる割合。1760年は1761-70年の，1800年は1801-10年の，1840年は1841-50年の推計値を援用。
　　　2）農業従事者と工業従事者の割合は，男子労働力にしめる農業および工業従事者の割合。
　　　3）都市化率は，人口5000人以上の町に住む人口の総人口に対する割合。1760年は1750年の推計値を援用。
　　　4）1700年と1760年はイングランドとウェールズ，1800年と1840年はグレート・ブリテン，1870年は連合王国。ただし，1700年と1760年の都市化率はイングランドのみの推計。
（出典）資本形成比率のうち1760年，1800年，1840年は，リグリィ『エネルギーと産業革命』1991年，159頁。Feinstein, "National statistics 1760-1920", in Feinstein and Pollard, eds., *Studies in capital formation in the United Kingdom*, 1988所収の新推計値による。1700年，1870年はCrafts, *British economic growth*, pp. 62-63. 18世紀中2年次の都市化率は，Wrigley, "Urban growth and agricultural change", in his *People, citres and wealth*, 1987, p. 170による。それ以外はすべて，Crafts, *British economic growth*, pp. 62-63.
（出所）斎藤編, 1998：13。

第2章 近代産業社会の登場と社会的影響

ジェニ紡績機の発明，②アークライトの水力紡績機の発明，③クランプトンのミュール紡績機，④カートライトの力織機の発明）を基盤とした〈技術革命〉，ニューコメンの蒸気機関の試作，ジェームズ・ワットの蒸気機関の改良などの〈動力革命〉，さらに，トレヴィシックの蒸気機関車の発明，フルトンの蒸気船の発明，スティーヴンソンの蒸気機関車の製作などの〈交通革命〉の三つの産業インフラ形成型の革命が有機的に結合されることによって，「大量生産―大量消費」体制を可能にする，新しい産業社会システムを構築することができたのであった（このような軽工業中心の産業革命を第一次産業革命，19世紀後半の重工業を中心とした産業革命を第二次産業革命といったように区別して呼んでいる）。こうした産業革命はイギリス単独の一国産業革命として出発したが，技術革新の進展は産業化による近代化を追求している欧米各国はイギリスの産業革命に追随し，1830年代にはフランス，1840年代にはアメリカ・ドイツ，1850年代にはロシア，1890年代には日本へそれぞれ波及し，世界システムとしての資本主義社会体制を基盤とした，産業社会が形成されていったのである。

　他方，産業資本家による工場制機械工業の成立は，産業資本家―労働者という階級対立を生み出し，劣悪な労働条件に対する産業資本家と労働者との闘いという労働問題を発生させた。さらに，農村から都市への労働者としての大量の人口移動は，都市環境の悪化（スラムの発生）という社会問題（都市問題）をもたらすことになったのである。こうした背景には，機械制工業システムの導入による製造工程の規格化（生産システムの機械化―技術的合理化）と労働力の規格化（労働の機械化―人間的合理化）という産業社会の「能率原理」と「分業原理」が徹底して導入されたことがあげられる。このように，産業革命には，「数々の新しい機械や動力機関が発明され，人びとの暮らしが豊かになった」という〈経済的な豊かさ〉が強調される反面，産業社会の到来によって上記のようなさまざまな問題が発生したことは，「資本の論理に支えられ効率と能率の追求，利潤の拡大という資本主義の形成過程のなかで考えられる事件」という資本主義社会の捉え方にみられるように，資本主義社会の構造的矛盾が内在しているということも理解しておくべきであろう（山本，1992：116）。

　ところで，産業革命に対しては経済史的には次のような二つの見方，①産業

革命をたんなる経済の量的な発展と捉える楽観的な見方と，経済の質的な発展であると同時に，②資本主義に内在する矛盾への対応と捉える悲観的な見方がみられる。具体的には，この二つの考え方は，①産業革命を経済的利益の増大をもたらしたものとして，楽観的に捉えていく，「クラッパム学派」(Claphamites) と，②産業革命の経済的利益は多くの社会的害悪，もしくは，社会的損失という犠牲の上に築かれたものとして捉え，社会改良主義的な産業革命論を唱える，「ハモンド学派」(Hammondites) と，資本主義に内在する矛盾を除去するためには，改良にとどまるよりも資本主義体制そのものを排除していかなければならないとする，社会主義的産業革命論者の「マルクス学派」(Marxian school) に分かれる（染谷，1976：179-200）。産業革命に対してこのように二つの考え方が対峙するのは，産業革命によってもたらされた産業的合理主義としての〈競争原理〉が，産業資本家の自己利益の増殖を意図した限定的な目的のためだけに導入されたことから発生する労働者の不利益の問題を社会政策的な視点，あるいは，社会体制への変革的視点，からその解決をめざしていくのか，という思想的立場の違いに起因することにある。しかし，産業革命によって登場した，「資本家－労働者」という産業社会（資本主義社会）の対立の構図は労働者の過酷な労働条件，労働状態の克服という課題の解決を企業経営者としての資本家に認識させたということも見逃してはならない歴史的側面である。[(2)]

さて，産業革命を促進していく具体的な原動力となったのは，すでに述べたように，①商品の大量生産を可能にする科学技術上の革新としての〈技術革命〉，②科学技術を動力へと転換させていく生産技術上の革新としての〈動力革命〉，③商品の流通上の普及を伝播した交通システムの革新としての〈交通革命〉などである。このような産業革命の基盤的な技術革新に対して，産業革命の理念的，あるいは，精神的な基盤，すなわち，近代化の精神的（理念的）な推進要素となったのは，18世紀のフランス，19世紀のドイツで合理的な知識や技術の普及に重要な役割を果たした〈啓蒙主義思想〉(Enlightenment) であり，自由競争による経済活動の推進を唱えた〈自由放任主義思想〉(Laissez-faire) といえるだろう。絶えざる技術革新の思想と自由な経済活動の推進思想

第2章 近代産業社会の登場と社会的影響

が有機的に連関することによって，産業主義思想の基盤が形成されたと捉えることができる。

こうした近代社会の思想的基盤となる全体社会の変動を推進してきたのは，〈社会発展思想〉であり，経済発展（ないし，経済成長）の推進力となってきた〈技術発展思想〉である。ここでは，基本的にはこのような発展思想，すなわち，①物質的な発展による社会の〔上向的な〕直線的な発展を意図した〈社会発展思想〉，②〔継続的な〕技術的な発展による近代産業社会の進展を意図した〈技術発展思想〉であり，この二つの発展思想が相互に支え合うことによって，近代産業社会の発展の道筋を拓いてきた，といえるだろう。

ここでは，〈社会発展思想〉の影響や課題について検討し，次に，〈技術発展思想〉を中心に，生物進化論の影響を受けた「競争原理」や「優勝劣敗」といった思想が誕生した背景を探ることにしている。ただ，マルクスのように，近代社会としての資本主義社会は階級社会としての矛盾を内包しているがゆえに，社会発展は非連続的・段階的・変革の側面をもっている，という主張があることも理解しておく必要がある（われわれがここで取り上げている社会発展思想は，資本主義社会としての近代社会を是認していることを前提としているものであり，そうした条件のもとでの技術発展思想であるということに留意していただきたい）。[3]

「社会発展」とは，社会生活を産出する諸力（物質的生産力・政策の決定力・結合調整力・文化の伝達／創造力）の量的拡大と質的高度化のことを意味している。基本的には，社会の連続的・段階的な発展を基調としており，どちらかといえば，社会の量的な変化よりも質的な変化を重視する思想である。この考え方は〈社会発展段階説〉という形で展開され，フランスの社会学者，A.コントの神学的（軍事的）段階―形而上学的（法律的）段階―実証主義的（産業的）段階という，〈三状態の法則〉（もしくは，〈三段階の法則〉），マルクス主義における「原始共同体―奴隷制―封建制―資本主義―社会（共産）主義」という〈五段階の社会発展説〉などがあるが，近代社会では，H.スペンサーの〈軍事型社会から，産業型社会へ〉，F.テンニースの〈ゲマインシャフトから，ゲゼルシャフトへ〉，に代表されるように二段階の社会発展論が主流となっており，

①社会進歩思想，②社会進化思想，③実証主義思想，がその構成要素として考えられる。そこで，ここではこれらの三つの思想的潮流を考察していくことにする。

1. 社会発展をめざす〈社会進歩思想〉(Social Progress)

社会進歩思想はフランス啓蒙思想をその起源とし，歴史的変化をよりよい，より高い，よりすぐれた方向への進行と捉える主観的な価値評価を前提とした思想で，啓蒙主義思想の中心的な位置にあった。基本的には，社会の直線的・漸進的・量的変化を重視する。代表的な思想家として，フランスのA. R. テュルゴやM. J. A. コンドルセがあげられるが，コンドルセはその著作『人間精神進歩の歴史』(*Esquisse D'un tableau historique des progrès de l'esprit humain*) の中で，進歩とはたんに自然科学だけではなく，人間の身体も道徳性も無限に進歩するという理性主義的な進歩観を採用し，「人類史の展開を未開から文明へと至る進歩の過程とみなし，自由の拡大と科学の発展により人間は幸福になっていく」という未来に対してきわめて楽観的な見方をもっていた (Condorcet, 1794 = 1951：序論)。他方，A. コントはこうしたコンドルセの社会進歩思想の影響を受け，〈知識（人間精神）の三状態の法則〉(loi des trois états) を提唱した。具体的には，人間の知識は次の三段階，すなわち，超自然的な意思（神）の発現として諸現象を究明する〈神学的段階〉(古代) 非人格的→抽象的な実体概念によって諸現象を説明する，〈形而上学的段階〉(中世) →観察と実験による科学的認識によって諸現象を解明する，〈実証的段階〉(近代)，へと発展し，それに対応して，社会形態も〈軍事的段階〉(古代) →〈法律的段階〉(中世) →〈産業的段階〉(近代) への社会進歩を遂げていくという考え方である。このようなA. コントの社会進歩思想に支えられた社会発展段階論は，基本的には社会進歩によって社会が直線的・連続的・上向的に変化（発展）していく，という近代社会思想にみられる単純，かつ，楽観的な社会理論であったといえよう。

また，社会進歩の基準が近代的な科学技術の発展に依拠しているものの，その具体的な根拠，内容はきわめて抽象的なもので，具体性に欠けるという点で

進歩の観念は主観的な価値を前提としているという批判をされている。しかし，科学技術を基盤とした社会進歩思想は近代産業社会としての発展を予見する (Prévoir) という意味で大きな意義があったといえる。

2．近代産業社会の発展思想と〈社会進化思想〉(Social Evolutionism)

生物の種が長い歴史的時間の中で，単純な存在から，複雑な存在へと発展していくという C. ダーウィンの生物進化論の考え方を社会変動に適用することによって誕生した思想である。イギリスの社会学者，H. スペンサーがこの生物進化論とイギリスの経済学者，T. R. マルサスの生存競争論を必然とし，社会的な悲惨状態を適者生存の過程として正当化する（社会淘汰論），いわゆるマルサス主義の影響のもとに，「社会は同質的なものから，異質的なものへ連続的に変化する」，という社会有機的な法則の存在を提示したのが，〈社会進化論〉である。具体的には人類史の発展の方向性として，「単純な社会から，より複合的な社会へ」，「軍事型社会から，産業型社会へ」という命題を通じて，産業革命以降の社会の方向性を提示しようとした。こうしたスペンサーの社会進化論には，「第1に，社会進化論の基本的述語である，適応，統合，分化の各概念が確立されたこと，第2に，スペンサーの社会有機体論に，構造―機能分析の社会理論の萌芽がみられること，第3に，スペンサーの『産業型社会論』が産業化論の先駆形態であること」といった理論的意義が指摘されている（安田他編，1981：125-153）。

しかし，こうした社会進化論思想には，社会発展を単純なユートピア主義的な社会の実現という楽観的な見方が散見されるとともに，社会の「進化」には，生存競争・適者生存という競争原理を認めていたこと，すなわち，社会ダーウィン主義としての側面をもっていることから批判を受け，20世紀初頭にはスペンサーの社会進化思想は次第に消滅していったのである。

3．近代産業社会の科学化と〈実証主義思想〉(Positivism)

実証主義は人間の経験可能な知識を尊重しながら，確実に合理的にそれを構築していくという「実証的」(Positif) という考え方を基盤としている。A. コ

ントは，18世紀のフランスの数学的自然研究の運動（J. L. R. ダランベール，J. L. ラグランジュ等）の方法論や彼の師であった，C. H. サンシモンに従って19世紀を「科学と産業の時代」として捉え，社会進歩・繁栄に貢献している科学者・産業者が支配的な地位につくべきである，という実証的な思想を社会研究に適用することによって，「実証主義」(Positivism)を体系化し，「実証哲学」(Philosophie Positive—「社会学」[Sociologie]という名前ができる前の名称）を構築した。コントの「実証的」とは，前近代社会における神学や形而上学に示されているような主観主義に対峙するもので，具体的には，①「無益」(inutile)に対する「有益」(utile)，②「空想的」(chimérique)に対する「現実的」(réel)，③「不確実」(incertitude)に対する「確実」(certitude)，④「曖昧」(ambigu)に対する「明確」(précis)，⑤「否定的」(négatif—破壊的)に対する「肯定的」(positif—建設的)，⑥「絶対的」(absolu)に対する「相対的」(relatif)，⑦「利己的」(égoïste)に対する「愛他的」(altruiste)，という要素から構成されているとしている（新他編，1979：2-4；濱嶋他編，1997：234）。

このような実証主義には，自然科学の方法論を社会学にも適用し，社会現象に因果関係の法則を確定でき，因果関係要因として社会構造を重視するという考え方がみられた。しかし，コントの実証主義には，「経験的事実の観察ということに加えて，仮説の演繹とその検証，実験計画およびその結果にもとづく推理，帰納論理，等々を含む科学的方法論ないし科学的論理学の諸問題に深く入っていく」，というサンシモンの実証主義にみられる未解決の課題が残されているとともに，実証科学の証しとしての〈社会現象の予測性〉を安易に主張しているという欠陥がみられたのである（富永，1993：106-107：114-116）。さらに，こうした実証主義は社会現象の科学的な解明に対する科学的態度，あるいは，姿勢の形成という面では少なからず寄与した反面（社会構造を重視），人間の行為の主観的意図や動機を軽視，ないし，無視していくという傾向もみられた。

社会進歩思想，社会進化思想，実証主義思想の三つの潮流から成る〈社会発展思想〉は，次節でみる近代産業社会における科学・技術革新による「大量生産―大量消費」型の効率的な社会経済システムを実現することによって，〈経

済的に豊かな社会〉を構築し，こうした社会を推進していくための〈産業主義思想〉を社会発展の思想原理としてきた。しかし，このような近代産業社会が経済的な豊かさと引換えに人間の技術力による自然環境の破壊によって得た代償，すなわち，豊かな文明社会の貧困としての，公害問題や環境問題という近代産業社会の新たな病理現象を生み出してきたことは現代社会における環境問題の拡大化・深刻化現象をみれば明らかである。このように，近代産業社会形成のイデオロギー的基盤である〈産業主義思想〉は「豊かさのための社会発展原理」としての側面と「豊かさの病理現象としての環境破壊原理」としての側面，という二律背反的な要素を特質としてもつ思想原理として捉えることができるだろう。

第2節　近代化と産業社会の役割：初期産業主義思想としての「競争原理」と「優勝劣敗」

〈産業主義〉（Industrialism）という言葉は，1950〜60年代に登場した，産業社会の発達段階（成熟段階）における特性を示す収斂理論としての構成原理（いわゆる，インダストリアリズム）という意味で使用されているのが一般的な理解である。他方，産業主義には「産業革命以降の産業社会の一側面を示す」という曖昧な見方や「一つの理念，ないし，イデオロギーとしての面と構造原理を表すものとしての両面がある」という指摘もみられるが，ここでは，産業主義を「産業社会を形成していくためのイデオロギー的な推進力」という，近代化を推進していくための原動力としての思想原理として位置づけておくということで産業主義思想としている。（斎藤編，1998；富永，1966）。

近代社会は前近代的社会（中世の封建社会）が市民革命，産業革命，都市革命，科学革命などの多角的な社会変革によって解体され，近代的な政治的認識（民主主義化），経済的認識（産業化），都市的認識（都市化），科学的認識（科学化）をもつ近代的な市民が主体的に形成した社会のことである。こうした近代化を促進していく変動過程のことを「近代化」（Modernization）と呼んでいるが，近代化概念については，①産業化が主たる要因によって近代化を促進したという〈産業化総括概念説〉，②近代化はさまざまな近代化要因（政治的近代

図表2-3　近代化・近代革命・近代社会の要素

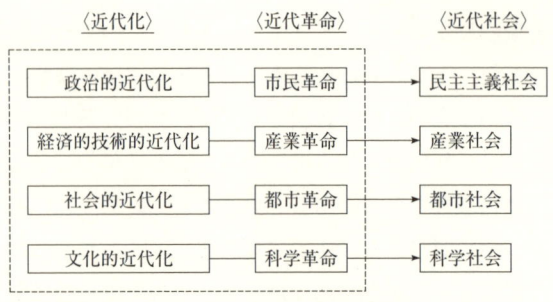

〈近代化〉　　　　〈近代革命〉　　　〈近代社会〉

近代化	近代革命	近代社会
政治的近代化	市民革命	民主主義社会
経済的技術的近代化	産業革命	産業社会
社会的近代化	都市革命	都市社会
文化的近代化	科学革命	科学社会

(出所)　富永, 1996:32-36の記述を参考に筆者作成。

化・経済的近代化・社会的近代化・文化的近代化)によって構成されたもので，産業化はその構成要素にすぎないという〈産業化部分概念説〉，という二つの見方がみられるが，近代化における産業化の役割が果たしている影響力の度合いによって評価が分かれる。一般的には，近代化は前述のような多角的な近代化要因が有機的に結合することによって促進されたものであるといえる。近代化には，四つの領域，すなわち，①技術と経済の近代化―動力革命や情報革命などの技術革新を基盤とした，技術の近代化に関わる要素(産業化)と経済の近代化に関わる要素(資本主義化)が含まれていること，②政治の近代化―近代的法制度に関わる法の近代化に関わる要素と封建制から近代国家への移行専制国家から民主主義社会への移行(市民革命)に関わる要素が含まれていること，③社会の近代化―社会集団〔家父長制的家族から核家族への移行，機能的に未分化な集団から機能的集団(組織)への移行，地域社会(村落共同体から近代都市への移行〔都市化〕)，社会階層(公教育の普及と自由・平等・社会移動)〕，などの近代化に関わる要素が含まれていること，④文化の近代化―科学的知識の近代化〔神学的・形而上学的知識から実証的知識への移行(科学革命)や思想・価値の近代化(宗教改革や啓蒙主義による合理主義精神の形成)〕，に関わる要素が含まれていること，などが指摘されている(富永, 1996:32-37)。

しかしながら，近代化における技術的領域としての動力革命・情報革命，経済的領域としての産業革命が近代化促進の重要な役割を占めていることも無視できない事実である。そうした観点から，近代社会を〈近代産業社会〉(近代

図表2-4　近代化の諸領域

領　域		伝統的形態	近代的形態
技術的経済的領域	技術	人力・畜力 →	機械力 { 動力革命 / 情報革命 } (産業化)
	経済	第一次産業 →	第二次・第三次産業
		自給自足経済 →	市場的交換経済（資本主義化）
政治的領域	法	伝統的法 →	近代的法
	政治	封建制 →	近代国民国家
		専制主義 →	民主主義（市民革命）
社会的領域	社会集団	家父長制家族 →	核家族
		機能的未分化 →	機能集団（組織）
	地域社会	村落共同体 →	近代都市（都市化）
	社会階層	家族内教育 →	公教育
		身分階層 →	自由・平等・社会移動
文化的領域	知識	神学的・形而上学的 →	実証的（科学革命）
	価値	非合理主義 →	合理主義（宗教改革）／啓蒙主義

（出所）　富永, 1996：35。

　社会＝産業社会）と同等な社会形態として捉える見方もある。その意味では，近代化とは，技術・経済の近代化を基軸とした，全体社会の統合的な社会変動過程とみることができるだろう。また，近代化には，エネルギー消費量や利用効率の増大，産業構造の変化，都市人口の増大といった量的な指標で示されるような非制度的側面と近代的な法体系の成立や公教育制度といった質的な指標で示されるような制度的側面という二つの側面があり，このような近代化の制度的・非制度的両側面が統合化されることによって，近代社会システムを形成してきたという点にも留意しておく必要がある。

　産業革命以降，近代産業社会の推進者としての企業（あるいは，工場）を誕生させることによって，資本主義的な生産様式としての機械制工業システムが発展し，企業経営と労働の双方の場に「能率思想」（Efficiency—労働の効率化＝労働生産性の向上）と「分業思想」（Division of Labour—労働の細分化）を構成要素とする，産業主義思想としての〈競争原理〉をもたらした。このような競争

図表 2-5 「競争原理」の考え方

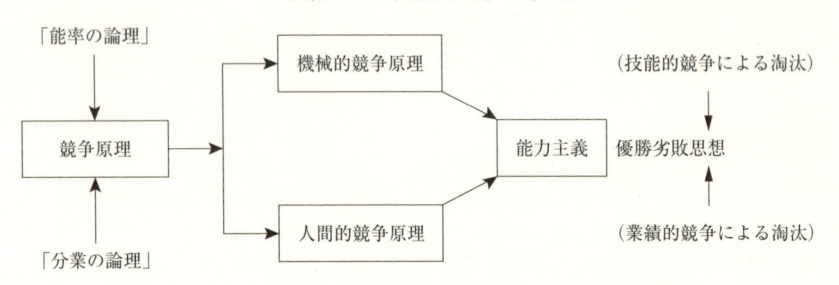

```
「能率の論理」
    ↓
           ┌→ 機械的競争原理 ┐      （技能的競争による淘汰）
  競争原理 ─┤                ├→ 能力主義      ↕           優勝劣敗思想
           └→ 人間的競争原理 ┘      （業績的競争による淘汰）
    ↑
「分業の論理」
```

原理は基本的には，前近代社会（封建制社会）のような生得的地位（性別・年齢・家柄・身分）による〈属性原理〉（Ascription—非競争原理）ではなく，人間の目標達成の成果（行動基準）によって人間の評価を決定する〈業績原理〉（Achievement—競争原理）という新しい考え方を創出した。このような競争原理（Principle of Competition）は，競争の対象が機械の使用による機械的業績主義的な競争なのか，あるいは，人間の業績の成果を比較する人的業績主義的な競争なのかによって，①「機械的競争原理」（機械と人間との関係を基盤とする機械使用の熟練性評価に対する業績主義），と②「人間的競争原理」（人間と人間との関係を基盤とする人間の労働成果評価に対する業績主義），の二つに区別することができるだろう。こうして，近代産業社会の活動主体としての「企業」はこのような二つの競争原理を企業活動に導入し，常に企業活動の成果としての企業業績（企業活動の効率性）を追求することになる。このように企業を中心として導入された「能率」や「分業」といった思想の基盤となったのは，前節でみた〈社会発展思想〉とともに近代産業社会形成の基盤を築く上での思想的原動力となった〈技術発展思想〉である。これらの思想が経済発展の変動の推進力となることで，社会の近代化・合理化と結びついていくのである（松野，1999：1-3）。

　〈技術発展思想〉（Technological Development）とは，技術の発展が社会発展の決定的な要因であるとする〈技術決定論〉（Technological Determinism）や社会発展は技術進歩によってもたらされるとする〈技術主義〉（Technicism）の考え方に依拠したものであるが，技術進歩→技術発展→社会発展という段階で

技術発展が部分的に社会発展に寄与するというものである。ここでは,「分業思想」,「能率思想」,「合理化思想」といった技術発展が労働・組織(工場/オフィス〔企業組織〕)における革新をもたらし,産業社会の進展に貢献してきたことを明らかにしていきたい。

1. 技術革新と「分業思想」(Division of Labour)

分業(Division of Labour)は,一つには,分業によって労働の画一化,あるいは,単純化が可能となり,工場における大量生産システムが確立されたとさえいわれているものであり,もう一つには,分業によって職業的専門化が行われ,近代社会における企業の生成に寄与しているといわれているもので,いずれも近代産業社会の発展に不可欠な技術発展思想といえる。他方,分業による技術革新が経済発展をもたらし,それが新しい社会システムを形成した,ということも事実である。分業は基本的には,経済学の創始者として著名な,イギリスの経済学者,A. スミスが自由競争の促進要素として主張した,〈技術的(経済的)分業〉(労働の細分化)と近代社会学の形成者である,フランスの社会学者,E. デュルケムによって急激な産業化による社会的混乱状態(アノミー[anomie]=社会規範の無規制状態)を人間の社会的連帯によって解決するために提示された,〈社会的分業〉(職業的専門化)という,二つの思想的立場に分けることができる。

イギリスの経済学者,A. スミスは代表的著作『国富論』(あるいは,『諸国民の富』─ [*An inquiry into the nature and causes of the wealth of nations*][Smith, 1826／1993=1959])の冒頭部分で,分業の経済的意味について「労働の生産諸力を改善させる最大の原因は分業である」と述べた上で,分業の効果についても,労働者の作業の分割によって労働者が単純な労働を反復的に行うことによって,第一に労働の熟練の増大により,第二に,1つの作業から別の作業に移動する際の,時間の浪費がなくなることにより,第三に,作業が専門化し,道具や機械の改良が容易になることにより,生産力が上昇する,と指摘している(水田,1997:135;Smith,1826／1993=1959)。こうした技術的分業はこれまで,熟練労働者を中心に行われていた熟練労働に未熟練労働者を使用するという,工

場における労働の非熟練化（単純化）を生み出し，作業能率を増大化させた。A. スミスも労働の単純化による分業の弊害について，労働者の知的・道徳的・肉体的一面化という問題の解決方策という形で言及しているが，基本的には分業のもたらす経済的効果を近代産業社会の重要な要素として捉えている（星野他，1977：第5章）。こうした分業思想が20世紀の F. W. テイラーの「能率思想」に大きな影響を与えているといってよいだろう。

他方，「社会的分業」（Division du Travail Social）は上記の技術的分業に対置される概念で，基本的には，労働の社会的分割という意味である。A. スミスも分業を技術的分業概念と社会的分業概念を混在した形で捉えていたけれども，社会的分業を学問的な概念として定式化したのは，フランスの社会学者である，E. デュルケムである。

彼はその著作『社会分業論』（*De la Division du Travail Social*）（Durkheim, 1893＝1989）の中で，近代社会における分業の社会的役割を検討した。彼は技術的分業（経済的分業）によって，労働現場における作業能率や生産性の向上による経済効率が高められる経済効果的な側面よりも，むしろ，こうした分業の考え方には競争によって諸個人の間に利害対立が生まれるという分業の社会病理的側面が強いと考えた。そこで，デュルケムは近代社会における分業の社会的側面に着目し，分業には道徳的社会関係を通じて個人相互間の依存関係を深め，社会的連帯を強化するという側面がみられると捉え，社会的分業によって，自由な諸個人による「有機的連帯」（Solidarité Organique）を通じての社会統合のための基盤が形成されると考えた。さらに，近代社会における職業上の分業が諸個人間における道徳的連帯感に支えられた専門分化をもたらすものと捉えていた。こうして，デュルケムは分業による労働の非人間化，あるいは，人間疎外という問題について道徳的特性（個人的人格と社会的連帯の形成）を基盤とした，社会秩序の形成によって解決できうると考えた（Durkheim, 1893＝1989）。

このように，スミスが分業の功利主義的側面を重視したのに対して，デュルケムは経済的効率性が人間の社会関係にもたらす弊害を危惧し，分業の社会的側面，すなわち，分業による個人・組織の個性化，相互依存性を強調し，分業

に内在する社会的連帯性を基盤とした,〈有機的社会―職業集団の組織化による社会の形成〉(Société Organique) を構想した。その意味では,この両者の分業論には,近代産業社会の経済システムとしてのメリット的側面（効率化による経済的発展の必要性）と効率化による社会システムとしてのデメリット的側面（人間社会関係における道徳的無規制状態の出現）という二つの課題がみられるが,分業が近代産業社会の社会経済システムを変革し,近代化を促進していく契機をつくり出したことは,分業が社会変革をもたらす基本原理であったことを示すものであろう。

2．労働生産性と「能率思想」(Principle of Efficiency)

この「能率」(Efficiency) という考え方は近代産業社会の形成に際して,労働の規格化,労働の効率化という観点から,商品の大量生産システムを構築していく際の重要な要素の一つとして考えられたものである。「能率」とは,基本的には,「最小の犠牲によって,最大の成果を達成する手段選択の合理的な基準」という考え方である。こうした「能率」概念の形成に重要な役割を果たしたのが,時間計測装置としての「近代時計」の誕生である。時計には,基本的には,①現在時刻の認知（報時時計），②経過時間（量）の測定（計量時計），③ある時刻までの残存時間（量）の測定（報時時計と計量時計の統合化）という,三つの使用形態がみられるが,「能率」概念の形成に寄与したのは,①の一定時間までの残存時間の測定という考え方である（武笠, 1990:293-295)。武笠俊一によれば,「能率」の算定のための時間測定としては,①仕事の終了までの所要時間の測定（作業速度の測定），②単位時間内の仕事量の測定（「能率」自体の測定），があり,こうした二つの時間の考え方が「仕事を均等化し,時間尺度の上で数量的に捉える」という,近代的な「能率的な時間思想」を生み出したとしている（武笠, 1990:301-302)。このような指摘は人間労働を機械化していく場合の前提条件としての〈機械の能率化〉思想をつくり出した,大きな要因として捉えることができるだろう[5]。こうした「能率的な時間思想」と「人間労働の能率化」を統合化し,生産と経営の合理化に適用したのが,近代経営学の祖といわれている,アメリカの技師であるF.W.テイラーで,こうした方法

は〈科学的管理法〉(Scientific Management—テイラー主義ともいわれる）と呼ばれるものである。

　テイラーは『科学的管理の原理』(*The Principle of Scientific Management*)（邦訳では，『科学的管理法』という題名）を中心とする，労働管理の一連の著作を通じて，労働管理の目標は高賃金と低労務費という二つの矛盾する課題をどのように解決し，そのための原理と方法論の提示が必要であると考えた。そのために，彼は労働生産性を向上させる一環として作業標準（課業）の規格化を提唱し，「時間・動作研究」(Time and Motion Study) を通じて，課業のシステム化を図った。彼の科学的管理法は，①作業の合理化のための経営者的視点からの熟練の平準化という「熟練の転移」(Transfer of Skill)—経営者の設定する熟練，②作業標準の科学的設定・標準化・経済的刺激制度から構成される—差別出来高制度，③一つ，または，少数の職能原理の導入によって，能率を向上させる，「職能化の原理」(Functionalism)—計画と作業の分離，の三つの原則から成り立っている (Taylor, 1911=1957・1969)。テイラーの科学的管理法の基本的な考え方は作業工程（仕事）を体系的に分析し，それらを最小の構成要素に分解し，こうした要素を最大の効率的な方法で再構成したことである。

　このようなテイラーの科学的管理法には，「閉鎖的体系としての企業の捉え方，経済人としての労働者観，公式組織のみの重視，能率志向性，労働組合や労使関係問題の考慮の不足」などの問題点が指摘されている（佐久間編，1998：87）。このように，テイラーの労働の能率化という科学的管理思想は，工場における生産システム・生産管理システムの科学化（計測化），組織の近代化（職能化）等の点では，確かに重要な役割を果たしたが，他方，労働の生産性を重視するあまり，労働における人間的要因・社会的要因を無視し，労働の機械化を促進するものとして批判された。このような能率思想は，技術的な生産性の向上という意味ばかりでなく，業績主義や能力主義といった近代産業社会における効率主義的な思想を形成していく場合に重要な役割を果たした。現代社会における企業における〈リストラ政策〉の根底にはこうした能率思想の影響が反映されていることをわれわれは認識しておく必要があるだろう (Taylor, 1911=1957・1969)。

3. 近代組織の効率化と「合理化思想」(Rationalization)

「合理化思想」(Rationalization) は近代社会の基本的理念を指す概念であり，近代化の精神的支柱となるものである。合理化そのものの意味は，「人間の行為のあらゆる側面が計算と測定そして統制のもとに服するようになる多様な過程」のことを指している（アバークロンビー他，1996：271；Weber＝松井訳，1968）。つまり，人間生活のあらゆる側面で合理性を貫徹しようとする活動なのである。

ドイツの社会学者，M. ウェーバーは近代化の過程の中で合理化のもつ意味を，「魔法，あるいは，魔法の庭園（前近代社会）からの解放」，すなわち，前近代社会に内在する封建的な非合理性による停滞性から脱却し，近代社会の本質を人間生活の合理性として捉えていた。具体的には，①経済組織に対する合理化—工場の官僚制的手段による組織化と体系的な会計手続きによる収益計算，②法律に対する合理化—普遍法にもとづく演繹的な法推論，③政治に対する合理化—カリスマ的リーダーシップの政党機構への転換，④全体社会に対する合理化—官僚制と国家管理，行政機構の拡大，などの意味が含まれている（アバークロンビー他，1996：252-253；Weber, 1921＝1968：7-10）。

ウェーバーのこれらの合理化概念がもっとも具現化されているのが，組織論的な意味としての「近代官僚制」(Modern Bureaucracy) である。官僚制とは，「複雑で，大規模な組織の目的を能率的に達成するための組織の活動が合理的に分業化された管理運営体系のこと」である（Weber＝阿閉訳, 1987：7-10）。他方，官僚制には，「様式化された手続きによって形式的にはきわめて綿密に合理化されていながら，その手続きの煩雑さによって実質的にはきわめて不合理な面をもつ制度」という矛盾も含まれている（作田他編，1968：37）。官僚制は近代組織を管理・運営していくための「能率の論理」が貫徹された合理的な方法であり，①合理的な規則の支配，②権限の階層的秩序（ヒエラルヒー），③非人格的な人間関係，④職務の専門化，などを特性としてもっている。これは官僚制のもつ合理的な側面であり，上記で指摘されているように，合理化には合理性の機能不全現象としての不合理な側面も内在しており，そこに〈合理性〉(「能率の論理」＝機械性) と〈非合理性〉(「感情の論理」＝人間関係性) の同時存在という近代組

織としての矛盾を包摂しているのである。

　とりわけ，官僚制の場合には，それが〈官僚主義〉(Bureaucratism) という形での目的と手段の転倒としての逆機能，例えば，①規則万能主義・制度への過剰な同調主義（形式主義，秘密主義，セクショナリズム等），②人間関係の歪み（組織への過剰な従順性による人間関係の軋轢），③権力と自由の問題（組織における合法的支配と人間としての自由との関係），などの問題が表出してくるのである（佐藤，1991：234-268）。この意味では，近代化の進展過程の中で誕生した〈合理化思想〉は「形式合理性」（機能性）という，すぐれて近代的な側面としての特質がみられるけれども，官僚制の逆機能に象徴されるような「実質的非合理性」（非機能性）という，いわば，近代化に逆行するような前近代社会としての地域共同体的な閉鎖性に象徴される，組織論上のさまざまな課題が残存することとなった。

　「分業思想」，「能率思想」，「合理化思想」，といった〈技術発展思想〉を背景として，近代社会は人間の目的合理的行動が近代社会における経済的機能集団としての企業を誕生させ，企業活動を促す基本的要因としての近代合理主義精神が醸成されたのである。このような合理主義精神は科学革命による科学的な世界観と動力革命による技術的な世界観との有機的な結合から生じたものである。他方で，こうした合理主義精神は機械の合理化だけではなく，人間労働の合理化，すなわち，人間労働の機械化という新たな労働問題を生み出し，産業社会における人間労働のあり方を問い直す課題を提起したのである。

　このように〈技術発展思想〉を基盤とした〈産業主義思想〉はあらゆる面で近代社会における「競争原理」を徹底させるものであった。それは資本主義的な利潤競争，生産力競争，それに伴う地位競争などをもたらし，「大量生産―大量消費」という経済的に豊かな社会経済システムをもたらしてきたが，競争原理にもとづく〈能力主義〉の激化により，優勝劣敗，という弱肉強食型社会をつくり出したのである。ここでは，産業社会におけるイデオロギー的基盤としての，産業主義思想の歴史的な生成・発展過程を検証してきたが，産業主義思想の歴史的な意義・役割，さらに，産業主義思想に内在する諸課題について考察していくことにしたい。競争原理型の産業主義思想が新たな人間疎外現象

(現代的な合理化を基盤とした人間による人間の排除論理という新しい疎外現象）を生み出していることは，今後の産業社会における産業主義思想としての，競争原理のあり方の再検討をわれわれに要請しているといってもよいだろう。

第3節　産業社会のシステム化と中期産業社会の登場：「フォーディズム」と「脱フォーディズム」の世界

　産業革命によって，イギリスをはじめとする先進諸国における近代産業社会の経済的基盤が確立された後，20世紀に入ると近代産業社会の高度化・多様化に対応した社会経済システムが進展し，とりわけ，アメリカでは鉄鋼・電気・通信を中心として巨大企業が登場してくるようになる。こうした資本主義的産業社会を構築していくための近代産業社会システムの構成要素として，「大量生産―大量消費」型の産業構造への転換が必要となってくる。そのためには，①近代産業社会の高度化に対応した，「能率原理」を企業活動として推進していくための経営哲学としての「フォーディズム」，②さらに，労働生産性を向上させるための新しい生産システムとしての，「フォードシステム」がこの時代の産業主義思想の中核的な役割を果してくることになる。

1．フォーディズムとフォードシステム（Fordism & Ford System）の思想と論理

　「フォーディズム」（Fordism）と「フォードシステム」（Ford System）は20世紀初頭，アメリカの自動車王といわれた，H. フォードの経営戦略上の両輪といわれるもので，フォーディズムが大量生産システムを支えるフォードの経営哲学でもあり，経営理念であるとすれば，フォードシステムは大量生産システムのためのフォードの技術革新戦略であるといえよう。

　フォーディズムの基本的な考え方は，①機会の重視―開拓者精神による革新的，創造的な人間像の追求（高級車としての自動車の大衆化への戦略的転換），②サービスの精神―企業は公共のサービス機関であり，大衆（顧客）にサービス（奉仕）することで，社会に貢献すべきである，③賃金動機―利潤動機は企業の一部の所有者や経営者の個人的な資産や富を増やすだけのものであって，そ

図表2-6　フォーデイズムとフォードシステム

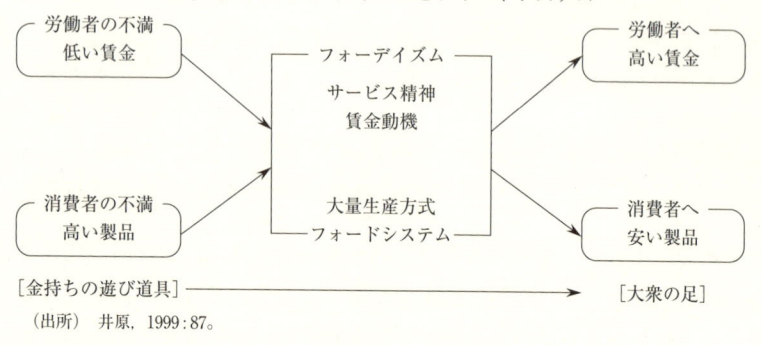

```
┌──────────┐                                 ┌──────────┐
│労働者の不満│──┐       ┌─フォーデイズム─┐      ┌─│労働者へ  │
│低い賃金  │  │       │  サービス精神  │      │ │高い賃金  │
└──────────┘  └─→    │  賃金動機      │    ─┘ └──────────┘
                     │                │
┌──────────┐  ┌─→    │  大量生産方式  │    ─┐ ┌──────────┐
│消費者の不満│──┘       │  フォードシステム│      └─│消費者へ  │
│高い製品  │          └────────────────┘        │安い製品  │
└──────────┘                                     └──────────┘

［金持ちの遊び道具］──────────────────────→　［大衆の足］
```

（出所）井原，1999：87。

の利益を従業員に還元しないことは社会的奉仕の精神に反するものであり，他方，従業員に高い賃金を支払う「賃金動機」は従業員の生活水準を向上させ，雇用の確保に繋がるという意味で企業の社会的な存在根拠を示すものである，という徹底したサービス（社会奉仕）の精神にある（井原，1999：85-87）。

　これに対して，フォードシステムはフォードが自社のT型車を大量に生産するために考案した新しい生産方式のことで，フォードシステム（Ford System）とも，デトロイト・オートメーション（Detroit Automation）とも呼ばれている。このフォードの画期的な生産方式は単に，製品の生産方式のみならず，一般の人々の消費行動をも変革したものとして，20世紀の消費資本主義の基礎である，「大量生産―大量消費」型の社会構造・生活構造をもつくり出したといわれるほど，技術的変革としてばかりでなく，社会変革としての価値をもつものであった。

2．フォードシステムの要素と構成

　この生産方式は基本的には，①「生産の標準化」（Production Standardization）と②「移動組立法」（Moving Assembly Line），の二つの要素から構成されている。「生産の標準化」は，製品の単一化，部品の規格化（互換性），専用機械の使用等から成り立っており，この方針からフォードは可能な限り，製品の標準化を図り，単一機種（T型車）限定による大量生産システムを考えた。この結果，フォードはT型車の大幅なコストダウン化に成功し，低価格の自動

車販売を可能にした。これまでごく限られた富裕層を自動車の購買対象としてきたが、コストダウン化により、自社の労働者でも購入可能な価格設定を行い、自動車の大衆化を促進した。さらに、「移動組立法」は「作業に労働者を移動させていく」という考え方を転換させ、「労働者に作業を移動させていく」という人間中心的な作業システムへの移行に配慮した生産システムである。具体的には、労働者は作業工程の順序で並び、その労働者の前をベルトコンベアによって部品を通過させ、規則的に作業をさせるという「流れ作業システム」(ベルトコンベアシステム) をつくったことである。この作業システムのメリットは、①生産工程の円滑化による生産時間の短縮、②工程間の運搬距離の短縮化による部品在庫の削減が可能となったこと、③作業能率はベルトコンベアによって時間的に規定されるため監督の幅を拡大することができること、④各工程の時間的調整を自動的に行うことができるために、工程や作業の時間調整の効率が高いこと、などがあげられる (Ford, 1922＝稲葉監訳, 1968；塩見, 1978)。

こうした大量生産システムについて、フォードは「大量生産は馬力、精確さ、経済性、体系性、継続性、そしてスピード、といった諸原理を製造計画に集中させたもの」として、大量生産がたんなる量的生産の拡大化だけではないことを述べている (Batchelor, 1995＝1998：xvi)。

3．フォーディズムとフォードシステムの課題

このように、フォーディズムやフォードシステムは20世紀の産業社会における「大量生産―大量消費」型の産業システム化への方途を切り拓いただけではなく、自動車を大衆化させることよってモノの輸送手段や人間の交通手段の自動車化を推進し、大量の製品を市場へ供給していくという大量消費社会の基盤を形成したのであった。しかし、大量生産システムのための作業能率優先主義の考え方は、労働現場における作業の単純化・反復化による労働者の無気力化 (非人間化)、すなわち、人間疎外現象をもたらし、あらためて〈労働の人間化〉への対応策の提示の必要性という課題を提起したのであった。こうした課題が、労働現場における人間関係を労務管理の重要な要素であることを認識さ

せる，アメリカの有名な〈ホーソン実験〉(1924～32年) へと繋がっていたのである。

第4節　中期産業主義思想の展開

1．ホーソン実験と人間関係論思想

　〈人間関係論〉は，F.W.テイラーの〈科学的管理法〉を中心とする，労働生産性向上を目的とする能率的な労働管理論の課題を解決するために，E.メイヨーらの〈ホーソン実験〉を契機として誕生した考え方である（〈科学的管理法〉と〈人間関係論〉の原理的差異については，図表2-7を参照のこと）。1936年に製作された，C.チャップリンの最初のトーキー映画「モダンタイムズ」では，能率のための機械化・自動化が人間の機械化を生み出し，労働現場における人間疎外現象をもたらしていることを象徴的に描いている。具体的には，①機械と人間との主客転倒が起こり，人間に合わせて機械が動くのではなくて，機械の動きに合わせて人間が動かなければならない，②人間一人ひとりは，個性と主体性を失って，個人は工場という巨大な歯車装置の部品にすぎなくなる，③姿のない監視者は匿名性，非人格性を通じて，多数の人間を自分たちの利潤追求の手段とし，特権的一方的に監視し，支配する，といったような近代文明における人間と技術の関係における問題点を提起している（加藤，1996：139-160）。

　人間関係論は〈科学的管理法〉による労働の単純化・画一化に伴う，労働生産性の低下を防ぐために，①人間関係論的視点からのモラール（勤労意欲）の向上の方法，②労働現場における人間関係のあり方，等について検討していくために登場したものである。このような人間関係論的視点を生み出すきっかけとなったのが，アメリカのウェスタン・エレクトリック社のホーソン工場（電話機製造）で1927年～1932年にかけて，E.メイヨーを中心とする，ハーバード大学の研究グループによって実施された実験で，〈ホーソン実験〉といわれているものである。〈ホーソン実験〉は，①「照明実験」（1924年～1927年）—物的作業条件（照明度）と作業能率との関係の調査，②「継電気組立実験」（1927

第2章　近代産業社会の登場と社会的影響

図表2-7　〈科学的管理法〉と〈人間関係論〉の理論的な差異

項目＼理論	A. 科学的管理法	B. 人間関係論
(1)分析のキイー概念	＊フォーマルな組織	＊インフォーマルな組織
(2)組織モデル	＊機械的合理性モデル（合理的な機構）	＊有機体的自生体型性モデル（能率の論理と感情の論理の相互依存性）
(3)組織人モデル	＊組織成員は非人格的存在であり，経済的刺激による動機づけ／組織による管理統制	＊組織成員は感情の主体であり，非経済的誘因と社会規定に強く規制される集団の存在
(4)人間性と組織の関係	＊合理化により，緊張・対立は生じない	＊フォーマルな組織の脱人間性と鋭く対立する
(5)管理技術の性格	＊管理原則に基づき組織の形式的合理化と能率主義のIE（経営工学）手法による労働力管理の徹底	＊人間関係論的アプローチによるモラールの向上，意志疎通の改善，協力的参加の促進をはかり，公式的組織の傷害を治療し，組織を弾力化する

(出所)　塩原，1990：250をもとに筆者作成。

年～1932年）―休憩時間・作業時間・賃金形態等，多様な作業条件と作業能率との関係の調査，③「面接計画」（1928年～1930年）―②の実験と並行して実施された作業員の不平不満等の聞き取り調査で，作業監督者の資料として行われたもの，④「バンク配線室観察」（1931年～1932年）―面接計画によって明らかにされた職場における職場集団の作業能率に与える影響について14名の作業員を対象にしたもので，四段階の調査が並行しながら実施された。この実験から明らかにされたのは，作業能率に影響を及ぼすのは，物的な環境条件や作業方法という技術的な問題ではなく，職場における人間関係（インフォーマルな組織の存在），労働者のモラール，監督方法などである。この結果，職場のインフォーマル組織における人間関係のあり方，労働者のモラールを向上させるための方法，作業における労働者の自発的参加の方法，といった人間関係管理の手法の必要性がでてきたのである（Mayo, 1946＝1951）。

2．近代企業と組織革新思想

　近代社会の形成と発展の起動力となったのは，近代合理主義精神を企業活動として具現化した，企業組織である。企業組織はたんなる人間の集合体ではな

く，協働体系（Cooperative System）にもとづく近代的な合理的組織として定式化したのが，アメリカの経営者である，C. I. バーナードであり，さらに，この組織思想を意思決定（Decision-Making）の体系として発展させたのが，アメリカの経営学者の H. A. サイモンである。この二人の近代的組織理論は総称して，バーナード＝サイモン理論といわれている。

バーナードは近代組織をシステム的観点から捉え，組織を「2人，または，それ以上の人々の意識的に調整された諸活動，または，諸力のシステム」であると定義している。その上で，①共通目的（Common purpose）—個人目的としての協働性，②貢献意欲（Willingness to serve）—共通目的を達成するための組織成員の自発的な意思，③コミュニケーション（Communications）—共通目的と貢献意欲との間の媒介的役割を果たすもので，個人の分担を明確にするための相互意思伝達活動が有機的に連関することによって組織発展が推進されるものという，組織と構成する三つの要素を指摘している（『経営者の役割』1938年）。また，バーナードは組織を閉鎖的な体系（Closed system）としてではなく，開放的な体系（Open system）として捉え，外部環境との相互作用によって組織が活性化する（外部環境への対応と外部環境の変化への対応）と考えていた。さらに，組織を動かすのはたんなる上意下達的な強制的な命令ではなく，人間の意思決定であるという考え方は近代組織論に行動科学的視点を導入したという点で高い評価をされている。

こうしたバーナードの組織革新思想を継承し，近代的組織論を確立したのが，H. A. サイモンである。サイモンは組織における合理的側面をより明確化し（論理実証主義の視点），組織成員の意思決定に組織が与える影響力を行動科学的意思決定論の立場から明確にした（『経営行動』1945年）。また，サイモンはマーチとともに著した『オーガニゼーションズ』において，バーナードにおける組織の概念を〈協働の体系〉から，〈意思決定の複合的体系（ネットワーク）〉へと質的な転換を図ることによって，組織成員と組織との有機的な連関をより有効なものにしていくための課題解決の方法として，組織的影響力プロセスや適応的動機行動モデルにもとづいて合理的な組織のあり方を追究した。

このように，近代社会の合理的組織である企業組織のあり方を行動科学的視

点から追究し，組織と人間との合理的，かつ，有機的な関係を理論的に明確にしたという点では，バーナードやサイモンの組織理論は革新的な役割を果たしているといえるだろう。しかし，組織成員としての人間の活動には，合理的存在としての意味と非合理的な存在としての意味という，両義性をもった関係性がみられることである。このような課題をどのように解決していくかという点についての検討は依然として残されている（Barnard, 1938＝1968 ; Simon, 1947＝1965 ; March=Simon, 1958＝1977）。

3．近代企業とイノベーション思想

　この〈イノベーション〉（革新）は元来，産業革命以降の産業技術上の革新を基盤としている考え方で，生産技術・製品技術・情報技術の進歩という意味で使用されている。こうした技術というハードな要素としての意味を経済発展の変動要因の視点から捉え直し，イノベーションに社会経済的な意味（ソフトな要素との統合的な形）を付与したのが，オーストリア生まれのアメリカの経済学者である，J. シュンペーターである。彼は資本主義の動態分析にこのイノベーション概念を適用し，企業の絶えざるイノベーション機能（革新機能）の衰退が資本主義の衰退を招くという考え方を提示した。具体的には，新製品の開発，新生産方法の導入，販路の開拓，原料・半製品の供給源の獲得，新しい組織の創造等を通じて，企業がその経済活動に新しい局面をつくりだしていくことを〈イノベーション〉（Innovation—革新）と捉えたのである。つまり，イノベーションは企業における新しいアイデアを事業化することによって企業に新しい利益の源泉を創出することを意味している。こうしたイノベーションの遂行は企業者の役割であり，そのことが組織（企業）のイノベーションに発展していくと彼は考えた。

　このように，イノベーションは産業技術に関わる革新という狭い意味から，社会経済的なイノベーションという新しい意味をシュンペーターが付与することにより，彼は資本主義の継続的な発展の方向性を示したのである。この結果，イノベーション思想は社会経済思想としての意味を内在しながら，産業社会をより発展させていくための企業活動の原動力となったといえるだろう（Schumpeter, 1951=1961；占部, 1989：50-51)。

第5節　近代産業社会の高度化と後期産業社会への発展

1．高度産業社会と新しい産業化理論の登場：後期産業社会の特質と課題

　その後，20世紀半ば以降には，第二次産業を中心としたモノの生産を基盤とした産業社会の進展が一段落し，モノの付加価値（情報的価値やサービス的価値）を重視する，高度産業社会の出現に伴い，「インダストリアリズム論」，「高度大衆消費社会論」，「脱工業化社会論」といった一連の新しい産業化理論が登場してきた。こうした産業社会の高度化に伴う新しい産業化理論には，産業社会における社会発展の基軸が，①経済の量的成長から経済の質的成長への構造的な転換を遂げ，さらに，②生産中心の産業構造から，消費中心の産業構造への構造変革を伴っていること，その上で，③知識や情報といった付加価値重視型の社会構造への転換，といった共通の特徴がみられる。例えば，A. トフラーの「第三の波論」では，高度産業社会の方向性が情報化の進展を基盤とした高度情報社会へと突入し，そのことによってわれわれの企業活動，社会生活が大きく変革することが指摘されている（Toffler, 1980=1980：500)。こうした産業社会から，高度産業社会への転換期における産業主義思想の潮流をここでは，〈後期産業主義思想〉と呼んでいる。初期・中期の産業主義思想が技術革新による産業社会の形成段階であるとすれば，後期産業社会は産業社会における技術変革の高度化・多様化に伴う，社会システムの情報化の発展段階としての〈情報化社会〉として位置づけることができるだろう。

2．後期産業主義思想の生成と展開

〔1〕産業の高度化と「インダストリアリズム論」思想

　産業社会が発展し，一定の産業構造上の特性をもつような社会システムとしての思想的な構成原理のことを「インダストリアリズム」（Industrialism）と呼んでいる。このような原理が登場してきた背景要因としては，「経済成長がすすんでいった場合，豊かな社会において人びとが欲することに大きなちがいが

あると思われないから，両者は次第に同質化してくるであろう」という立場の「収斂説」(Convergence Theory)，並びに，「イデオロギーの機能は今後しだいに消滅してくるであろう」という思想原理としての「イデオロギーの終焉説」(The end of ideology) があげられる（富永，1973：119）。

このような考え方の根底にあるのは，初期産業主義思想に内在されている，社会発展思想の普遍化としての意味，すなわち，社会発展が経済力によって推進されていくだろうというすぐれて産業社会の未来に対する楽観的な思想である。産業社会の普遍的な発展を提唱した，C.カーらの「インダストリアリズム論」は，産業社会の発展段階における理念的指標というべきものであるが，その特性としては，①科学・技術が絶えざる進歩を遂げていくこと，②それにみあった労働力の訓練と再訓練が必要とされ，また，教育水準も高度になっていること，③組織が巨大化し，機能の専門化も進み，そのもとで熟練・責任・作業条件などの垂直的分化が進んで，それにともない権限・報酬・待遇の格差が明確化すること，④労働者と経営者の役割は対等な形ではっきりと分かれ，他方，国家の役割も増大し，労使関係は経営者，労働組合，国家の三者によって規定され，制度化されること，⑤以上のような状況に適合的な価値観が一般化し，「近代的」，「現代的」，「進歩的」であること，または，それに向かうことに価値が置かれること，⑥人口は少死少産型になること，⑦都市が経済的にも文化的にも完全に支配的になり，また，伝統的な身分差別，人種，性，門地などによらない流動的な開かれた社会が実現され，さらに，国境を越えた世界的に共通な経済的・文化的特性が形成されることになること，などが指摘されている (Kerr, 1960＝1963)。さらに，産業社会がこうした「インダストリアリズム論」に収斂される過程は多元的で，①産業化に必要な労働力の調達，②労働者の抗議，抵抗，③産業化エリートとその戦略，④経営者や国家の政策，⑤産業化過程における文化間の衝突，などの「インダストリアリズム」に共通の課題への対応によって変化してくるものとされている（多元的インダストリアリズム論）(ibid.)。

このように，「インダストリアリズム論」が産業社会の社会発展論的側面を重視し，超体制的なイデオロギー的特質を内包していることに対して，「産業

化のもとでの労働者における疎外を軽視した論理構成を行なったり，先進国による後進国支配を合理化したりする危険性も含まれている」といった指摘にみられるような，「インダストリアリズム論」の否定的側面があることにも注視しておく必要があるだろう（石川，1990：101）。

また，「インダストリアリズム論」は産業化の高度に発展した段階を基軸とした社会発展論に根ざしている以上，産業社会の発展に対する楽観的な見方は否めないが，他方では，産業社会を資本主義社会としての側面からみると，生産手段の私的所有に伴う，資本家への財と権力の集中がもたらすさまざまな問題（富裕者階級と貧困者階級の格差の拡大化，社会的不平等の増大化等）を本質的に内包していることも，われわれは産業社会の本質的な課題として受け止めておかなければならないだろう。

〔2〕産業のソフト化と「脱工業化社会論」思想

「脱工業化社会論」（Theories of Post-Industrial Society）（もしくは，脱産業社会論）は高度産業社会論の派生的な理論の一つであり，D. ベル，C. カー，J. K. ガルブレイス，A. トレーヌらが工業社会後（ポスト）の社会の将来像として論じたものである。とりわけ，ベルは工業社会後の新しいマクロな社会モデルとしての〈脱工業化社会〉（Post-industrial Society）を1962年にはじめて提起し，その後，1974年の著作，『脱工業化社会の到来』（1974年）の中で具体的にその構想を提示した。

「脱工業化社会」とは，モノの生産による工業社会が成熟化し，情報やサービス活動への社会の依存度が高くなり，付加価値が重視される社会（例えば，情報化社会，技術社会，サービス経済化社会等），つまり，産業のソフト化のことを意味しているが，具体的には，理論的知識が社会の「基軸原則」（Axial Principle—〈知識社会〉（Knowledge Society））を形成し，経済構造がモノの生産志向型の経済システムから，サービス志向型の経済システムへと移行するような特徴をもった社会のことである。脱工業化社会は，次のような五つの部門，すなわち，①経済部門—財貨生産経済から，サービス経済への変遷（サービス経済化），②職業分布—専門職・技術階層の優位（知識階級の優位），③基軸原理—技術革新と政策策定の根幹としての理論的知識の優位性，④将来の方向づけ—

技術管理と技術評価・理論に裏づけられた技術予測を重視（技術管理と技術評価の優位性），⑤意思決定—新しい「知的技術」の創造（計算用言語の使用による知的技術の創造），から構成される（Bell, 1973 : 1976）。

このように，脱工業化社会論は工業社会（産業社会）の高度化・成熟化に伴い，人間の関心がモノから付加価値へと移り，「社会的に大量の情報が流通し，情報を加工・消費する社会機構が発達し，……情報と知識の交換が戦略的媒体となるような社会の到来のこと」であり，政治・経済・社会のあらゆる分野で，技術的知識を駆使する新しい知識階級としての〈テクノクラート（技術官僚）〉が社会の中で支配的位置を獲得するような社会像を描いている（長谷川，1993 : 59）。しかし，こうした新しい社会変化が必ずしも豊かな社会像を呈示しているとは限らない。政治におけるテクノクラート化が中央集権化を増大化し，人々の脱イデオロギー化や価値の多元化は政治的アパシー（無関心）を生み出し，さらに，コンピュータをはじめとした情報化の促進が，モノの生産や労働の軽視といったような新たな問題を内包していることにも留意しなければならない。

〔3〕豊かな産業社会と「大衆消費社会論」思想

「大衆消費社会論」（Theories of Mass Consumption Society）とは，産業社会の進展に伴い，大量生産—大量消費型社会が出現し，その社会は大衆消費によって支えられているとするもので，産業社会の経済的に豊かな側面の特質を表している考え方である。いわば，人間の消費行動が産業社会の発展を形成していくというもので，今日の消費社会論の先駆け的な思想であるともいえるだろう。こうした考え方はアメリカの経済学者，R. R. ロストウが『経済成長の諸段階』（1960年）の中で提示した「消費社会論」が典型的なものである。これは経済成長による社会発展の最終段階としての〈高度大衆消費社会の時代の到来〉を予測したものである。この考え方の背景には，工業化の進展に伴い，大量生産—大量消費型社会のメカニズムが大衆消費によって支えられる社会が到来するということがあげられる。

ロストウは，上記の著作の中で，経済成長を基軸とした，工業化による社会発展は次のような五つの段階で展開するとしている。すなわち，産業革命以前

の第一次産業中心の前近代社会としての〈伝統社会〉(農耕型社会)を第一段階とした上で,近代化の過程の中で形成される,伝統社会から離陸するための経済的・非経済的な先行条件(①経済的条件としては,生産性を向上させるための科学技術の発達等,②非経済的条件としては,近代国家を形成させるための中央集権国家の形成と新しいエリートの出現等)を充たす〈離陸のための先行条件期〉(第二段階),技術革新による産業化の急速な発展に伴う〈離陸期〉(第三段階—18世紀後半〜19世紀後半)が到来してくる。ただし,この離陸期に到達するには,①生産投資が国民所得の5％以下から10％以上へと急上昇すること,②一つ以上の製造部門が高い成長率で発展すること,③経済成長を促進するような近代的な政治・社会制度の基盤形成がされていること,などの条件が前提となる。第四段階は,〈成熟への前進期〉(20世紀前半〜半ば)と呼ばれているもので,広範な近代的技術を大量の資源に有効に活用し終えた時期で,国民所得の10〜20％が投資に振り分けられ,生産の産出額が人口の増加を上回るものである。この時期の特徴は,①労働力の専門化,②専門的経営者層の登場,③大衆が工業化に対して飽和感をもちはじめること,があげられる。20世紀の産業社会の成熟期に入ると,①1人当たり実質所得が上昇し,基礎的衣食住を越えた消費が可能になり,②労働力構造が変化し,都市人口,事務的労働者,熟練労働者が増大化し,③経済成長主義から,社会福祉・社会保障への関心が高まってくる,という新しい成熟化の時代,すなわち,第五段階の〈高度大衆消費時代〉(the Age of High Mass Consumption—20世紀半ば〜20世紀後半)を迎えることになる(Rostow, 1960＝1974;十時,1992:21-30)。

　このようにして,経済成長を基軸とした社会発展は大量生産—大量消費型の産業社会の形成による大衆(Mass)の消費行動の普及・拡大化に伴い,あらゆる財とサービスが大衆の消費の対象となる〈消費社会〉(Consumption Society)が出現することになる。しかしながら,こうした消費社会の出現は人間の限りない欲望の創出と物質至上主義的な社会風潮を形成し,消費社会が実は,資源の無駄な使用をもたらす〈大量廃棄社会〉の到来を皮肉にも創出する契機をつくることになる(Baudrillard, 1970＝1979)。

〔4〕情報化への進展と「第三の波論」思想

第2章　近代産業社会の登場と社会的影響

　アメリカの未来学者であり、文明評論家でもある、A.トフラーは、後期産業主義思想の中でも情報社会の急速な進展がドラスティックな社会システムの変革（「情報革命」）をもたらすことを指摘した点で、他の後期産業主義思想家とは一線を画しているといえるだろう。彼はその著作、『第三の波』(The Third Wave, 1980) の中で、農業革命による農耕社会の成立を「第一の波」(The First Wave)、産業革命による産業社会の成立を「第二の波」(The Second Wave)、情報革命による情報社会の成立を「第三の波」(The Third Wave) とそれぞれ呼び、もはや産業文明は終わり、情報システムを基盤とした情報社会という新しい産業社会の流れ「第三の波」が台頭していることを予測した。「第一の波」は紀元前8000年頃に起こり、1650年〜1750年頃まで存続した。この時代は遊牧民が定着し、農耕を営むことによって、〈農業革命〉による農耕社会という新しい社会形態を生み出し、産業革命に至るまでの人間社会の基本的な社会的スタイルを形成した。18世紀後半からはじまったイギリスの産業革命は欧州各国に波及し、その後、アメリカ、日本にも産業革命の影響をもたらし、産業社会を形成してきたが、この時代の中心的産業は、「規格化」「専門化」「同一化」「最大化」「集中化」を産業化原理とする産業群、すなわち、石炭・繊維・鉄鋼・自動車・ゴム・工作機械などの第二次産業であった。しかし、1950年代半ばから、こうした労働集約型の第二次産業が後退し、知識集約型・技術集約型の新しい産業群としの石油科学産業、航空宇宙産業、コンピュータ産業、通信産業などが登場してきた。この結果、大量、多様な情報を基盤とした情報化の流れが促進され、情報化を主軸とした高度産業社会としての情報社会の到来が予測され、われわれの社会生活を大きく変革させるような変化の波「第三の波」をもたらすとトフラーは予測した。こうした歴史的変化としての「第三の波」は、「過去の産業社会の延長線上にあるのではなく、従来の発展とはまったく異なるものであり、時には激しくそれを否定する。つまり、300年前の産業革命にも匹敵する、まさに現代の革命ともいうべき完全な変革にほかならない」(Toffler, 1980 = 1980 : 500) と指摘した上で、トフラーは情報革命による社会変化の具体的な姿を産業社会と質的に異なる〈ハイテク社会〉と捉える（「アルビン・トフラーに聞く（上）」『読売新聞』1997年11月19日付）。具体的には、

「①製品の規格化に対する製品の特注化，②マクロ市場に対するミクロ市場，③大企業に対する小企業，④テレビ・ゲーム，ビデオ・カセットの普及などによるメディアの多様化」という市場社会の変化に加え，われわれの社会生活も「多様，かつ，再生可能なエネルギーを基盤とした生活様式の出現，新しい非核家族の誕生，エレクトロニクス住宅と呼ばれる新しい生活スタイル」などが中核的な存在となりうると予測している。さらに，こうした情報革命を支える政府の基本原理として，①少数派の尊重，②半直接民主主義，③決定権の分散，という市民参加型の多様な民主主義が形成されると指摘している（Toffler, 1980 = 1980；安藤，1992：146-148）。

こうしたトフラーの「第三の波論」は，基本的には他の高度産業社会論者にみられるように，産業化による社会発展に対する楽観的な見方であるという批判は免れられないし，情報革命による社会変革のメリットを強調しすぎる点がみられる。しかし，情報社会の進展が個人・家族・地域社会・企業・全体社会にもたらすと考えられるさまざまな問題，例えば，国家や企業による個人・家族・地域社会に対する情報監視問題（プライバシーの保護と情報公開との関係性），情報流通の無制限な拡大による，情報犯罪問題（情報ネットワークシステムの公平で適正な管理），情報技術革新と企業の雇用システムへの影響の問題（事務作業の合理化による〈人員の適正化〉問題），などにみられるように，情報技術の高度化が社会の支配的な管理装置として機能していくことによって生じる〈情報管理社会化〉（「プログラム化社会（Société Programmé）」―A. トレーヌ：『脱工業化社会（*La Société post-industrielle—Industrielle Un Naissance d'une société*)』）の問題点や情報社会システムが現実に，われわれの社会生活にどのような影響を及ぼすのか，についてわれわれ自身が十分に検証していく必要があるということをトフラーの第三の波論は提起しているといえるだろう（Lyon, 1988 = 1990；Touraine, 1980 = 1982；北川編, 1992：294-295）。

3．近代産業社会と自然環境との共生：環境保全型のポスト産業社会への視点

近代産業社会は自然環境との共生ではなく，むしろ，自然環境の破壊による経済発展を軸とした，人間の自己利益のための効率的な社会システムをつくり

第2章　近代産業社会の登場と社会的影響

出してきた。その結果，われわれは機能的合理性に支えられた，経済的に豊かな文明社会を享受してきた。その推進力となったのが近代合理主義精神と技術革新を有機的に連関させた，社会発展思想としての「産業主義思想」であった。このような「産業主義思想」の論理は，①他の生物に対する人間の特権性，②生物・物理的環境からの自立性，③技術進歩や社会進歩の持続性を信奉する「人間特例主義パラダイム」(Human Exemptionalism Paradigm)，の三点に集約される。

　しかしながら，人間の飽くなき物質主義的な欲望の追求は科学技術の一層の発展とより豊かな生活を創造してきた反面，経済成長を基盤とした，人間社会の「成長の限界」という深刻な事態をわれわれに認識させ，自然環境と人間社会をめぐるさまざまな問題の発生，つまり，地球環境資源の有限性の問題，環境破壊による多種多様な環境問題の発生，環境汚染による生命の危機の問題など文明の環境負荷ともいうべき課題の早急な解決をわれわれに提起しているのである。

　こうした現代文明の危機的状況に対応していくためには，われわれ自身が自然環境との共生をめざした，生態系の均衡と持続可能性に立脚した視点，すなわち，①人間は地球の生態系の中でお互いに依存しあって生存している多くの生物種の一つにすぎない，②人間世界の活動は，社会的・文化的要因だけから影響されるのではなく，自然という複雑なシステムの中で原因と結果，そして，フィードバックの複雑な連鎖によって影響され，それゆえ，ある目的をもった人間行為がしばしば意図しない結果を生み出すこともある，③人間はその活動に明確な物理的，生物的制約を課す有限な生物・物理的環境のもとで生活し，それに依存している，④人間がどれほど多くの発明をし，あるいは，その力で人間がほんの少しの間，環境のもつ制約を超越できたようにみえても，生物学的法則を無効にすることはできないことを現代産業社会の課題として真摯に受け止めなければならない。

　産業活動における環境保全システムの構築を現代社会の最優先課題としなければならない時代状況は，企業活動においても企業の社会的存在としての意義，企業の社会的役割の再認識（企業倫理等），企業の社会的行動の実践（CSR論

［企業の社会的責任論］や「企業と社会」論等）を要請するものであり，さらに，環境社会という自然と共生するようなポスト産業社会の新しい方向性を打ち出していかなければ，われわれ人間自身ばかりでなく，地球環境そのものを存続させていくことが不可能であるということを示唆しているといってよいだろう。

そのためには，われわれは近代産業社会の生成と発展に大きな貢献をしてきた，経済発展志向型の産業主義思想（「生産のための思想」）と〈産業社会〉の病理としての環境負荷の解決を意図する，環境保全型の環境主義思想（「保全のための思想」）との有機的な結合を図る方策を明確化した上で，自然環境と人間の活動（社会・産業・生活のあらゆる領域における活動）が生態系との持続可能な社会，すなわち，「生産—消費—廃棄—再資源化」という，資源の循環・代謝化のための〈資源循環型社会〉（Metabolic Society）を基軸とした，環境社会を創造していくための，新しい文明思想としての産業主義思想（環境保全型の産業主義思想）をまず，構築していくことが，次なる段階としての〈エコロジー的に持続可能な社会〉への前提条件なのである。

〔注〕

(1) 産業革命の時期については，一般的には，18世紀後半〜19世紀前半とされている。具体的な時期についていえば，産業革命の登場の契機や終焉の時期については，歴史家や経済史等の専門家による，産業革命の捉え方によって異なっている。例えば，イギリスの著名な歴史家のE. J. ホブズボームは，産業革命の時期を1780年代〜1840年代，同様に，イギリスの経済史の大家，T. S. アシュトンは，1760年代〜1830年代を産業革命の時期として捉えている。この背景には，産業革命による経済発展や都市化による人口像等のさまざまな社会変動要因の捉え方によって，産業革命の時期が異なってくることに起因している。ここでは，アシュトンの説を引用して，1760年代〜1830年代を産業革命の時期としている。

(2) 産業革命後の労働者や労働状況，一般民衆の生活状況については，F. エンゲルス (1845), Die Lage der arbeitenden Klasse in England, Otto Wigand, Leipzig ＝［邦訳］一條一生・杉山忠平訳 (1990)『イギリスにおける労働者階級の状態——19世紀のロンドンとマンチェスター』岩波文庫，岩波書店，や『生活の世界歴史10 産業革命と民衆』（角山栄他，河出書房新社，1992) 等を参照のこと。

(3) マルクス主義では，社会・歴史の発展は階級の対立・闘争によって成立し，原始共産制—奴隷制—封建制—資本主義社会—社会主義社会（共産主義社会），の五つの発展段階をたどっているとしている。—『マルクス＝エンゲルス全集』（K. マルクス／F. エン

ゲルス＝大内兵衛他訳，大月書店，1956-1958年）。
(4) 井原久光の指摘によれば，分業には次のような五つの意味，すなわち，第一に，分業は生産の形態や規模を変えた（大量生産体制への移行），第二に，分業は消費者を生み出した（不特定多数の消費者の誕生），第三に，分業は人間の社会関係を変えた（人間関係の物象化），第四に，分業は社会そのものを変えた（市場の形成，自由競争），第五に，分業は「商業社会」を「産業社会」に変えた（市場経済のメリット），ことがあるとしている。―『テキスト経営学』（井原久光，ミネルヴァ書房，1999年，pp.65-66）。
(5) 「能率」の概念をはじめて機械に適用したのは，イギリスの発明家のJ.ワットで，自分の発明した蒸気機関を売り込む際に，機械の性能をその1時間当たりの仕事能力を達成しうる馬の数で表したといわれている（馬力）。―「時計の統合と近代社会の形成」（武上俊一『社会学評論』No.163 日本社会学会，1990年，p.302）。
(6) F.W.テイラーは科学的管理法の本質をたんなる能率の増進のための方策ではなく，労使協調主義という精神革命にあると主張していたが，科学的管理の技術的方策面に重点を置きすぎていたことが批判の要因となっていることも事実である。

第3章

近代産業社会とそのディレンマ
――「経済発展」か,「環境保護」か――

第1節 「ヘッチヘッチ論争」とは何か:「環境保全主義思想」と「環境保存主義思想」の対立

1. 近代産業社会と「ヘッチヘッチ論争」の背景

　農耕社会型の前近代社会から,産業社会型の近代社会への転換,すなわち,産業革命による〈近代産業社会〉の成立と発展が人間に経済的に豊かな社会をもたらしたのであるが,この豊かさは天然資源の破壊や収奪による,人間の自己利益を追求した結果としての豊かさであった。こうした人間の飽くなき物質的欲求と経済成長型の社会発展への志向性が豊かさの代償としての公害問題や環境問題をもたらしたのである。〈豊かな社会〉を構築していくことは,経済成長に依存して社会を発展させ続けることであるが,他方,自然環境の収奪による豊かさの追求は地球資源の枯渇化,地球温暖化現象等などの地球の環境危機をもたらしてきたし,南北問題という天然資源(自然環境)の配分をめぐって,先進国と発展途上国(ないし,開発途上国)との間に経済格差問題を随伴したのであった。

　近代以降の人間社会の発展は経済発展のための開発と生態系との均衡の格闘の歴史であったといえよう。ここでは,「経済開発」(開発による経済成長)と「環境保護」(生態系の持続可能性)とに関わる歴史的な論点を取り上げることによって,その中で,「環境思想」がどのような役割を果してきたのか,について検討していきたい。

　20世紀初頭の近代産業社会の成立を背景として,アメリカでは環境問題に対する考え方に二つの立場が現れた。その一つは,社会進歩論・社会進化論等を基盤とした,社会発展思想に支えられた経済開発重視型の革新主義的な思想

(Progressivism—進歩主義ともいわれている）で，自然環境を人間のための有効な利用として位置づける，「環境保全主義思想」（[Conservationism]―人間中心主義的・功利主義的立場）である。もう一つは，人間にとっての倫理的・審美的な重要性を唱え，自然環境を原生自然の状態で保存することが自然環境保護に繋がるという，「環境保存主義思想」（[Preservationism]―自然中心主義的・生態系中心主義的立場）の考え方である。

この二つの対立した考え方は，1908年，アメリカ・カリフォルニア州のヨセミテ国立公園内にある，ヘッチヘッチ渓谷にサンフランシスコ住民のために，地震等の災害時における水資源の安定的供給を目的として，サンフランシスコ市の貯水池と水力発電所用の用地を確保し，そこに大規模ダムを建設するという計画をサンフランシスコ市長が連邦政府に申請したことから始まった。前者の立場を推進したのは，自然環境の功利主義的な利用を容認する，連邦政府の森林局長官であり，環境保全主義者としての，G.ピンショーであり，後者の立場から，ヘッチヘッチ渓谷における自然環境の保存・保護運動を推進したのは，環境保存主義者であり，自然保護運動家としての，J.ミューアである。

2．「ヘッチヘッチ論争」の争点

ピンショーにとっては，「環境保全」という考え方は決して自然を破壊する行為ではなく，アメリカにおける天然資源を枯渇から守る唯一の方法であり，それは近代社会における科学・技術の恩恵であることを意味していた（Hays, 1959：2）。彼は功利主義の立場から，「環境保全」に関して次のような四つの原則を示したのであった。「第一に，保全とは，環境全体を管理することであって，単に森林や草原や河川のみの管理ではなかった」，「第二に，保全は開発であり，現在この大陸に存在する天然資源を現在ここに生きている人の利益のために用いること」であり，「保全の第三の原則は，天然資源の浪費を取り除くことであった」，「最後に，保全，すなわち，天然資源の開発と保存は多数者の公益のために行うべきであり，たんなる少数者の利潤のためであってはならない（最大多数の最大幸福）」，ということであった（訳書の一部は筆者が修正し，補足を入れている［Nash, 1987＝1989：82-83］）。このように，ピンショー自らがつ

くり出した「環境保全」概念は天然資源を賢明，かつ，効率的に利用することであり，人間による天然資源の効率的利用は資源の浪費を防ぐというもっとも合理的な環境保護政策の一つであると考えていたのである（Nash, 1990 = 1999：40）。

これに対して，ミューアは自然保護がもたらす人間の精神的充足的な側面を重視し，自然は天然資源の貯蔵庫ではなく，人間の日常生活の癒しとなるべき神からの贈り物であるという考え方をしていた。「疲労し，精神的に不安定で，過度に文明化された数千もの人々が，山にでかけることは家に帰ることでもあることを理解し始めている」といったように（Muir, 1990 = 2004：148）。

したがって，ヘッチヘッチ渓谷は彼にとっては，ピンショーのいうような単なる天然資源ではなく，「それは壮大な景観の庭園であり，自然界にある希有のもっとも貴重な山の神殿の一つ」なのであった。そして，自然が人間に意味するものは，「自然によって心身が癒され，励まされ，そして力を与えられる場所」なのである（Muir, 1990 = 2004：150）。

こうして，ヘッチヘッチ論争をめぐって表面化した，自然をめぐる思想的対立は，「功利主義的自然観」（G.ピンショー）と「審美主義的自然観」（J.ミューア）という自然に対する基本的な価値観の相違からでてきたものであるとともに，経済発展を基盤とする近代産業社会の功罪を問う，経済思想的な意味をもつ論争でもあったといえるだろう。

3．「ヘッチヘッチ論争」の社会的影響力とその意味

この二人の論争は当時の三人の大統領（T.ルーズベルト大統領，W.タフト大統領，W.ウィルソン大統領）を巻き込むという大論争となった。この背景には，環境保存主義思想と環境保全主義思想の対立だけではなく，19世紀末から，20世紀前半のアメリカにおいて展開されていた，一部巨大企業の利潤の独占化に反対し，社会改革を推進していく社会運動としての，「革新主義運動（Progressive Movement）」（進歩主義運動ともいわれる）を背景として，大企業家たちが私的利潤の追求のために，国家の天然資源を収奪したことで，自然破壊をもたらしたことに対して，「資源の私的所有権の乱用を抑制し，自然環境資源の利用に

際しての科学的な管理基準を設けようとする努力に，一般大衆が幅広い支持を与える原因となった」ために，環境保全主義に立脚した革新主義運動が社会的に大きな影響力をもつことになったのである（Humphrey & Buttel, 1982＝1991：146-147）。また，当時のT. ルーズベルト大統領は早くから，ピンショーの科学的な森林管理理論に理解を示し，自然環境全体の保全という彼の考え方と国家政策とを具現化していくために，1908年には全米の州知事を含む，1000人の指導者をホワイトハウスに集め，自然環境の保全に対する会議を開催し，「……私が皆さんをここへお招きしたのは，わが国の富みの根本的基盤であるものの保全と利用に関する問題を共に考えるためであります」ということから大統領演説を開始し，「最後に，次のことを記憶にとどめてください。天然資源の保全は，今日の重要な問題であるとはいえ，それは，国家がいまだに気づいていないが，そのうちに気づかされることになる，別のより重要な問題の一部でしかないということです。それは，国家が存在する限り，将来，必ず取り組まなければならない問題です。つまり，それは国家の効率性，国家の安全と存続を保証する愛国的義務であります（拍手）」と呼びかけたのであった。（Nash, 1990＝2004：134-135, 141）このように，ピンショーの自然環境に関する保全政策はT. ルーズベルト大統領の強力な支援もあって，社会的にも大きな影響力をもってきたのである。

　こうした政治的・社会的背景もあって，1913年の下院でダム建設が決定され，ミューアをリーダーとする，自然環境保護派（環境保存主義派）は敗北という結果に終わった。しかし，これまでアメリカの国立公園は個別の立法や政令によって設置されていたが，その後，統一的な国立公園制度の運営・管理に関する法律として，「国立公園局設置法」（National Park Service Organic Act）が制定されることにより，内務省内に国立公園局が設置され，連邦政府が直接，国立公園を運営・管理することになった。その後，国立公園内における経済開発は困難となったという事実からすると，自然環境の保存・保護のための文化的伝統としての環境主義思想がアメリカ国民に引き継がれていったといえよう（Nash, 1987＝1989：86）。

　このことは後の時代の自然環境保護をめぐる，倫理的・経済的な論争，すな

わち，人間のための天然資源の有効利用という形での自然環境保全としての「開発志向的な立場」（開発）と自然のための自然環境保存としての「環境保護志向的な立場」（保護）を生み出し，経済的利益と環境的利益のバランスをどのように確保していくか，という課題を残していったのである。このような課題は現在では，環境問題への技術的な対応によって，環境保全型の〈環境社会〉を実現可能とする，「環境主義思想」と生態系の持続可能性を基盤とした，〈エコロジー的に持続可能な社会〉の構築をめざす，「エコロジズム思想」との環境思想上の対立に受け継がれているのである。

第2節　「成長の限界」論と環境問題への影響：「批判」と「対応」

　近代産業社会の成立以降，経済成長を基盤とする産業社会の進展により，われわれの生活は経済的な豊かさを実現してきたが，この豊かさの基盤となったのがすでに指摘してきたように，人間による自然環境の破壊・収奪による，経済的合理性の追求であった。幾何級数的な人口増加現象や経済成長による社会発展のための「経済的合理性」がそのまま推進されていくことになれば，地球の天然資源は枯渇し，環境（自然環境・人間環境）も悪化し，人類の成長は限界に到達するという，今後起こりうると予想される環境危機に対する全世界への警告メッセージが1972年のローマクラブの第一報告書，『成長の限界』報告書（*The Limits to Growth*）であったと位置づけられている（Meadows et al., 1972＝1972）。さらに，1992年の『限界を超えて』（*Beyond the Limits*）では，天然資源の収奪が進展し，環境汚染が激化すれば，21世紀前半にも地球環境の破局をもたらす，という決定な警告メッセージが伝えられたのである（Meadows et al., 1992＝1992）。

　そこで，これまでの「経済成長」論思想が人類や文明にどのような環境危機をもたらすのか，という予測的警告の起点となった「成長の限界」論の背景要因・内容・批判的論点・その後の対応方策等を考察することを通じて，「成長の限界」論が環境問題にどのような影響をもたらしているのか，について検討していきたい。

1.「成長の限界」論登場の背景と要因

　ローマクラブはイタリアのフィアット社とオリベッティ社の経営者であった，A.ペッチェイ氏が中心となって，1968年に自然科学者，技術者，政治家などによって結成され，今なお，環境運動，環境思想，環境政策等に強い影響を与え続けているとされている，『成長の限界』報告書を1972年に出版した。この報告書はローマクラブの要請によって，D.H.メドウズ助教授等によるアメリカのマサチューセッツ工科大学（Massachusetts Institute of Technology――以下，MITと表記）の研究チームによって，1970年から開始された「人類の危機プロジェクト」（Project on the Predicament of Mankind）の研究成果であり，地球規模の問題に対する取り組みが部分的，対処療法的であって効果的な対応策をとれないのは，世界を取り巻くシステムが社会を構成する要素の総和以上であることを理解していないからであると考えた。MIT研究チームのJ.フォレスター教授は経営管理技術として発展したシステム・ダイナミックスの手法を適用し，人間社会と地球環境との相互関係についてコンピュータ・シミュレーションを取り入れた研究を行い，人間の活動が地球環境の悪化に将来，及ぼしうる可能性を予測したのである。

　このローマクラブの報告書は地球環境資源と人間の活動（社会発展）に関して，人間生活の包括的な領域に及んだものになっている。そこでは，経済的・政治的・自然的・社会的な要因とそれらの相互関係を検討することで，地球環境資源の有限性という状況において，急速な拡大を続ける人間の活動がどの程度まで許容されるのか，そして，資源の有限性と社会発展の追求とが両立できるのか，について仮説的な予測を通じて明らかにすることが全体的な目的となっている。そこではまず，地球環境資源の有限性という制約状況において，人類が生存するための条件を理解することが目的とされている。これは地球システム全体が内包する資源的限界を把握することによって，天然資源や食料生産といった人間の生存に必要な資源の生産が将来的にどの程度まで可能であるかを予測し，そのような資源の限界が人口や産業などの人間活動に与える制約について理解することであった。次いで，人口増加や経済成長など，当時，際限なく成長が続くと見込まれていた要因が自然環境を含む世界の社会経済シス

テムに与える長期的な影響を理解するために，関連する要因とその相互作用とを研究することが目的とされた。そこでは，幾何級数的に無限に成長を続ける傾向の人口増加や経済成長を放置することが世界全体に大きな危機をもたらす可能性があることを示し，そうした傾向に対して新しい政策や制度を導入することによって，危機的状況に対して問題解決のための処方箋を得ようとする試みでもあった（Meadows et al., 1972 = 1972 : 171-172）。

このような「成長の限界」論の考え方が登場した背景要因については，基本的には，①地球の経済・政治・自然・社会的な構成要素に「地球システムとしての相互依存性」があること，②経済成長がもたらした「病理現象としての環境悪化に対して，そうした相互依存性があること」が象徴的に出現していること，などがあげられる（McCormick, 1995 = 1998 : 88-89）。

具体的には，おおよそ次のような五つの課題に集約することができるだろう。

第一に，重要な要因として考えられているのは幾何級数的な速度で増加する世界人口である。1970年当時の世界人口は36億人であり，人口成長率は2.1％であったことから，人口が倍増するまでの期間は約33年であると予測されていた。現在，世界人口は約70億人，平均人口成長率は約1.2％であり，当時の予測程のスピードではないとはいえ，人口は増加し続けている。こうした人口増加は，人間生活のさまざまな領域に大きな影響を及ぼすと考えられた。その社会的・経済的な影響について，スタンフォード大学の生物学（昆虫学）教授，P. R. エーリックはその著書，『人口爆弾』（*The Population Bomb*）で次のように指摘していた。

①1970～80年代には，何億人もの人たちが飢餓に直面する。
②伝統的手段による食糧生産能力は，ほとんど限界に達した。
③食糧増産の努力は環境悪化の原因となり，地球の食糧生産能力を低下させる。
④人口増加は疫病や核戦争をもたらす。
⑤唯一の解決策は人間の態度の変化にある。

さらに，エーリックによれば，「地球規模の問題が生じる根本的な原因は増加し続ける人口にあり，人間の行動の変化や科学技術による対応だけではこの

事態に対処することはできず，産児制限こそが将来，人類が直面する食糧問題の有効な解決法である」ことを主張した（Ehrich, 1968＝1974：131-133）。これに対して，生態圏（Ecosphere）の循環の研究で著名であったワシントン大学の生物学教授，B. コモナーは人口増加の原因は貧困問題にあると考え，産業化を通じた〈豊かな社会〉（Affluent Society）が広範囲に実現することによって人口は減少に向かうと主張し，産児制限に反対した（Commoner, 1971＝1972）。

　地球環境と人口問題に関わる発言をしている，二人は生物学の研究者であるということからしても，19世紀の社会有機体論的，あるいは，社会進化論的な発想，つまり，優勝劣敗，自然淘汰，適者生存といった，強者の論理が環境問題に必要であるという価値観が潜んでいることは否めないことかもしれない。

　第二に，〈豊かな社会〉の実現と，その後に人々が抱くようになった不安をあげることができる。第2次世界大戦後のアメリカでは，物質主義的価値観を埋め込んだ〈豊かな社会〉が実現されたが，それを背後で支えていたのはオートメーション化された産業システムであり，これは「（自然環境資源の）大量収奪―（モノ＝製品）の大量生産―（モノ＝製品の）大量消費―（モノ＝製品）の大量廃棄」のプロセスから成り立っていた。具体的には，生産物の原料として自然から有限な天然資源を大量に収奪することからはじまり，次いで，原料を加工して生産物が生み出される。また，それらは商品として消費されるが，最終的には不要物として再び，自然の中に廃棄されることになる。そこでは，資源開発のための環境破壊と廃棄物処分としての環境破壊という二重の環境破壊が随伴することになる。また，こうした近代産業社会の物質的側面を支える単線的なプロセスは一方で，労働への価値観の変容（労働の機械化による人間疎外現象の出現）をもたらしたが，他方では，〈豊かな社会〉であるアメリカ国内においてさえも，貧富の格差を生み出すことにつながった。〈豊かな社会〉はオートメーションにもとづいた商品の大量生産によって促進されたが，その物質主義的な価値観の浸透は反対に精神的な貧困を生み出すことに繋がり，こうした傾向はその後の環境運動において主導的な役割を担うようになる若者を中心に広がっていくことになった。

　第三に，核兵器と放射能汚染による全地球的な環境汚染に対する危機感があ

げられる。これはアメリカとソ連の冷戦構造の象徴でもある核兵器開発競争と核実験に代表されるものであるが、この核開発の競争は1949年にソ連が初の大気圏内核実験を実施したことで口火が切られた。その後、アメリカ、イギリス、フランス各国が相次いで実験計画を策定・実施することになり、1945年から1962年にかけて合計423回もの核実験が報告されている。こうした核実験は、その副産物として放射能を含む有害物質の拡散を伴っており、1952年にはアメリカが西太平洋のビキニ環礁で行った水爆実験によって、日本のマグロ延縄漁船「第5福竜丸」の乗組員が被曝する事件が発生している。その後、放射能汚染が引き起こす甚大な健康被害に対して、それを懸念する世論が世界的に高まりをみせることになった。そして、初の核実験から14年の歳月を経た1963年に部分的核実験禁止条約が調印された。これは大気圏内・圏外、および、海上における核実験を制限するための協定であったが、そこから地下核実験は除かれており、その後は地下に場所を移して実験は続けられることになった。

　核実験とその是非に関する議論を通じて、人々は核による汚染は国境を越えて地球環境全体に広がっていく問題として理解することになり、そこから人類全体が地球環境の全体と相互に不可分の関係にある、という認識が共有されるようになったのである。

　第四に、殺虫剤や除草剤として広範に使用されるようになった合成化学物質の影響があげられる。これは1962年に出版されたレイチェル・カーソン（Rachel Carson）の『沈黙の春』（*Silent Spring*）（Carson, 1962＝1992）によってその存在と汚染の実態とが明らかにされた。カーソンは著書の中で、害虫や雑草の駆除を目的としてDDTなどの合成化学物質を大量に使用することは農地やそれを含む生態系全体を汚染することに繋がり、環境に対して持続的に悪影響を与えることを指摘した。そして、この影響は生態系だけに止まらず、人体にまで及ぶことを主張したのである。その内容は合成化学物質の使用を積極的に推進してきたアメリカの農務省や化学企業からの強い批判を浴びることになったが、当時のケネディ大統領はこの問題を大きく取り上げ、1963年に公表された大統領特別委員会の報告書では、反対に殺虫剤業界や連邦政府が批判を受ける立場に置かれることになった。このような経緯から殺虫剤の使用は社会的に大きな

関心を集めることになり，最終的には『沈黙の春』で取り上げられたもっとも毒性の高い化学物質のすべてが製造や使用を禁止・規制されることに繋がったのである (Steiguer, 1997 = 2001 : 39-56)。

　そして，最後にあげられるのは「緑の革命」(Green Revolution) に関する論議である。これは先進国側からの政治的・経済的要請にもとづいて，1941年にロックフェラー財団とメキシコ政府が共同でトウモロコシと小麦の増産のために導入された農業開発手法を起点として，発展途上国の食糧問題解決のために導入された近代的農業の手法である。この「緑の革命」はその後，インド，パキスタン，インドネシアなどで実践されている。これは耕地を増やさずに収穫量を増やすことを目的としており，そのために従来の土地で栽培されていた品種から，高い収穫量を期待できるトウモロコシや小麦，米などへの転換が行われることになった。この農法は理想的な条件が整った地域では，農作物の生産性を劇的に上昇させることになった。しかし，それらは人工的に作られた品種であったために，環境への適応力や病虫害に対する抵抗力は弱いものであった。また，栽培に際しては最適な水利条件が必要とされ，その他にも生産資材として殺虫剤や除草剤，そして，大量の肥料が不可欠であった。発展途上国では，この生産資材を自前で生産することは不可能であったために，それらは先進国の企業から調達する必要があり，そのためには収穫された生産物を市場で売却しなければならなかった。こうしたことから，地域の資源を使用して行われていた農業は，「緑の革命」によって市場化されることになったのである。また，「緑の革命」の直接の恩恵を受けたのは機械化された大農場所有者であり，作物の多くが輸出に回されたことから，真に「緑の革命」を必要としていた貧農層はますます貧しくなるという矛盾が顕在化するとともに，種苗ビジネスを世界的に展開しようとしていた，多国籍企業による農業支配の可能性も指摘されていた。こうして地域に固有の権力構造の改革や土地の再分配を行わずに，技術論的な観点のみにもとづいて「緑の革命」を導入したために，農民間や同じ国内の地域間には大きな格差が生じることになった。さらに，これは先進国と発展途上国との格差をも明示するものであった (George, 1977 = 1984 : 136-160 ; Shiva, 1991 = 1997)。

このように，①発展途上国における人口問題と食糧問題，②先進国における工業化とそれに伴う〈豊かな社会〉の到来，および，物質主義への批判意識の形成，③米ソ冷戦構造下における核実験や化学物質による自然環境汚染の問題等，が「成長の限界」論を生み出す主導的な要因としての役割を果たしたといえるだろう。

2．「成長の限界」論の意図と意味

『成長の限界』報告書では，主に五つの要因による相互作用が人類に存亡の危機をもたらす可能性があることを予測している。その要因とは，①工業化（経済成長），②急速な人口増加，③食糧不足がもたらす広範囲に及ぶ栄養不足，④天然資源の枯渇，⑤汚染による環境悪化，である。これらの要因を定量化した上で，システム・ダイナミックスの手法にもとづいた世界モデルを構築し，その結果を分析している。同報告書では，急激な人口増加と工業化がフィードバック・ループを形成して幾何級数的に成長しており，それに対応する食糧の増産や天然資源の枯渇，環境汚染が密接に関連し合うことで，人類が地球全体の天然資源の限界という，重大，かつ，深刻な問題に直面することになると主張した。また，これらの五つの要因はたとえ一つが解決されたとしても，相互に影響を与え合って他の要因が深刻化すると考えられるために，例えば，食糧問題だけといった単一の問題に対する対処療法的な取り組みだけでは地球全体が危機に瀕することを避けることができないと予言している（Meadows et al., 1972＝1972：8-12）（図表3-1を参照のこと）。

幾何級数的成長とは，ある量が一定期間にその総量に対して一定の割合で増加することを指している。この傾向は人類の日常的な活動のほとんどすべて——人口増加から肥料の使用，都市の拡大に至るまで——にみられる特徴である。この現象は次の寓話によって示されている。「あなたが池で水蓮を育てているとする。その水蓮は，毎日2倍の大きさになる。もしその水蓮がとどめられることもなく成長するならば，30日でその池を完全におおい尽くして，水の中の他の生物を窒息させてしまいそうだ。しかし，長い間，水蓮はほんの小さなものだと思っていたので，それが池の半分をおおうまで，それを刈ることに

図表3-1 「成長の限界」論の登場とその役割

「成長の限界」論と環境問題への影響
―ローマクラブ報告書『成長の限界』が登場した背景要因―
1. 幾何学級数的な速度で増加する世界人口
2. 〈豊かな社会〉の実現と,その後人々が抱くようになった不安
3. 核兵器と放射能汚染に対する危機感
4. 殺虫剤や除草剤として使われる合成化学物質の影響
5. 「緑の革命」に対する議論。人工品種,殺虫剤,除草剤,多国籍企業による農業支配

「成長の限界」論の成果
① 「環境主義」と「エコロジズム」という対照的な価値観を生み出した
② 環境問題を研究対象とした新しい学問を登場させた

「成長の限界」論に対する多角的な批判
・方法論的な立場からの批判
・保守的な立場からの批判
・リベラルな立場からの批判
・ラディカルな立場からの批判
・環境政治学／緑の政治学的立場からの批判

「成長の限界」論への技術的・政策的対応
―開発と環境との共存,持続可能な発展(開発)のための社会理論―
A. 「産業エコロジー論」…経済成長と産業生産へのエコロジー的適用とを同時にめざしている。産業活動における環境効率を達成するための技術的方法論。
B. 「エコロジー的近代化論」…現在の社会経済システムの枠内で経済成長をめざしながら,環境技術を活用することによって,環境保全も可能であるという考え方。

わずらわされまいと心に決めていたとする。いつその日が来るだろうか。答えはもちろん,29日目である。あなたは,あなたの池を救うのに1日しか残されていないのだ」と (Meadows et al., 1972 = 1972 : 17)。幾何級数的成長が開始されると,その現象は一定の限界に向かって非常に急速に近づく。そして,今日の社会にはさまざまな領域にこの幾何級数的成長のメカニズムが組み込まれており,ローマクラブはこのシステムを維持する限り,結果的に「成長の限界」を突破する危険性があることを指摘した。ローマクラブによって予測された世界の未来に関するシナリオは次の通りである (Meadows et al., 1972 = 1972 : 11-12)。

(1) 世界人口,工業化,汚染,食糧生産,および,資源の使用の現在の成長率が不変のまま続くならば,来るべき100年以内に地球上の成長は限界点に

到達するであろう。もっとも起こる見込みの強い結末は人口と工業力のかなり突然の，制御不可能な減少であろう。
(2) こうした成長の趨勢を変更し，将来長期にわたって持続可能な生態学的，ならびに，経済的な安定性を打ち立てることは可能である。この全般的な均衡状態は，地球上のすべての人の基本的な物質的必要が満たされ，すべての人が個人としての人間的な能力を実現する平等な機会をもつように設計しうるであろう。
(3) もしも世界中の人々が第1の結末ではなくて第2の結末にいたるために努力することを決意するならば，その達成するために行動を開始するのが早ければ早いほど，それに成功する機会は大きいであろう。

ローマクラブが望んだ世界モデルは，①突発的で制御不可能な破局を招くことがない持続性をもち，②すべての人々の基本的な物質的要求を充足させる能力をもつもの，である。そして，このモデルを実現するために必要なこととして，人口の安定化（出生率と死亡率をバランスさせる）と工業資本の安定化（投資率と減耗率をバランスさせる），資源消費の効率化，サービス業に重点を置いた社会の構築，汚染発生量の削減，食糧生産の増加と収穫物の平等な分配，資本集約的農業からの転換，耐久性，修復性の高い工業製品の製造等があげられる。このモデルの特徴は幾何級数的な成長を続ける社会ではなく，人口と資本との増減のバランスが取れた安定的な状態の社会である。それは何世代にも渡って存続する社会であり，実現するためには現実的，長期的目標とそれを達成する人間の意志が必要であると主張している。

その結果，ローマクラブは『成長の限界』報告書を通じて，次のような研究結果を述べている（Meadows, 1972＝1972: 178-183, 抜粋要約）。
(1) 世界環境の量的限界と行き過ぎた成長による悲劇的結末を認識することは，人間の行動，さらには現在の社会の全体的構造を根本的に変えるような新しい形の思考をはじめるために不可欠のものであることを確信する。
(2) 世界における人口圧力は，現在すでに憂慮すべき状態に達しており，しかもその分布はきわめて不均衡である。人類は地球上での均衡状態を追求することを迫られている。……人口の増加はやがて，生活水準の低下と，よ

り複雑な問題を招来する。
(3)発展途上国が向上する場合にのみ，世界の均衡が実現される。
(4)人間とその環境の問題を含むすべての主要な問題を解決するための全般的な戦略を展開しなければならない。
(5)定量的な接近方法は，問題の作用の仕方を理解するために不可欠の手段である。
(6)現在の不均衡状態を早急かつ根本的に是正することが，人類が直面している基本的課題である。
(7)この努力は次の世代に委ねることはできない。
(8)国際的な行動と共同の長期計画の必要性。主要な責任は先進諸国が負わなければならない。
(9)世界規模において経済的，社会的，生態学的な均衡のとれた調和状態を達成することは，万人に利益をもたらすような，共通の信念にもとづく共同事業でなければならない。
(10)偶然，もしくは，破局によってではなく，計画的な方法によって，合理的，かつ，永続的な均衡状態に達しようとする意図的な試みは，結局，個人，国家，世界の各レベルでの価値観や目標の根本的な変更を基礎としなければならない。

このように『成長の限界』報告書では，トレード・オフの関係にある経済発展，人口増加と地球環境（天然資源）の有限性という，ディレンマを科学技術ではなく，むしろ先進諸国とその構成メンバーの価値観の変化にもとづいた世界的な取り組みによって解決するべきであるという方向性を示したのである。

こうした「成長の限界」論は世界のマスメディアを通じて，経済成長型の社会発展や地球資源の有限性をめぐる，楽観的・悲観的議論をセンセーショナルに喚起したが，環境問題に対する学問的姿勢をも転換させることになったのである。地球環境と人間社会に関する典型的な考え方はその後，イギリスの環境政治学者，A.ドブソンが提起した，環境思想・環境政策に関する「環境主義」(Environmentalism)と「エコロジズム」(Ecologism)をめぐる，政治的イデオロギーとしての概念的差異化に集約されるといってもよいだろう。すなわち，

「環境主義」が「現在の諸価値，あるいは，生産と消費のパターンを根本的に変化させなくとも，環境問題を解決することは可能である」という，現状の社会経済システム維持を前提とした，技術的・環境管理的アプローチを示しているのに対して，「エコロジズム」は，「我々と人間以外の自然界との関係や，我々の社会的，政治的生活様式のラディカルな変革があってはじめて，永続可能で満足感のある生存が可能になる」という，生態系の持続可能性に配慮した，社会経済システムの変革という考え方である（Dobson, 1995 = 2001 : 1-2）。

このような環境問題をめぐる二つの対照的な価値観を生み出した主要因が「成長の限界」論の一つの成果といってもよいだろう。また，このような議論が環境問題に対する学問的な変革，つまり，環境問題を研究対象とした新しい学問を登場させてきたことはもう一つの成果といってよいだろう。具体的には，欧米を中心として，環境哲学・環境倫理学，環境政治思想・環境政治学（あるいは，緑の政治思想，緑の政治学），環境経済学（あるいは，エコロジー経済学），環境法，環境政策，といった新しい環境問題に関する多角的な学問群の誕生であり，環境問題を解決していくことなしに人間文明を維持することは不可能であることを明確化せざるをえない知的状況をつくり出したことであろう。

3．「成長の限界」論への批判的論点

〔1〕「成長の限界」論の批判的論点への前提状況：「ドゥームセイヤー（Doomsayers）」（人類破滅〔破局〕予言者）と「サバイバリズム（Survivalism）」（人類生存主義思想）の登場

18世紀におけるイギリスの産業革命以来，経済活動を基盤とした，近代産業社会への楽観的展望は社会進化論・社会進歩論等に象徴されるように，社会発展のための思想的な原動力となってきたが，他方，近代産業社会への不安，あるいは，反抗は，新しい社会への移行に伴うさまざまな社会問題が露呈してくることよって，反社会的運動へと発展してくることになる。イデオロギー的な側面からの牽引者がK.マルクスやF.エンゲルス等に代表されるマルクス主義で，資本主義を基盤とした近代産業社会は階級矛盾のために，いずれ崩壊すると予言した。これは予言といっても科学的社会主義思想にもとづく，「科学的

予言」である。これに対して、社会がドラスティックに変化していくことの不安としての「世紀末思想」、あるいは、「終末論思想」のように、人間の未来への不安感を予言することで、社会不安を増大化させ、そのための方策を一般大衆に導いていく、「疑似科学的予言」がある。

その典型は18世紀末に、イギリスの経済学者、T. R. マルサスがその著作『人口論』（*An Essay on the Principle of Population*）（1798年）を通じて、世界の人口の過度の増加と農業生産の逓減が究極的には食糧不足を生み出し、人類に破局をもたらすという、いわゆる「マルサス主義」思想である。社会の貧困は社会制度というよりも、こうした人口法則にあるとする、反社会政策的な思想にその特徴があり、「優勝劣敗」や「適者生存」という社会進化思想の基盤となったのである（Malthus, 1798 = 1973）。

「成長の限界論」報告をめぐる論議も、1960年代から、1970年代にかけての環境問題を近代産業社会の「世紀末的局面」として捉えていく著作がいくつか刊行されている。1962年、アメリカの生物学者である、R. カーソンは、『沈黙の春』を通じて、殺虫剤をはじめとする農薬（化学薬品）の大量散布が人間と環境に及ぼす脅威を警告した。また、同じく、スタンフォード大学のP. R. エーリックは、自らの著作、『人口爆弾』（*The Population Bomb*）を通じて、人類の絶えざる人口増加、とりわけ、第三世界における人口過剰現象が人類の破滅をもたらすことを予言し、17世紀末のマルサスの人類破滅予言に再び、火をつけることになったとされている（Ehrich, 1968 = 1974）。

この二人とは異なり、政治思想的にはエコ社会主義者（Eco-Socialist）の立場（注：K. マルクスの自然主義思想とエコロジーを有機的に結合することを通じて、資本主義社会の所産である環境問題を批判している人々）で、イギリスの環境政治・環境思想研究者のD. ペッパー博士（元オックスフォード・ブルックス大学教授）がいる。ペッパーの著作、『生態社会主義』（*Eco-Socialism*）によれば、環境危機の現状を分析し、その将来的破局を警告したのがアメリカ・ワシントン大学（ミズーリー州）の生物学教授（当時）のB. コモナーで、彼は環境危機の背景要因として、人間と自然との均衡的な関係を科学技術（資本主義社会の過剰な産業生産と技術の高度化）によって破壊したことにあるとした上で、そうし

第3章 近代産業社会とそのディレンマ

た科学技術を生み出している，社会的・政治的・経済的制度のあり方を根本的に変えていかなければ地球環境は破局に向かうことになると予言した（Commoner, 1971＝1972；Steiguer, 1996＝2001）。これらの研究者は環境問題に対する人間の社会環境や科学文明などが自然に及ぼす影響力の問題点を科学的に伝えようとしたが，メディアや一般大衆は環境悪化に伴う，社会の危機的状況の予言に関心をもち，彼らを「ドゥームセイヤー」（Doomsayers─人類破滅［破局］予言者）と呼び，そうした予言から自ら（人間）の生命を守っていくための手立てとして，人間の自己利益のみを求めていく，「サバイバリズム」（Survivalism─人類生存主義思想）という考え方が登場してきたのである。「ドゥームセイヤー」（Doomsayers）は，「ドゥーム」（人類の破滅，ないし，破局）を意味し，「ドゥームズ・デイ」（Doomdays─最後の審判の日）からでてきたもので，大惨事的な事柄で人類が破滅・破局することを予言する人々のことを意味している。「ドゥームセイヤー」には巷の占い師から，科学者まで幅広いものがあるが，一般大衆には大きな影響力をもっている。「サバイバリズム」（Survivalism）は，人類の破滅（破局）から逃れて，生き残っていくために，「不測の事態がわれわれの生存を脅かす可能性がある場合には，不測の事態のために日頃から準備をしておくこと」が原義である。具体的には，環境問題だけに限らず，①自然災害（竜巻・ハリケーン・地震・吹雪・雷等），②人間の活動によって起こされる災害（化学物質・放射性物質の拡散・戦争等），③文明の総体的な崩壊（電気・燃料・食糧・水等が利用不可能なことから発生する災害），④世紀末的な予言によるパニック，などがある。そうした危機的状況において，人間の生存を最優先課題として捉え，そのためにさまざまな準備（食糧備蓄・核シェルター等）をしているのが「サバイバリスト」（Survivalist）といわれている人たちである。こうしたサバイバリズムは環境問題に則していえば，差し迫った環境危機に対応していくために抜本的な解決に対する認識と方策をもっていることを示しており，「環境的人類生存主義」（Environmental Survivalism）とも呼ばれる。T. R. マルサス，R. カーソン，P. R. エーリック，G. ハーディン（『コモンズの悲劇』［*the Tragedy of the Commons*］［1968年］や『救命艇の倫理』［*Living on a Lifeboat*］［1974年］の著者）等も「ドゥームセイヤー」であり，「サバイバリスト」（Survivalist)（人類生存主義者）でもあるとする見方もある。そうした観点からみると，『成長の限界』報告書はまさに，メディアや一般大衆にとっては，地球環境の悪化，地球環境資源の有限性等によって，「宇宙船地球号」が破局に向かうという，20世紀最大のペシミスティックな「ドゥームセイヤー」としての役割を果たしたといえるかもしれない (Barry & Frankland (eds.), 2002 : 131 ; McCormick 1995 = 1998 : 81-104)。

〔2〕「成長の限界」論への批判的論点

「ドゥームセイヤー」や「サバイバリズム」が「成長の限界」論への一般大衆的な防衛思想，ならびに，社会運動であるとすれば，ここで取り上げる，「成長の限界」論の批判的論点は専門家による，「成長の限界」論への理念・方法論・予測への知的アンチテーゼということができるだろう。

これまでの「成長の限界」論に対する議論は地球環境問題をグローバルな社会問題として位置づけ，環境政策を推進していくための政策的装置に関わる事柄としての意味をもっていたように思われる。そこで，ここでは「成長の限界」論に対して，批判的な論点を多角的に集約している，アメリカの環境社会学者，C. R. ハムフェリーとF. H. バトルの論考，「『成長の限界』論の社会学」(Humphrey & Buttel, 1982 = 1991 : 119-143) やイギリスやオーストラリアの環境政治学者・緑の政治学者の，A. ドブソン，R. エッカースレイ等の〈緑の政治学派〉の研究者の論考に依拠しながら，①「方法論的な立場」からの批判的論点，②「保守的な立場」からの批判的論点，③「リベラルな立場」からの批判的論点，④「ラディカルな立場」からの批判的論点，⑤「緑の政治学的な立場」からの批判的論点，を紹介し，その論点を提示することで，「成長の限界」論に対する意義と課題を明らかにしていくことにする。ただし，②から，④に関する批判的論点は，アメリカの社会学者，W. R. キャットンとR. E. ダンラップが伝統的な人間中心主義的なパラダイムとしての〈人間特例主義パラダイム〉(Human Exemptionalism Paradigm : HEP) とそれに代わる，生態系中心主義的な新しい社会学的パラダイム（環境社会学）としての，〈新エコロジカル・パラダイム〉(New Ecological Paradigm : NEP)，の二つの価値軸をもとにして，『成長の限界』報告書を分析しているので，それらを活用していること

第3章　近代産業社会とそのディレンマ

に留意していただきたい（Humphrey & Buttel, 1982 = 1991 : 13-15 ; Catton & Dunlap, 1978 : 41-49）。また，⑤の「緑の政治学的な立場」からの批判的論点は，既存の社会制度・社会システムを技術的に対応していくことで，環境保全型社会（現在の環境社会の考え方）の維持が可能としている，「環境政治学」（Environmental Politics）に対して，社会制度・社会システムの根本的な変革を必要とする，〈エコロジー的に持続可能な社会〉のための，「緑の政治学」（Green Politics）の観点から出現してきたものであることを付記しておきたい。

(1) 方法論的な立場からの批判的論点——予測手法の妥当性の視点

『成長の限界』報告書では，MITの研究チームはJ. フォレスター教授の指導のもとに，世界レベルでの，①人口，②資源，③工業生産，④食糧生産，⑤環境汚染，に関するデータを収集し，これらの五つの要素（変数）の相互関係を分析した上で，各変数の世界の平均値をもとにしたモデルを作成し，そのモデルによる各変数の成長変動を使って将来予測についてシステム・ダイナミックス手法で分析した。ここでは，C. R. ハムフェリーらの分析を簡単に紹介し，その批判的論点を明確にしておきたい（Humphrey & Buttel, 1982 = 1991 : 120-135）。

こうした手法の中で批判の対象とされた一つは「標準計算」（standard run）を使って，将来予測のコンピュータ・シミュレーションを行ったことである。この「標準計算」とは，「過去100年間と同じく，将来にわたって，人間の価値にも，地球規模での人口—資本システムの機能にも大きな変動はないだろう」という仮定のもとに，1900年当時の世界の人口，自然資源，1人当たりの食糧と生産高，環境汚染の推定から始め，こうした変数の年当たりの平均稼働率が1900～2100年までの数値に，1900～1970年までの数値と同じものが使用されたのである。このような「標準計算」では，世界の人口は一旦，頂点に達してから低下傾向になり，工業生産高を維持していくために天然資源（天然ガス，石油，ニッケル等）への資本投下が増加し，資源ニーズの増大化に追いつけなくなり，食糧生産・肥料生産・教育サービス等が低下してくることが予測され，人口も減少傾向になってくることになる。このように，前述の五つの要素間の成長変動がどのように変化していくかということを予測するのではなく，予め

「成長の限界」仮説を導き出すようなシミュレーション結果を予測している，という批判がMITの研究チームに対してなされるのは当然かもしれない．

(2)保守的な立場からの批判的論点

A.「人間特例主義パラダイム」(HEP)からの批判的論点：この「人間特例主義パラダイム」は，既存の生産と消費の維持を前提とした，社会経済システムによって，経済成長を可能にする環境保全型の技術を開発していくことで，「廃棄物を減少させ，環境汚染を規制し，その他の資源利用の効率ができる」とする考え方で，先進国の経済成長が発展途上国の経済発展を可能にするとともに，環境問題を技術的に解決していくというものである．この考え方は経済成長を基盤とした，技術・文化の発展によって，成長の限界をもたらすような環境問題は解決可能であるとして，「成長の限界論」を否定している(Humphrey & Buttel, 1982=1991:130)．

B.「新エコロジカル・パラダイム」(NEP)からの批判的論点：保守的な立場に依拠しながらも，社会の自己調整メカニズムを通じて，「成長の限界」論を社会政策論的観点から解決していくというのがこの考え方である．一つの自己調整メカニズムは環境危機に対応する価値観の変化——消費主義から，環境主義へ——が環境問題へ対応していく行動を促すというものである．もう一つの自己調整メカニズムは消費者行動に関するもので，「稀少な商品の価格が上昇すると，消費者はその商品の使用を減らし，代用できるものを探そうとする」し，「行政は課税によって資源消費を抑えることができる」とする考え方である．消費者個人と行政の自己調整メカニズムを有効化すれば，「成長の限界」という課題を克服できるとするものである(Humphrey & Buttel, 1982=1991:131-132)．

(3)リベラルな立場からの批判的論点

A.「人間特例主義パラダイム」(HEP)からの批判的論点：この立場は，MITの研究チームが自然資源の利用決定に政治的な視点ではなく，技術的な視点から捉えていることに対して批判的であり，具体的には，「成長の限界」論がもたらすゼロ成長政策がエコロジスト・環境主義者や中産階級に利益をもたらすだけであって，社会の底辺を形成している貧困層の生活の質を犠牲にすること

になる,と批判している。つまり,「ゼロ成長」の考え方は「貧しい労働者の低賃金や低い生活水準を正当化することに用いられやすく,結果的に企業の利益を高めることになる」としていることである (Humphrey & Buttel, 1982 = 1991：132-133)。

B.「新エコロジカル・パラダイム」(NEP) からの批判的論点：等比級数的な経済成長には限界があるとする,MITの研究チームの指摘を受け入れながらも,経済成長から巨大な利益を獲得している企業集団の政治的・経済的な利害関係を十分に分析していないとするのがこの考え方である。さらに,「一般に,経済成長と就業機会の拡大は,歴史的には,経済的平等や社会的公正の政治的な代用物となってきた」とした上で,「経済や政治のエリートは,経済成長を『常に増大する経済的なパイの分け前』を約束する,という形で社会的平等という現実から人びとの目をそらすために利用してきた」として,政治的・経済的視点からの「成長の限界」論を厳しく分析すべきである,と批判している (Humphrey & Buttel, 1982 = 1991：133)。

(4)ラディカルな立場からの批判的論点

A.「人間特例主義パラダイム」(HEP) からの批判的論点：経済成長に対する物理的・生物学的な限界論は,資本主義社会が内包している政治的・経済的危機の兆しである,という考え方がこの立場である。さらに,ゼロ成長論は資本主義者が企業利益を守り,世界的な経済危機を回避していくための方便である。この背景には,1960年代に経済成長がもたらすさまざまな環境問題に対して,環境運動による社会的批判が噴出し,それらの批判をかわす意図で,企業,とりわけ,多国籍企業が企業活動を先進国から,発展途上国へとシフトしようとした企業戦略がみられる。ローマクラブの代表的リーダーである,A.ペッチェイらはフォルクス・ワーゲン,フィアット,オリベッティ等の多国籍企業の経営幹部であり,このような「成長の限界」論は多国籍企業が抱えている環境問題に対する一般大衆の不満・不安を先進国から発展途上国へと分散させていくための政治的・経済的意図であると環境運動側の人たちは批判している。

B.「新エコロジカル・パラダイム」(NEP) からの批判的論点：MITの研究チームの「成長の限界論」では,「自然資源の激しい枯渇や生態系の破壊と,

資本主義の発展とを関連づけられない」とした上で,「資源枯渇や環境汚染は,資本主義下の特定のタイプの成長に固有のものである」として,既存の資本主義システムのあり方を批判している(Humphrey & Buttel, 1982 = 1991 : 134-135)。

(5) 環境政治学的,ないし,緑の政治学的立場からの批判的論点

A. N. カーターからの批判的論点(環境政治学・環境政策論的視点):ローマクラブによる『成長の限界』報告書は,地球環境の破滅という悲観論的な予言という形にせよ,環境問題に対して一般大衆,企業関係者,行政関係者等に危機意識をもたらし,その政策的対応としての「環境政策」の必要性を喚起し,政策的な協議事項化(アジェンダ化)させたことは大きな貢献である。しかしながら,既存の生産と消費システムを維持したままで環境問題に対して,政策的に対応していくことでは,「成長の限界」という警告を真摯に受け止めたことにはならない。A. ドブソン等の〈緑派〉の政治学者の視点からすると,こうした環境保全派(Environmentalists)の危機意識の希薄性が既存の社会経済システムのラディカルな批判や変革を要請していく,環境思想(社会経済システムの改良)としての「環境政治思想」(Environmental Thought)や「環境政治学」(Environmental Politics),さらに,緑の思想(社会制度の変革)としての,「緑の政治思想」(Green Political Thought)や「緑の政治学」(Green Politics)の基盤形成に繋がったのである。具体的には,①地球資源の〈有限性〉(finitude)という考え方が生態系と人間文明の共存をめざす,「エコロジズム」に対してユニークな視点を与え,②『成長の限界』報告書の五つの要素(人口・農業生産・天然資源・工業生産・環境汚染)はそれらを効果的に結び合わせることで,人間と自然との間に,〈相互連関性〉(interdependent)があることを基礎づけたことであり,さらに,③現在の経済成長は「幾何級数的な」(exponential)なものなので,環境問題が次第に蓄積化されてくると「地球環境の破滅(破局)」をもたらすことになるとした。こうして,N. カーターは既存の経済的・社会的・政治的なシステムがラディカルに変革されるならば,こうした危機は回避されうると捉えている(Carter, 2001 : 41-43)。

B. R. エッカースレイの批判的論点—環境政治学・緑の政治学的視点:オーストラリアのすぐれた女性環境政治学者,メルボルン大学のR. エッカースレ

イは地球環境危機に重要な影響を与えたテーゼとして，①『成長の限界』報告書と，②『人類生存のための青写真』(*A Blueprint for Survival*)（*The Ecologist*, Vol.2, No.1, January, Penguin Books, 1972; Goldsmith et al., 1972），の二つがあげられるとしている。とりわけ，『人類生存のための青写真』報告書は1972年にスウェーデンのストックホルムで開催予定の世界初の環境問題に関する国際会議（113カ国が参加），「国際連合人間環境会議」(The United Nations Conference on the Human Environment)[(1)]に先立って，地球環境問題の深刻さと今後の対策について概観していく，という画期的な出版で社会的注目を集めた。これらの出版物の刊行が地球資源の浪費と人口の幾何級数的な成長が地球の生態系システムを破壊していく可能性を予測したのである。

この二つの報告書の差異はどこにあるかというと，①『成長の限界』報告書が既存の資本主義的な「生産―消費」型の中央集権的な政治構造の枠組みの中で，現状の環境問題が地球環境に及ぼす重大な影響の問題点の指摘や地球環境危機の将来予測を提示することによって，環境保全型社会の必要性を示唆したのに対して，②イギリスの環境雑誌『エコロジスト』（*The Ecologist*）の『人類生存のための青写真』報告書では，環境問題の現状を深刻に分析しただけではなく，環境問題の悪化に対応していくための具体的な処方箋を示し，近代産業社会の誕生以来の「大量生産―大量消費―大量廃棄」型の社会経済システムを生態系の持続可能性の観点から見直していくことを求め，地方分権化された参加型のデモクラシー社会の枠組みの中で，生態系と共存していく，〈エコロジー的に持続可能な社会〉のゆくえを明らかにしたことである（Eckersley, 1992：7-15）。

4．「成長の限界」論への技術的・政策的対応：「持続可能な発展（開発）」論・「エコロジー的近代化」論・「産業エコロジー」論

1960年代の環境問題の深刻化を契機として，これまでのような社会発展型の経済成長のあり方に対する疑問から，ローマクラブの『成長の限界』報告書や環境雑誌『エコロジスト』の特集『人類生存のための青写真』（いずれも刊行は1972年）を通じて，経済成長型の社会経済システムの再考を促す警告メッセー

ジが出された。こうした地球規模的な環境問題に対応していくために,「開発と環境」の共存を図っていく基本理念として考えられたのが,「持続可能性」(Sustainability),「持続可能な発展(開発)」(Sustainable Development),〈持続可能な社会〉(Sustainable Society)等であった。このような「開発(経済成長)と環境(生態系の持続可能性)との共存」を生み出していくための、つまり、「持続可能な発展(開発)」のための社会理論(もしくは、政策方法論)として、「エコロジー的近代化」論(Ecological Modernisation)がさらに、「産業システムの循環」論(Industrial Metabolism)を基盤とした実践的な技術論、あるいは、環境管理手法として、「産業エコロジー」(Industrial Ecology)という考え方がそれぞれ登場してきたのである。

(1)「持続可能な発展(開発)」(Sustainable Development)

ローマクラブの『成長の限界』報告書が全世界に地球環境危機の警告メッセージとして伝えられて以来、経済成長型の開発と自然環境の保全(保存)とをどのように両立させていくべきか、という議論がされはじめ、「開発」(経済的合理性)と「環境保護(保全)」(生態学的合理性)とが共存するような新しい理念が模索されたのである。その結果、自然環境の生態系を損なわない範囲で経済成長型の社会発展を可能にする新しい理念として、「持続可能な発展(開発)」が登場したのである。この理念は1980年に、三つの国際団体、「国際自然保護連合」(IUCN),「世界自然保護基金」(WWF),「国連環境計画」(UNEP),が共同で提出した「世界環境保全戦略」(World Conservation Strategy)ではじめて使用され、その後、1987年に日本の提案によって設置された「環境と開発に関する世界委員会」(WCED—委員長が当時のノルウェー首相、G. H. ブルントラントであったために、通称、「ブルントラント委員会」と呼ばれている)の報告書、『われらの共有する未来』(*Our Common Future*)の中心的な理念とされ、世界に認知されるようになった。このブルントラント委員会では、「持続可能な発展(開発)」を「将来の世代のニーズを損なうことなく、現在の世代のニーズを満たすような発展(開発)」と定義している。この定義は地球の天然資源の世代間の公平性を基盤とした、持続可能性を基調としている。さらに、1992年の国連地球サミット(リオ・サミット)では、「環境と開発に関するリオ宣言」

や「アジェンダ21」の基本理念として使用され,地球環境問題の解決に際して取り組むべき基本理念として浸透していったのである(尾関他編,2005:94-95)。

(2)「エコロジー的近代化」論(Ecological Modernisation Theory)

ローマクラブの『成長の限界』報告書,『エコロジスト』の特集「人類生存のための青写真」,という二つの歴史的警告メッセージが1972年に登場して以来,資本主義社会における既存の生産と消費による社会経済システムを生態系システムとの共存を前提とした上で,根本的に変革していくべきである,といった主張が主として,環境哲学・環境倫理学,環境政治学等の立場から提起された。それに対して,現在の社会経済システムの枠内で経済成長をめざしながら,環境保全も可能である,という反論が環境社会学・環境経済学・環境政策論の立場から出されたが,その主張の理論的装置となったのが,「エコロジー的近代化」論である。

1960年代から深刻化した環境問題は,「自然環境を変容させる産業主義の帰結」(あるいは,「資本主義社会における社会・経済システムの構造的問題」)にあるのだから,こうした問題を生み出す社会経済システムを環境保全の観点から再構造化すべきである,という環境的改良主義思想から登場したのが,「産業的近代化」論(Industrial Modernisation Theory)から派生した,「エコロジー的近代化」論(Ecological Modernisation Theory)である(Giddens, 1990 = 1993: 80; Dryzek, 2005: 167)。こうした議論は欧州では,1970年代後半から,1980年代にかけて盛んに議論され,経済成長を起点とする社会発展を推進していく経済的合理性と生態系の維持による環境保全を推進していく生態学合理性(ないし,環境的合理性)の共存を主張する,ドイツの環境社会学者・環境政策学者である,J. フーバーや M. イェニケ等がはじめて,「エコロジー的近代化」論という言葉を使用し,環境保全を基盤とした,社会経済システムを再設計していくことを通じて,持続可能な環境管理・環境計画等の環境政策を行政・企業・市民に提起した。具体的には,環境破壊から自然環境を守るために,開発(経済)が自然環境に与える影響を予防的,かつ,継続的に減少させていく,環境管理プログラムを策定していくことであった(Young, 2000: 17)。

(3)「産業エコロジー」論(Industrial Ecology Theory)

「エコロジー的近代化」論が持続可能な発展（開発）のための社会理論，あるいは，政策方法論としての役割を担っているのに対して，「産業エコロジー」論（Industrial Ecology Theory）は「経済成長と産業生産の生態学的適用とを同時にめざしている」もので，産業活動における「環境効率」（Eco-Efficiency）を達成していくための技術的方法論である（Huber, 2000 : 270）。

「産業エコロジー」論に関する議論は地球環境の悪化現象が顕著にみられはじめた，1960年頃から散見されたが，具体的な形として現れたのは，R. A. フロッシュと N. E. ギャロプロスがアメリカの科学誌『サイエンティフィック・アメリカン』（*Scientific American*）（1989年）の〈特集・地球の管理〉で「生産のための戦略」（Strategies for Manufacturing）という論文を執筆してからである（Frosch & Gallopoulos, 1989）。その後，この論文に啓発されて，アメリカのコンサルタント会社，アーサー・D. リトルのコンサルタント，H. ティッブスが「産業エコロジー」（"Industrial Ecology"）というタイトル―「産業エコロジー―産業への新しい環境アジェンダ」（Tibbs, 1992）で論文を執筆して以来，環境誌や経済誌に「産業エコロジー」に関する論文が数多く掲載され，1997年には，『産業エコロジー・ジャーナル』（*The Journal of Industrial Ecology*）という新しい雑誌が誕生するまでになったのである。

「産業エコロジー」論の中心的理念は，生態系（Ecosystem）の観点から，原材料（資源）の投入から生産に至るまでの，産業システムを見直すことで，①製品原材料・エネルギー・情報の流れを自然環境（生態系システム）との共存の観点から理解し，分析していくことであり，さらに，②地球の生物圏（Biosphere）によって供給される資源やサービスに依拠する産業システムを創出していくことである。つまり，環境汚染，環境管理システム，製品のライフサイクル評価・管理，環境デザイン（エコデザイン），環境政策等のさまざまな環境的アプローチを通じて，〈産業的な生態系システム〉（Industrial Ecosystem）を構築していくことなのである。この新しい産業システムには，エネルギーと原材料の使用が最適化されるとともに，産業廃棄物や環境汚染等の環境負荷が最小化されることによって，生産過程にあるすべての製品やエネルギーが「人間―自然間関係」で有効な代謝作用をもつことで，環境的・経済的に持続可能な

第3章　近代産業社会とそのディレンマ

役割を果たすことができるというものである。こうした産業的な生態系システムの基盤には，R.U.エイヤーが新たに提起した「産業システムの循環」(Industrial Metabolism) という産業思想がある。この思想は生産と消費のシステムの中で，原材料の流れを分析し，環境効率の高い生産システムを構築していくことにある。欧州では，各企業の環境戦略に取り入れられ，環境負荷の低い生産システムを通じて，環境に配慮した製品を生み出しているのである (Koppen & Mol, 2002 : 3-4)。2001年には，「ニューヨーク科学アカデミー」(the New York Academy of Science) を中心とする研究者が，産業エコロジーのための教育・研究，環境政策，地域政策，産業活動等に適用していく目的で，国際的な産業エコロジー団体として，「国際産業エコロジー学会」(International Society for Industrial Ecology) を設立し，〈持続可能な社会〉に向けての新しい産業システムの構築をめざしたのであった。

このように，「産業エコロジー」論は持続可能を発展（開発）の観点から，産業システムを生命圏としての生態系の循環の中で再検討することによって，技術・環境・天然資源（原材料）・制度的（法的）枠組み等の諸要素をシテスム的に分析していく，産業循環的なイノベーション技術論であり，環境マネジメント論として捉えることができるだろう。

〔注〕
(1) 1972年の6月5日～16日まで，スウェーデンの首都ストックホルムで開催された「国際連合人間環境会議」(The United Nations Conference on the Human Environment) は113カ国が参加した，世界ではじめての大規模な環境問題に関する国際会議であった。この会議では，「かけがえのない地球」(Only One Earth) というテーマのもとに，環境問題がグローバル，かつ，人類共通の重要な政策課題となってきたことを確認した。具体的には，26項目から構成されている「人間環境宣言」と109の勧告からなる「環境国際行動計画」が採択された。この宣言の理念と勧告は，その後の国際的な環境問題に関するさまざまな取り決め，すなわち，1985年の「オゾン層の保護のためのウィーン条約」，1992年の「環境と開発に関するリオ宣言」や「気候変動に関する国際連合枠組条約」等の基本となっている。
(2) 「エコロジー的近代化」論の訳語に関して，日本の一部の研究者は「環境近代化論」といったような表記をしている（福士，2001 : 3-53）。しかし，イギリスの著名な環境政治学者である，A.ドブソン教授（キール大学）の指摘している，「環境主義」(Environ-

mentalism)と「エコロジズム」(Ecologism)の概念的差異を基準にすると，EnvironmentalとEcological では基本的な意味合いが異なるので，「エコロジー的近代化」論と表記するのが妥当かと思われる。

第4章

「環境思想」の出現と変容
――対抗思想としての環境思想――

第1節 「環境思想」の歴史的展開：生成と変容

　「環境思想」の考え方は基本的には，「自然と人間との関係をどのように捉えていくか」という，人間の自然に対する哲学的，倫理学的な価値観や立場からでてきたものといってよいだろう。つまり，人間が自然に対して優位性をもっているのか，あるいは，人間は自然と共存すべきか，といった観点からの自然の捉え方が近代産業社会の登場によって明確になってきたのである。換言すれば，近代産業社会の発展のために，功利主義的な観点から自然を資源として捉え，利用していくという観点（人間中心主義）と自然を人間の畏敬の念の対象として尊重し，自然の生態系を破壊してはならないという観点（自然中心主義），の二つの考え方が「環境思想」を考える場合の基本的な価値観なのである。
　したがって，ここでは，「環境思想」を近代化以前（産業革命以前）と近代化以降（産業革命以降）に区分することによって，近代化による「環境思想」の変化を確認した上で，近代産業社会の多様化と高度化が単なる人間の審美的，あるいは，保護（保存）の対象であった，「スタティック（静態的な）思想」から，人間の近代文明がもたらした自然環境の破壊や人間環境自体の汚染・破壊等に対する社会運動論的な異議申立てとしての，「ダイナミック（動態的な）思想」へと，さらに，環境問題を増殖・拡大している20世紀以降の資本主義的な社会制度や社会経済システムそのものを変えていく，変革的な思想へと変容していく「環境思想」を看守することを通じて，人間文明に対する対抗思想としての「環境思想」の方向性を検討することにしている。
　「環境思想」は，環境学者，環境政治学者，環境社会学者等のさまざまな視

点から類型化がされてきたが，とりわけ，有名なのは，イギリスの環境学者（環境政策論・環境影響力評価論）である，T. オリョーダンの「環境主義」に関する理念型による分類で，〈技術中心主義型〉(Technocentric Mode) 対〈生態系中心主義的〉(Ecocentric Mode) という形で，近代環境主義 (Modern Environmentalism) の思想的内容を類型化したものである (O'Riordan, 1981b)。次にあげられるのは，すでに，第1章で取り上げられているが，イギリスの政治学者のN. カーターによる環境問題の社会的争点別の「環境思想」の時代区分で，彼は「環境思想」の近代化（近代環境主義）を起点として，近代化以前の「環境保存と環境保全の時代」，近代化以降の「近代環境主義の時代」，「地球環境問題の時代」，の三つに分類している (Carter, 2001:4)。さらに，日本の環境社会学者の満田久義による「環境思想」の出自の系譜による区分で，アメリカの環境主義思想を三つの思想的特性，①自然美派，②エコロジー派，③資源管理派，に分類し，環境主義思想の歴史的変遷過程を整理している（満田，2005：19）。また，環境倫理学者の鬼頭秀一は，産業革命を起点として，欧米における「動物愛護運動」，「森林管理思想」，「ロマン主義」，「エコロジー概念」等の環境思想（理念）の進化の過程を歴史的に分類している（鬼頭，1996：32-33）。オリョーダンとカーターが欧州型の「環境思想」の概念と内容にもとづく類型化であるのに対して，満田や鬼頭はアメリカ型の，および，アメリカ型と欧州型の折衷による「環境思想」の時系列的な系譜分類（というよりは，環境倫理としての環境思想や環境運動を基軸として分類したもの）を行っている。

　ここでは，「環境思想」の歴史的な変容過程を明らかにしていくために，便宜的に，西欧における「環境思想」の歴史的系譜を過去→現在→未来，という時系列の形で「環境思想」の変容過程と方向性を検討していくことにしている。具体的には，「環境思想」を次のような歴史的区分，すなわち，第2節初期環境思想 (1)：伝統的環境思想の浸透 (18〜19世紀)，第3節初期環境思想 (2)：近代環境思想の登場 (19〜20世紀)，第4節中期環境思想 (1)：現代環境主義思想の萌芽 (1960〜1970年代)，第5節中期環境思想 (2)：ラディカル環境主義思想の出現 (1970〜1980年代)，第6節後期環境思想 (1)：環境主義思想の政治化 (1980〜1990年代)，第7節後期環境思想 (2)：環境主義思想の緑化 (1990〜2000

年代），第 8 節後期環境思想（3）：制度変革のための環境思想（緑の思想）への転換（2000年以降），の諸段階に分けることによって，「環境思想」が歴史的にどのように変容・進化してきているか，について考えていくことにしている（全体的な潮流については，図表 4-1 を参照のこと）。

〔備考〕 時系列な時代区分の表記に関しては，思想的な流れ（連続性）の関係で，時代区分が重複していることに留意していただきたい。

第 2 節　初期環境思想（1）：伝統的環境思想の浸透（18～19世紀）

　18世紀における前近代的な環境思想を語る上で，大切なのは人間が動植物も含めた自然に対してどのような価値観をもっていたか，について理解しておくことである。これについては，一つは，中世社会において支配的な価値観であった，キリスト教的自然観であり，もう一つは，産業革命の登場を背景とする，天然資源を活用した人間の開発行為や産業社会のための「大量生産―大量消費」型の社会経済システムという，自然環境の破壊を文明進化と経済発展（ないし，経済成長）による近代社会の構築のための必要悪とする，社会進歩論的・社会進化論的な自然観である。この背景には，18世紀フランスの啓蒙思想家，D. ディドロー等に代表されるように，合理的な知識とそれに裏打ちされた技術による科学的な思想の普及，といった啓蒙主義運動がある。このことが人間の自然に対する科学的な思考・方法，つまり，「生態学」(Ecology) や「自然史」，ないし，「博物学」(Natural history) を生み出し，その結果，自然が人間にとって恐怖と不安の暗黒の世界ではなく，人間の精神的充足を得る場（自然審美主義やロマン主義自然観）であり，かつ，人間にとって有用な天然資源（自然環境保全）となることを理解させ，いい意味でも悪い意味でも「自然と人間との関係」を深化させることになったのである。

　まず，キリスト教的自然観についていえば，「神は人間の利益と統治のためという明白な目的のために人間以外のすべての存在をお創りになられたのである。すなわち，いかなる自然の創造物も人間の目的に奉仕する以外の目的をもっていなかったのである。……」ということに象徴されているように，人間

図表 4-1　環境思想の潮流（概要）

〈初期環境思想〉(1) 伝統的環境思想の浸透 （18〜19世紀）	欧米における動物愛護運動と自然審美主義的自然観の形成 ・人間と動植物の生命の同一化と動物愛護運動 ・自然への畏敬の念と自然審美主義的・ロマン主義的自然観の形成
〈初期環境思想〉(2) 近代環境思想の登場 （19〜20世紀）	環境保護運動と環境保全政策の対立 ・ヘッチヘッチ論争—自然環境の保護（保存）運動と自然環境の保全政策の対立 ・経済開発重視型の自然環境の保全政策への対抗思想（A. レオポルドの「土地倫理」思想）の登場
〈中期環境思想〉(1) 現代環境主義思想の萌芽 （1960〜1970年代）	環境主義思想（Environmentalism）の萌芽 ・高度産業社会の出現と公害・環境問題の社会問題化 ・『沈黙の春』（R. カーソン）の刊行による有害化学物質による環境汚染拡大への警告
〈中期環境思想〉(2) ラディカル環境主義思想の出現 （1970〜1980年代）	ラディカル環境主義思想（Radical Environmentalism）の出現と環境問題のグローバル化 ・ラディカル環境主義思想の出現 ・ローマクラブ=『成長の限界』報告書による地球資源の有限性の警告
〈後期環境思想〉(1) 環境主義思想の政治化 （1980〜1990年代）	環境主義思想の政治行動化と「緑の党」の登場 ・資本主義的な生産と消費のシステムを変革していくための環境主義思想の構築 ・欧州における環境主義思想の政治行動化 ・ドイツ「緑の党」の結成と議会への進出
〈後期環境思想〉(2) 環境主義思想の緑化 （1990〜2000年代）	環境主義思想から，エコロジズム思想（Ecologism）へ ・環境保全型社会に対するイデオロギー的批判として，「エコロジズム」を基盤とした緑の政治思想の出現 ・生態系中心主義的な〈持続可能な社会〉のための変革的政治理論としての「緑の政治思想」 ・「エコロジー経済学」（Ecological Economics）という緑の経済思想の登場—「環境経済学」（Environmental Economics）の革新
〈後期環境思想〉(3) 制度変革のための環境思想への転換—「環境思想」から「緑の思想」へ （2000年以後）	環境思想の多角化と政策科学化 ・環境思想の政策科学化に対応した，多角的な環境思想の有機的な統合化 ・部分的な制度変革論としてのエコロジー的近代化論（環境政策論）＝「環境保全型環境国家論」から，全面的な制度変革論としての「緑の国家論」への転換

は自然界の主であって構成員ではない，という考え方が支配的であった（Nash, 1990＝2011：225）。この背景には，人間と自然とは異なった存在であり，かつ，人間より自然の方が下位の存在として捉える，二元論的な自然観が存在していたのである。他方，13世紀のイタリア・アッシジの聖フランチェスコのように，「あらゆるものは等しく神によって創られ，等しく神を賛美する能力をもって

いる……」といった、〈霊魂的平等主義〉(Spiritual Egalitarianism) を提唱し、「人間は創造物をかぎりなく支配できるわけでなく、人間を含むあらゆる創造物は平等であるという考え方」をキリスト教徒に諭そうとした「生態学者の守護聖人」も存在していたことも確かである。こうした考え方が「環境神学」(Ecotheology) を生み出し、後世の環境倫理学の価値的基盤を形成したのである (Nash, 1990 = 2011 : 146-148)。さらに、欧州の啓蒙主義の影響を受け、文明の進化によって破壊の対象とされてきた自然に対して畏敬の念と自然と一体化した生活を賛美した、イギリスの湖水詩人といわれた、W. ワーズワースや S. コールリッジ等のロマン主義的自然主義を信奉する文学者は文明（人間）と自然との関係を考える上で、思想的な影響をもたらした。こうした影響がアメリカでは、R. W. エマソンは『自然』(1836年) を通じて、「大霊 (Oversoul) という神性は自然全体にも備わっていて、人は自然を愛し、文明の束縛から自由になったとき、はじめて、自然の神髄である知恵と力と美に近づけることができる」として自然を畏敬の対象とした (Shabecoff, 1993 = 1998 : 61)。さらに、その弟子である H. D. ソローはその著作『ウォールデン――森の生活』(1854年) を通じて、ウォールデン池における自然の固有の価値の重要性を主張することで、「理性や科学よりも直感によって、自然の中のすべてのものに浸透しているはずの大霊と直接的に交流することによって人間の精神を見つめていこうとする」思想（鬼頭、1996 : 43）、すなわち、「超絶主義思想」(Transcendalism) として体現し、人間と人間以外の生命体（動物、植物等）との拡大された共同体としての、生態系中心主義的な自然概念へと結実していったのである。このことがソローを「生態学成立以前の生態学者」とまでいわせるゆえんなのである (Nash, 1990 = 2011 : 60-62)。こうした自然に対する思想的潮流が人間と人間以外の生命体を同一化することで、生命的一体感を得るというロマン主義的自然観を形成し、とりわけ、19世紀前半のイギリスにおける動物愛護運動、動物愛護協会等の野生生物の保護運動や保護のための法的制度化に浸透し、それがアメリカに浸透していくことになる (McCormick, 1995 = 1998 : 10)。

このような宗教的な緑化に対して、人間文明が自然環境の破壊に与えた影響について批判したのが、アメリカの外交官であり、ナチュラリストの G. P.

パーキンスである。彼はその著作『人間と自然——人間の行為によって改造された〈自然地理学〉』(1864年)を通じて,「人間にはたんに地球の使用権が与えられているだけであり,地球を消費する権利はもちろんのこと,まして好き勝手に浪費する権利は与えられていない」と指摘し,人間の経済活動と自然(生態系)との均衡の重要性を警告したのであった。産業文明が過度に進行すると自然環境の破壊をもたらすことを戒めていたのであった(Nash, 1990＝2011:64-65)。

このように,産業革命による近代産業社会の成立は経済発展をもたらしたものの,産業革命に伴う産業化や都市化という社会変動によって,自然環境の破壊や都市地域を中心とした工場の煤煙等による大気汚染,すなわち,公害問題の発生が人間中心主義的な環境破壊行為を抑制しようとする環境思想を,とりわけ,産業先進国のイギリスにおいて萌芽させたのである。さらに,都市化による環境汚染や都市問題の発生が,「産業開発からイギリスの文化・自然遺産を守ることを目的としたナショナル・トラストの設立」(1895年)をもたらし,自然環境の保存という初期の環境思想を醸成していたのである(McCormick, 1995＝1998:12)。

第3節　初期環境思想(2):近代環境思想の登場(19〜20世紀)

近代産業社会の形成・発展に伴い,環境思想は自然環境の保護(保存)から,自然環境の保全へ,という経済発展に対応した自然環境保護政策のあり方に向けて議論が戦わされることになったのである。その背景には,近代産業社会を発展させていくためには,天然資源の有効な活用こそが人間文明と自然環境を共存させる方途である,という功利主義的な自然観と近代産業社会志向型(環境保全主義的な)の環境思想が存在していたのである。

その典型的な論争が19世紀初頭,アメリカにおける自然環境の保存と保全をめぐる〈ヘッチヘッチ論争〉である。詳細については,第3章で取り上げているので,ここでは,自然環境と人間の文明の進化をめぐってどのような論点が交わされてきたのか,それがその後の環境思想にどのような影響を与えてきた

第4章 「環境思想」の出現と変容

のか,について述べておきたい。

　この〈ヘッチヘッチ論争〉は環境問題をめぐる人間の自然観に関する思想的対立ということだけではなく,近代産業社会の成立によって中心的な社会思想となった,社会進歩的な社会発展論に関する論点であるといってよいだろう。20世紀初頭のアメリカでは,経済開発重視型(西部開拓)の革新主義的な思想が社会経済的な大きな勢力となり,自然環境(原生自然〔wilderness〕)をめぐる考え方では,従来の倫理的・美的な自然環境の保護(保存:Preservationism:自然中心主義的・生態系中心主義的な自然観)よりも,自然環境を人間の物質的資源(material resources)として位置づけ,一定の範囲で人間のための資源の有効な活用であれば,自然と人間文明は共存可能である,という自然環境保全思想(Conservationism:人間中心主義的・功利主義的な自然観)が登場してきたのである。

　その発端となったのは,1908年にアメリカ・サンフランシスコ郊外,ヨセミテのヘッチヘッチ渓谷にサンフランシスコ住民の水資源供給のためのダムを建設するという計画をサンフランシスコ市長がアメリカ連邦政府に申請したことからである。この計画を推進したのが,森林資源・水資源・土地自然の保全を中心とした,自然環境の功利主義的な利用を容認する,連邦政府の森林局長官のG.ピンショーであった。これに対して,このような自然環境の破壊につながるダム建設を阻止しようとしたのが,長年,ヘッチヘッチ渓谷の自然環境保護運動を展開してきた,イギリス出身の自然環境保護運動家であり,ナチュラリストである,J.ミューアである。この問題は当時の大統領(セオドア・ルーズベルト,ウィリアム・タフト,ウッドロー・ウィルソン)を巻き込むという,社会的にも一大論争となったが,連邦議会の三次にわたる公聴会の後,ダム建設が認められ,ピンショー率いる,自然環境保全派が勝利することになる。

　この背景には,当時のアメリカにおいて政治的・経済的に支配的な価値観となっていた,「革新主義思想」(Progressivism),つまり,「科学と,能率と,連邦政府の統制力」を基盤とした社会・経済改革運動をピンショーは自然保護と結合させることによって,「自然保護は開発であり,現在この大陸に存在する天然資源を,現在ここに生きている人の利益のために用いること」を主張し,

107

「最大多数の最大善」、「多目的利用原則」、「賢明なる自然の活用」等の自然環境保全主義を政策として遂行していったことがあげられる。このことは近代産業社会の発展のためには、経済的に利用価値のある天然資源を収奪してもかまわないという、「破壊的商業主義」(J. ミューア) を公認し、天然資源の賢明なる活用という建前のもとで、経済成長と環境保護を両立させる、環境保全主義思想を後の米国の環境政策の基盤とさせたのである (Nash, 1987＝1989 : 76-87)。こうした自然環境保全政策は天然資源の利用を是とする経済合理的な基盤に立っていることから、自然環境の保全よりもむしろ生態系の破壊を促進したという批判もされている (Humphrey, 1982＝1991 : 155)。

こうした功利主義的な自然環境保全思想に対して、自然環境保存思想を受け継いだのは、皮肉にも G. ピンショーと同様に連邦政府の森林官をしていた、A. レオポルドである。彼は自然と人間との関係を新しい倫理的視点、つまり、環境倫理的視点から自然環境の保存を追求した、「環境倫理学の父」(R. F. ナッシュ)とさえいわれている。彼は、自らの自然保護倫理思想の集約点として、1947年に『砂の国の暦』(*A Sand Almanac*) 刊行し、その最終章の「土地倫理」(Land Ethic) の中で、「土地倫理は、ヒトという種の役割を、土地という共同体の征服者から単なる共同体の一構成員、一市民へと変えるのである。これは仲間の構成員に対する尊敬の念の表れであると同時に、自分の所属している共同体への尊敬の念の表れでもある」と指摘し、人間と自然との関係に同じ生命共同体の一員としての倫理的平等性を説いたのであった (Leopold, 1947＝1997 : 319)。こうしたレオポルドの「生命共同体」(Biotic Community) としての生態系中心主義的自然観を基盤とした、環境倫理思想はその後の環境主義思想の中核的役割を担った、ディープ・エコロジー (Deep Ecology) をはじめとするさまざまな環境思想に影響を与えることになったといえるだろう (Nash, 1990＝2011 : 101-116)。

また、このことは、今日的視点からみると、地球の持続可能な発展のための「自然と人間との共存」という、環境政策の思想に引き継がれているけれども、この「持続可能性」(Sustainability) という考え方が〈環境的持続可能性〉(Environmental Sustainability) ではなく、自然環境を人間の経済的価値で利用してい

くという〈経済的持続可能性〉(Economic Sustainability) を基盤とした,人間中心主義的な色彩の強い持続可能性であることをわれわれは留意しておく必要がある。こうした〈ヘッチヘッチ論争〉は自然環境に対する人間の功利主義的自然観を明確にするとともに,経済発展のために適切な自然環境の利用という,今日の環境政策の基本的な考え方の一つとなっているのである。

第4節　中期環境思想(1):現代環境主義思想の萌芽(1960〜1970年代)

　アメリカにおける環境運動が自然環境保護（保存）運動・自然環境保全運動という,自然環境に対する人間中心主義的な考え方をさらに,人間環境自体に向けさせるようになった契機は,1962年に刊行された,R.カーソンの『沈黙の春』(*Silent Spring*) であった。農業・林業等で使用される除草剤や防虫剤等の有毒物質が自然環境はもちろんのこと,人間の生命や環境に与える影響の大きさについて,化学者の実証的研究成果から,「殺虫剤や除草剤の中に発癌物質が含まれている可能性が,動物と植物の実験で実証されている。これらの実験による発見は,人間の癌による死亡率の上昇を説明するかもしれない」と指摘した (Carson, 1962 = 1992 : 227-239)。これに対して,政府や化学薬品業界等はカーソンに対してさまざまな批判を行ったが,「保護主義者,狩猟者,漁民,公衆衛生の専門家,化学産業,農民などの非常に多くの団体や利害関係者に訴えかけた」という点で,従来の自然環境保護運動や自然環境保全運動に科学的な研究成果をもとに,環境汚染という新たな環境問題を提起したことは非常に意義深いことであった (Humphrey & Buttle, 1982 = 1991 : 158)。

　この結果,環境運動家や一般大衆は環境問題の本質をその人間中心主義性にあると捉え,人間中心主義的な自然観を脱却していくさまざまな環境思想が登場してきたのであった。

A. 「環境概念」の変容

　これまでの環境思想は自然環境の保護や保存を目的とした環境概念であったのに対して,自然環境の破壊が自然環境のみならず,自然環境を資源として加工していく,産業システムによってもたらされた産業社会の病理現象としての

公害問題や環境問題を生み出した。その結果，自然環境の保護（保存）思想や自然環境の保全思想という伝統的環境思想に加えて，自然環境＋人間環境＝総合的環境を人間の破壊行為から守っていくという，近代産業社会の変容に対応した環境主義思想へと変容したことである。このことは，換言すれば，環境思想の目的が文化的なエコロジー思想としての自然環境審美主義（保護／保存），天然資源管理主義（保全）から，社会問題としての公害問題や環境問題を政治的・経済的・法的・文化的側面から解決していくための，政治的なエコロジー思想へと変容してきたことを示しているのである。

B.「政治運動」としての環境思想

環境思想は社会的・政治的・経済的・文化的環境の変化に対応して，その意義か変容してきた。このことは，環境問題に対する一般大衆の反応が自然環境保護（保存）から，政府の環境政策への「異議申立て」という環境運動，さらに，環境政策を転換させていくための政治的活動，すなわち，「緑の党」の誕生とその活動へと進展していったように，文化的段階から，政治的段階へと進展していったことからしても十分に理解されるだろう。

アメリカでは，1950〜1960年代にかけて，貧困と人種差別問題をめぐる一般大衆の政治行動が活発化し，とりわけ，公民権運動・女性の権利獲得運動，反戦運動・反核運動などはこうした傾向に拍車をかけた。しかし，経済的な豊かさの実現が一般大衆の政治意識を物質主義的価値観から，脱物質主義的価値観，すなわち，生活の質的充実に向かわせ，「公民権運動と反戦運動は60年代の終わりに勢いを失い，活動家たちは環境問題に転じた」という社会状況の変化をもたらしたのである。この背景には，核実験による放射性下降物問題やR.カーソンの『沈黙の春』の刊行による，有害化学物質がもたらす環境汚染拡大への警告などが社会的争点となるにつれて，これまでの倫理的な環境保護（保存）運動は，政策課題としての環境問題を追求していくための政治行動主義的な環境運動へと転換し，そのための知的装置として，「環境主義」(Environmentalism) が新しいラディカルな環境思想へと変容したのである (McCormick, 1995 = 1998 : 73-76)。

第5節　中期環境思想（2）：ラディカル環境主義思想の出現（1970〜1980年代）

　この時期には，先進国，発展途上国（ないし，開発途上国）を問わず，さまざまな環境問題が噴出し（環境問題のグローバル化），これらの問題を社会的争点化していくための，環境運動の大衆化と環境運動団体の増大化（環境保全のための環境保護運動から，自然の生態系を守るための社会運動志向型の環境運動化へ）が顕在化してきた。地球資源の有限性を世界の人々に警告した，ローマクラブの『成長の限界』報告書（1972年）を通じて，地球環境問題が近未来の人類にとって重要，かつ，深刻な文明危機的な問題であることが一般に理解されるようになった。イギリスのエコロジストであり，環境誌『エコロジスト』の編集長である，E. ゴールドスミスもまた，同年『生存のための青写真』(Goldsmith, 1972) を発表し，「人口増加と資源消費からみて，人間の態度と行動には根本的な変化が必要である。無限の成長は有限の資源では支えられない」と指摘して，近代産業社会を支えてきた，限界なき経済成長思想の崩壊を警告した (McCormick, 1995 = 1998：93)。こうしたことは，われわれ人類が生態系としての環境と共存するためには，近代産業社会における物質主義的価値観にもとづく生活のあり方（ライフスタイル）を再帰的に捉え直していく必要があるという，「再帰的近代化論」(Reflexive Modernization) を生み出し，さらに，地球環境問題が国・地域を問わず，「宇宙船地球号」(Spaceship Earth) に居住するすべての生命体に重大な帰結を及ぼすものである，ことも明確化されたのであった。

1．産業社会の負荷現象と「成長の限界」思想の警告

　経済成長を前提とする産業社会を批判する論理として，身近な生活という面では，B. コモナーの『閉鎖循環』の刊行（1971年）があげられる。同書では，合成物質・使い捨て商品・殺虫剤等が「欠陥技術」であることを指摘し，大気汚染・水質汚染・食糧問題等の環境災害は，こうした欠陥技術に起因するものであり，今後ますます増大していくことを予言的に警鐘した。彼の主張は汚染

物質排出後のリスク管理の問題性を指摘し,予防的方法を基盤とした産業システムや技術のあり方について論じている(Commoner, 1971=1972)。

E. F. シューマッハーもまた,『スモール イズ ビューティフル』(Small is Beautiful)(Schumacher, 1973=1986)において,巨大規模の追求を基盤とした,政治・経済・文化システムが環境に及ぼす影響への警告を発するとともに,「適正規模の技術」(appropriate technology)思想を提唱している。シューマッハーは,技術(テクノロジー)のあり方が産業社会の構造や産業システムの中核にあることを示し,環境社会では,小規模・単純・安価・非暴力を旨とした「中間技術」(intermediate technology)の確立が求められるとした。

2. 樹木の当事者適格と法的「自然の権利」思想

1972年,アメリカの法学者 C. D. ストーンが「樹木の当事者適格——自然物の法的権利について」(Stone, 1972=1990)という画期的な発表をしたが,自然環境に法的権利を与えることが可能であるという学説を提唱するこの論文は,当時のミネラル・キング渓谷のリゾート施設建設計画をめぐるウォルト・ディズニー社とシエラ・クラブ等の環境保護団体との訴訟に大きな影響を与え,環境問題の社会的争点化と政治行動化に大きく寄与した。この訴訟は原告敗訴となったが,ディズニー社の開発断念という結果的勝利を導くことになり,「自然の権利」(The Rights of Nature)という,自然環境の固有の権利を主張する思想が定着することとなった。さらに,「絶滅危惧種保護法(Endangered Species Act)」(1973年)が制定されると「自然の権利」を一般市民が代理人として法的に訴えることができるようなったばかりでなく,絶滅危惧種である「パリーラ鳥」をシエラ・クラブが共同原告で提訴した裁判(1978年に提訴)では勝訴(1979年)に導いたのである(加藤編,1998:70-71)。

3. 伝統的環境思想の革新と「ディープ・エコロジー」思想の出現

ノルウェーの哲学者である A. ネスが「浅薄なエコロジー運動と深遠で,長期的な展望をもったエコロジー運動をめざして」を発表し,ディープ・エコロジーという思想が耳目を引きつけたのは1973年である。ネスの議論は,1960年

代までのエコロジー論議・エコロジー運動を人間中心主義的で人間の物質文明や産業社会の存続を前提としたものに過ぎない「浅薄なエコロジー」(Shallow Ecology) であると批判し，こうした文明を包括的に批判し，乗り越えていく，生態系の持続可能性に根ざした深遠な生態系中心主義の立場として，「ディープ・エコロジー」(Deep Ecology) の哲学と運動を提唱した。さらに，1970年代後半には，イギリス人の科学者である，J.ラブロックの著作，『地球生命圏——ガイアの科学』(*Gaia*) が刊行され，「地球生命体論」の提唱と人間中心主義的な自然観を批判する立場が大きな影響力をもつようになった。この時代はアメリカにおける「地球の友」の設立など，ラディカルな環境主義思想をもった環境運動団体が登場することになり，環境主義思想の政治活動化が進展していったのである。

　ディープ・エコロジー思想は伝統的な環境哲学や環境保全的な環境運動に対して，生態系中心主義の立場からの思想的な構造転換を図るものであったが，さらに，1970年代には，R.イングルハートの『静かなる革命』(*Silent Revolution*) の刊行によって，「物質主義」(Materialism) から，「脱物質主義」(Postmaterialism) への脱却が図られていくという，高度産業社会における価値観の動態的な変化が統計的に明らかにされることになった。1972年，スイスにおいて世界ではじめての「緑の党—エコロジー党」が設立され，翌年にはイギリスでも「ピープル」という名称の緑の党（1985年にJ.ポーリットの指導のもとに，「緑の党」として活動を展開した）が結成されるなど，環境運動が政党政治の表舞台に立ち，環境主義思想の政治化が萌芽してきたのである (Inglehart, 1977 = 1978 ; Porrit, 1983 : 4-14)。[1]

第6節　後期環境思想 (1)：環境主義思想の政治化 (1980〜1990年代)

　この時代は，資本主義的な生産と消費のシステムを改革していくための環境主義思想の構築や物質主義的な価値観から，脱物質主義的価値観（生活の質的充実）への転換などといった面で，〈環境主義思想の政治行動化〉が萌芽してきた。

この時代は，アメリカにおける「グリーンピース」や「アース・ファースト」(1981年結成)，「地球の友」などの直接行動主義を基盤とした，ラディカルな環境運動団体における政治行動が活発化している。一方で，1970年代後半にはじまった「緑の党」の創設が活発化し，欧州各国でもオランダ・西ドイツ(1980年)を中心として「緑の党」("緑の人々"〔Die Grünen〕)の叢生がみられる（図表4-2を参照のこと）。

　また，草の根型の環境運動であるグリーン運動（NPO・NGO）の進展もみられ，これが1980年代の欧州における環境政策の推進に大きく寄与することとなった。環境主義志向の市民運動の展開は，生活環境主義的なNIMBY運動(Not In My Backyard—自分の近所だけは困る)に止まるものであった。政党政治における「緑の党」の創設ブームの一方で，環境運動は1970年代に登場した少数のラディカル環境主義思想と多数派となるNIMBY運動との間で，大きな溝がみられる構造となっている（図表4-2）。

1．国際的な環境政策への取り組みと各国政府の環境政策の形成と推進

　この時代の行政における環境問題に対する取り組みとしては，環境政策の採用と環境問題に対する公共政策的な対応が本格化しはじめる。イギリスの「環境省」創設(1970年)やアメリカの「環境保護庁」(EPA)(1970年)など環境分野の専門機関の立ち上げは早々に行われていたが，1980年代に至り，環境政策が実質化することになる。例えば，アメリカの「スーパーファンド法(Superfund Act)」(有毒廃棄物の処理計画法)(1980年)は，汚染責任者を特定するまでの間，浄化費用は石油税などで創設した信託基金（スーパーファンド）により米国の環境保護庁が行う汚染の調査や浄化を実施するが，事後的に浄化の費用負担を有害物質に関与したすべての「潜在的責任当事者」(Potential Responsible Parties)に負わせるというものである。また，アメリカでは，環境分野における企業の社会的責任(CSR=Corporate Social Responsibility)に関する原則である「バルディーズ原則(Valdez Principles)」(もしくは，セリーズ原則〔CERES Principles〕)が1989年に制定され，企業活動における環境政策の優位性を大きく高める結果となった。[2]

図表4-2 欧州の緑の党の台頭（設立年順）

国 名	政 党 名	設立年	初の議席獲得年 (地方)	初の議席獲得年 (国政)
スイス	エコロジー党・緑の党	1972	1973	1979
イギリス	緑の党	1973	1980	—
ベルギー	もう一つの生き方（Agalev）	1976	1981	1981
	エコロジスト党（Ecolo）	1980	1981	1981
ドイツ	緑の人々	1980	1979	1983
フィンランド	緑の人々	1980	1980	1983
イタリア	緑のリスト	1980	1985	1987
スウェーデン	環境党	1981	1982	1988
アイルランド	緑の党	1981	—	1989
ポルトガル	緑の党	1981	—	1983
フランス	緑の党	1982	1977	—
オーストリア	オーストリア緑の連合（VGO）	1982	1984	1986
	オーストリア・オルタナティブ・リスト（ALO）	1982	1984	1986
ルクセンブルク	もう一つの道	1983	—	1984
カナダ	緑の党	1983	—	—
デンマーク	緑の党	1983	1985	—
スイス	スイス・エコロジスト党連合	1983	1983	1983
	緑の連合	1983	—	—
ルクセンブルク	緑のオルタナティブ	1983	1987	1984
オランダ	緑の党	1983	—	—
スペイン	緑の党	1984	—	—
オーストリア	緑のオルタナティブ	1986	—	1986
ポーランド	緑の党	1988	—	—
ギリシア	オルタナティブ・エコロジスト	1989	—	1989
チェコ共和国	緑の党	1989	—	1992
モルドバ	緑の運動	1989	—	—
リトアニア	緑の党	1989	—	1990
スロベニア	スロベニアの緑	1989	—	1990
ルーマニア	エコロジー運動	na	—	—
	エコロジー党	1989	—	1990
ブルガリア	エコグラスノスチ	1990	—	1991
	緑の党	1990	—	1991
アルバニア	緑の党	1990	—	—
スロバキア	緑の人々	na	—	—
クロアチア	緑の行動	na	—	—
ラトビア	緑の党	1990	—	—
エストニア	緑の運動	1991	—	1992
グルジア	緑の党	na	—	—
ウクライナ	na	na	—	—

na：情報不足

（注）緑の党に関する正確な情報入手は困難である。多様な情報源から矛盾する情報が提供されることがしばしばで、最近設立された緑の党は不安定であったり短命であったりする。この表はさまざまな情報源からの情報を比較検討して作成した。例えば、つぎのような文献・資料に依拠している。The Economist Intelligence Unit の発行する季刊の各国情報誌。T. T. Mackie and F. W. S. Craig, *Europe Votes 2* (Chichester：Parliamentary Research Services, 1985); T. T. Mackie and Richard Rose, *The International Almanac of Electoral History* (London：Macmillan, 1991); Sara Parkin, *Green Parties: An International Guide* (London：Heretic Books, 1989); T. T. Mackie, *Europe Votes 3* (Aldershot：Dartmouth Publishing. 1990); Wolfgang Rudig (Ed.), *Green Politics One 1990* (Carbondale, IL：Southern Illinois University Press, 1990)

（出所）McCormick, 1995＝1998：194-195.

地球環境問題に対する国際機関による国際的な取り組みは各国の政府における多様な環境政策の形成と推進に大きな影響を与えた。1973年に設立された国連環境計画の管理理事会の決定によって設立された専門家会合（1987年）において，「生物多様性条約（Convention on Biological Diversity）」（1993年発効）が検討された他，同じく国連環境計画による，1989年の「バーゼル条約——有害廃棄物の越境移動の管理に関する国際条約（Basel Convention on The Control of Transboundary Movements of Hazardous Wastes and their Disposal）」採択外交会議の開催（1992年発効），1987年の「オゾン層を破壊する物質に関するモントリオール議定書（Montreal Protocol on Substances that Deplete the Ozone Layer）」の採択（1989年発効），さらに，1988年スイス・ジュネーブにおいて開催された「気候変動に関する政府間パネル（Intergovernmental Panel on Climate Change-IPCC）」（2007年にノーベル平和賞受賞）などがあげられる。こうした環境政策に関する国際的な取り決めの具体化に向けて，環境政策担当者・環境学者・民間の環境専門家等の環境政策スペシャリスト集団を巻き込んだ環境政策の検討が具体的に進展していくことになったのである。

2．環境政策スペシャリスト集団の勃興

　1984年より年次出版物として刊行が開始された『地球白書（State of the World）——持続可能な社会への発展をめざして』は，アメリカの「ワールドウォッチ研究所」（WWI=World Watch Institute）の創設者であり，所長でもあった，L. R. ブラウン氏が主導したもので，持続可能な社会のための理念や意識啓発のみならず，具体的な環境変化と実効性のある環境政策の提示という，環境政策提言のためのスタイルが形成されていった。また，1987年に発表された「われらの共有する未来」（Our Common Future）（通称：ブルントラント報告）では，環境問題に対する世界共通の認識として「持続可能な開発」（Sustainable Development）や「持続可能な社会」（Sustainable Society）といった概念が環境政策の基本理念として明確化され，現代に至る環境問題への政策的対応の大枠を形成することとなった。[3]

　このように，1980年代は，ブラウンの「ワールドウォッチ研究所」やG. ス

ペスの「世界資源研究所」(WRI=World Resources Institute) 等の環境政策スペシャリスト集団の勃興期でもあり，以前は広範にみられた一部のラディカルな環境主義を標榜する大衆的な環境運動という様相から大きく変化し，行政・国際機関による環境問題への対応が本格化した時期と位置づけることができる (岡島，1990：159-163)。

3．フェミニズム思想との融和による政治化

カリフォルニア大学（バークレー校）のC.マーチャントによる『自然の死——科学革命と女・死』(Merchant, 1980 = 1985) の刊行，Y.キングによると『エコフェミニズムとフェミニスト・エコロジー』に向けて」(1983年)『エコフェミニズム』(1991年) など，1980年代初頭には，自然支配と女性への抑圧・支配とを同根とするラディカルなフェミニズム思想が展開されるようになった。1970年代にみられたラディカルな環境主義思想が環境問題に対する政治行動主義的な「異議申立て」の提示であったのに対して，こうしたフェミニズムとの接近やT.ベントンの論文による『マルクス主義と自然の限界』(1989年)，R.D.バラードらの『環境的な公正を求めて』(Bullard & Wright, 1989 = 1993) などにみられるように，資本主義的な社会体制に対する批判の中核にあったマルクス主義とのイデオロギー的共有化のための視点と方法が模索されるなど，既存の社会体制に対する政治的な批判概念としての環境思想に新たな側面がみられた。

こうした政治的イデオロギーと環境思想との連関性の動きの中で，アメリカにおける環境史，環境思想史の大家である，R.F.ナッシュによる『自然の権利』の刊行 (Nash, 1990) は人間中心主義的な環境思想に対する批判と自然に人間と同様の固有の権利を認めるべきとする，環境倫理思想の台頭を促すこととなる。「自然権思想」から，「自然の権利」思想への展開を歴史的発展として捉えるナッシュの議論は地球環境問題の深刻化が進行する中で，ポスト公民権運動の新しい社会運動としての環境問題の重要性を再認識させるとともに，われわれ人間が地球という運命共同生命体の中で自然とどのようなエコロジー的に持続可能な関係を維持すべきかという，今日の地球環境問題を克服すべき一

つの方向性を示唆するものとなった。

　1986年，ロシアにおいてチェルノブイリ原子力発電所事故が発生した。テクノロジー批判を中核とした1970年代以降の環境運動にとってこの事故が与えた衝撃は計りしれないものであった。同年に刊行されたドイツの社会学者，U. ベックによる『危険社会（*Risicogesellschaft*）』（Beck, 1986＝1998）は，この事故の破壊力を「リスクの社会的生産」というフレームワークから分析したものであり，現代社会を「リスク社会」（Risk Society）として捉える視点は，科学技術が人類に及ぼす影響と脅威をわれわれに突きつけるものであった。このことはまた，産業革命以降の西欧の産業的近代化の過程（単純な近代化）で，産業社会としての「経済成長による社会発展の論理」によってもたらされた自然環境の破壊という近代社会のリスクを自己批判することによって，近代社会を再帰的に捉え直し，変革させていく，〈再帰的近代化〉（Reflexive Modernization）思想をもたらしたのであった（Beck, 1986＝1998；Beck, 1994＝1997）。

第7節　後期環境思想（2）：環境主義思想の緑化（1990〜2000年代）

　1990年代における環境主義思想のイデオロギー的な緑化を象徴する著作として，資本主義的な社会経済システム批判のアナーキストとして，1970年代より活発な活動を続けてきたM. ブックチンの「ソーシャル・エコロジー」の立場（『社会の再構成』［Bookchin, 1990＝1996］），J. オコンナーの「持続可能な資本主義はありうるか？」（O'Connor, 1991＝1995），D. ペッパー『生態社会主義』（Pepper, 1993＝1996）などがあげられるが，これらの著作の基本的な考え方によれば，環境問題は資本主義的な社会経済システムによってもたらされたものであり，資本主義的な社会経済構造に依拠した持続可能な社会論を克服しない限り，環境問題の根本的な解決は不可能である，というマルクス主義的なエコロジスト思想に依拠しているものである。他方，マルクス主義的な環境政治理論に依拠することなく，資本主義的な生産と消費のシステムが今日のような深刻な地球環境危機を招いたものとして，既存の環境政策を鋭く批判したのが，イギリスのすぐれた環境政治学者であり，環境政治思想家・緑の政治思想家である，

イギリス・キール大学教授の A. ドブソン，オーストラリア・メルボルン大学のR. エッカースレイ教授等である。これらの論者は既存の社会経済システムを批判する包括的な理念・イデオロギーを提示するものであり，社会経済システムという社会制度変革を軸とした環境運動の政治的な緑化への進展の立場をとっているものとして捉えることができる。

1．エコロジズム思想の登場と展開

とりわけ，資本主義的な社会経済システムにおける価値，生産と消費のパターンを部分的に変革させることで環境問題を解決していこうとする環境保全的な「環境主義思想」（Environmentalism）に対抗する，社会変革のための新しい政治的イデオロギーとしての，「エコロジズム思想」（Ecologism）を基盤とした「緑の政治思想」（Green Political Thought）を提唱するドブソンらの議論（『緑の政治思想』[Dobson, 1990＝2001]）は，〈エコロジー的に持続可能な社会〉を実現するための社会変革思想理論である，「緑の政治思想」を提示するだけではなく，〈緑の社会〉へ向けての変革のための実践的な戦略を提起しているという意味で，環境主義思想の政治化と緑化を統合する，新しい緑の政治思想としての役割をもっているといえるだろう。

ドブソンが「緑の政治思想」論を提起して以降，1990年代には，「緑の政治思想」や「緑の政治理論」に関する著作が出版されたが，R. E. グッディンの『緑の政治理論』（Goodin, 1992），R. エッカースレイの『環境主義と政治理論』（Eckersley, 1992），J. ドライゼクの『地球の政治学』（Dryzek, 1997＝2007），J. バリーの『緑の政治再考』（Barry, 1999），B. バクスターの『エコロジズム』（Baxter, 1999）など一連の環境政治学・環境政治理論研究者による緑の政治理論の浸透は，社会変革志向型の生態系中心主義的な環境政治思想や環境経済思想における議論を〈緑の思想〉の観点から深化させるとともに，〈エコロジー的に持続可能な社会〉に対応した，新しいデモクラシー理論としての，「緑の民主主義」（Ecological Democracy）論を展開させることになる。

2．環境運動のグローバル化

1990年代は冷戦構造の崩壊，EU統合の動きなど，世界システム自体が大きな変動をみた時期であり，地球規模の環境問題への取り組みにも変化がみられた。地球温暖化や酸性雨，オゾン層の破壊，海洋汚染，砂漠化などといった環境問題のグローバルな拡大とそれらに対応したグローバルな環境運動の展開（NPO・NGO）がみられる。

例えば，「気候行動ネットワーク」(Climate Action Network—CAN) のような国際的な環境NGOが各国政府と同じテーブルに座る国際会議のステイクホルダー（環境利害関係者）になるなどの動きがある一方で，「グリーンピース」や「地球の友」なども，国際的な環境NGOとして地球環境をめぐるガバナンス（統治）に参加する機会を得るようになった。

1992年の「環境と開発に関する国連会議」（リオデジャネイロ），1994年の「気候変動に関する国際連合枠組条約——地球温暖化防止条約」，さらには，1997年の「地球温暖化防止 京都会議」（COP3）と「京都議定書」の採択など，グローバルな環境問題に対して，政府レベルでも各国が協力して対応すべき問題であるという認識が広範に拡大してきたことが理解されるだろう。

3．「エコロジー的近代化」論の登場：経済発展と生態系の均衡と持続可能性

他方で，1992年の「環境と開発に関する国連会議」における中心的な考え方として，リオ宣言やアジェンダ21に具体化された「持続可能な開発」(Sustainable Development) という理念をめぐり，ラディカルな政治的議論とは種を異にする，「エコロジー的近代化」論（Ecological Modernisation Theory）が1980年代初頭に登場した。その背景には1960年代から，1970年代にかけて，欧州諸国における政府の環境問題に対する政策的対応の失敗（環境汚染規制等）に対する反省，すなわち，「『経済発展（開発）』対『環境保全』というゼロサム・ゲーム的な政策認識から，経済発展政策と環境保全政策との可能な限りの『調和』(harmonization) という政策認識へと変質した結果」という環境政策の現実的有効性に対応していかなければならない必然性があったのである（松野，2003：71）。

こうした「エコロジー的近代化」論という言葉は，「経済発展（開発）」と

「生態系の持続可能性(自然環境の保存)」を両立させる、もう一つの政策的な環境主義思想として、1980年代初頭に、ドイツのベルリン自由大学やベルリン社会科学研究センターの一部の研究者(J. フーバーやM. イェニケ等)が考え出したといわれている。この考え方の根底には、産業革命以降の「産業的近代化」(Industrial Modernization) によってもたらされた環境負荷現象としての、公害問題や環境問題を産業システム(「生産過程」と「生産―消費関係」の技術的・管理的な改善)によって解決していこうとする環境保全志向的な考え方がみられたことである。とりわけ、J. フーバーは「エコロジー的近代化」論の提唱者としてこの研究を主導的に推進していくとともに、M. イェニケ(ドイツ)、A. モル(オランダ)らとともに新しい環境政策戦略として発展させ、欧州における環境政策の新しい方向性を形成していった。この考え方はドブソンが批判の対象としている「環境主義」の立場に立つものであり、矛盾する二つの要素――「経済発展(開発)」と「生態系の持続可能性(自然環境の保存)」、の有機的な統合化をめざすものであり、環境問題への技術的な対応と環境保全的な社会制度変革によって、いわば、「環境資本主義」(Environmental Capitalism)、あるいは、「環境産業主義」(Environmental Industrialism)、の構築をめざすものであるといえるだろう。

このように、1990年代はラディカルなエコロジズム派(変革派)と現状維持的な環境主義派(改良派)とが環境思想と環境政策の双方において包括的に並存する状況が生まれるとともに、国際社会の政策アクターとしてNPOやNGOが台頭してくるなど、グローバルな環境ガバナンスの観点からも、先進国を中心とした環境法の整備・改善などを通じて、多層的レベルにおいて環境問題への取り組みが推進されることになった。

第8節 後期環境思想(3):制度変革のための環境思想への転換 ――「環境思想」から「緑の思想」へ(2000年以降)

1990年代は、エコロジズム思想の登場と「緑の民主主義」論の提唱など、環境政治理論におけるエコロジー的な深化がみられた。1970年代初頭に提唱されたC. D. ストーンの「樹木の当事者適格」論などにみられるように、環境思想

は環境法実現への萌芽がみられたものの、あくまで1970年代の環境倫理・環境哲学思想の補完的な位置に止まっていたようである。1980年代になると、国連環境計画による「持続可能な発展（開発）」論（ブルントラント報告）の提唱により、環境思想の捉え方が環境政治思想や環境経済思想を含めた、多角的な視点からの環境思想の形成へと展開していった。こうした環境思想の動向が環境保全型の〈持続可能な社会〉を実現していくための、環境政策の補完的な役割を担っていたのに対して、2000年になると環境思想の多角的な側面（政治・経済・文化・政策等）を有機的に統合化することを通じて、環境政策を〈エコロジー的に持続可能な社会〉のための全面的な制度変革的のための主体として捉えるようになり、エコロジー的な環境政策を基盤した、新しい環境国家構想（「緑の国家論」）や環境社会構想（「緑の社会論」）が本格的に検討される段階に達してきたといえるだろう。

1. 地球環境危機への対応

2001年の「ストックホルム条約――残留性有機汚染物質に関する条約」の採択、翌2002年の「持続可能な開発に関する世界首脳会議」（ヨハネスブルグ・サミット）の開催の他、2008年には北海道で主要8カ国首脳会議（G8）（洞爺湖サミット）が開かれたことは記憶に新しい。2013年以降のポスト京都議定書をどうするかについて、数値目標を含めた検討がなされたが、結果として実質的な議論の進展はなされなかったといえるだろう。先進主要国が環境問題を優先的な議題とすることは地球環境問題の重大さが明確に認識されたという事態を示しているが、同時にサミット型の主要先進国中心で問題を解決していこうとする姿勢自体が反省を迫られているのだともいえるかもしれない。成功とはいえなかった洞爺湖サミットの例をみても、1990年代の「緑の民主主義」論に関する論議などを受け、地球環境危機への政策的な取り組みが国家や企業だけではなく、一般市民を中心とした民間非営利組織のNPOやNGOなど多層的なアクターによって進められねばならないということが明確化しつつあることは、一つの新しい方向性を示しているといえるだろう。

こうした中で、環境運動も個別の環境政策の展開から、〈エコロジー的に持

続可能な社会〉を構築していくために，既存の社会制度を変革していくための制度変革型の環境運動への転換（緑の構想を伴った環境運動）へと変化を遂げる時代へと移行しつつあるといっても過言ではないだろう。

洞爺湖サミットでは，同じ時期に札幌を中心に世界から市民団体が集結し，議論を重ねる市民サミットが行われた。G8が牽引する経済のグローバリゼーションを包括的に批判し，連帯経済による，もう一つの世界としての，新しい社会経済システムの実現をめざす，スーザン・ジョージらの「オルター・グローバリゼーション運動」（グローバル・ジャスティス運動＝グローバルな正義運動）などに象徴されているように，地球環境危機へのスタンスは，市場原理主義ではなく，生活原理主義にもとづく新しい環境国家や環境社会構想を抜きにしてはありえない段階に達しているといってもよいだろう（George, 2004＝2004）。

2000年代，さらには，2010年以降の世界を眺める時，環境危機への取り組みは対処療法的な環境政策の推進ではなく，今日の地球環境危機をもたらしてきた，資本主義的な社会経済システムの根底的な変革（制度変革）をめざすような包括的，かつ，オルタナティヴな社会構想をもつ多角的な環境思想を有機的に統合化した，オルタナティヴな環境思想，すなわち，〈エコロジー的に持続可能な社会〉の思想的基盤である，「緑の環境思想」の登場が要請されるはずである。

2．〈エコロジー的に持続可能な社会〉と多角的な環境思想の有機的な統合化

1990年代までの段階で，環境問題の研究についていえば，環境政策論や環境経済論など政策レベルでの精緻化や密度の濃い実証研究の蓄積が生まれている。しかしながら，環境運動を牽引する役割を果たした環境思想の領域と環境問題に関連する政策分野や他の社会科学分野の研究との関係には有機的な関係はほとんどみられなかった。このような環境思想と環境政策との間における学問的な乖離という状況のままで，「エコロジー的近代化」論が環境問題に対する思想的な意味を問い直すことなく，環境政策への社会的影響力を増していった。2000年代に入り，イギリスのキール大学の政治学・国際関係・環境学群グルー

プ (SPIRE) の研究者が中心となって，環境思想を哲学・政治学・経済学・法学など，多角的な観点から捉え返し，統合化していく新しい環境思想論の提唱された (Page & Proops, 2003)。こうした既存の方法論の再検討によって環境思想の有機的な統合化が推し進められる状況の中で，環境保全型の環境社会を支えている，いわば，部分的な制度変革論に過ぎない「エコロジー的近代化」論を環境思想が内包している多角的な次元から批判し，全面的な制度変革論としての，新しい環境国家論・環境社会論としての「緑の国家」論・「緑の社会」論への転換を図ろうとする，「緑の思想」が成熟化していくことになる。

2000年代の環境思想の特徴として指摘されるのは，環境政治思想・環境経済思想・環境文化思想・環境法思想・環境政策思想など諸研究分野における思想次元の持続可能な社会の実現に向けての研究が進展していく中で，多角的な環境思想が有機的に統合化され，政策科学志向型の環境思想への転換の兆しがみられるようになったことである。それぞれが政策科学的応用までの射程をもつ環境思想として，あるいは，ポスト高度産業社会論として，新しい環境国家論や環境社会論を創出しようとするための萌芽がみられる。現実的には，環境先進国であるスウェーデンの新しい国家プロジェクトである「緑の福祉国家」論やR. エッカースレイの「緑の国家」論など，既存の環境国家論から，緑の国家構想や社会構想を伴った思想への深化，制度変革のための環境思想（緑の思想）への転換が現在，そして，今後の環境思想パラダイムを方向づけることになるだろう。

3．オルタナティヴな環境国家構想としての「緑の国家」論

まず，部分的な制度変革論としての，「エコロジー的近代化」論（環境政策論）から，全面的な制度変革論としての，新しい「環境国家」論（環境社会変革論）への転換があげられる。1990年代には，環境政策の改良による環境国家の構築という「エコロジー的近代化」論とラディカルな環境主義思想としての，「エコロジズム思想」論にみられるように，既存社会の改良主義的な環境主義思想とラディカルな環境主義思想との共存があった。しかし，経済のグローバリゼーションの進展の結果，先進国と発展途上国の経済格差は大きくなり，環

図表 4-3 現代環境思想の全体的な潮流（概要）

項目＼年代	1960～1970年代	1970～1980年代	1980～1990年代	1990～2000年代	2000年以後
1）環境危機と思想的潮流	環境主義思想の到来	ラディカル環境主義思想の出現	環境主義思想の政治化	環境主義思想の緑化—エコロジズム思想の登場	制度変革のための環境思想（緑の思想）への転換
2）環境思想の特質と環境運動の展開	社会思想としての環境思想の出現	環境問題の社会的争点化と政治運動化	環境政策の採用と環境問題の公共政策的対応	社会制度変革をめざす，生態系中心主義的な環境思想の登場	多様な環境思想の有機的統合化による政策科学型の環境思想への転換
3）環境思想形成に影響を与えた著作・論文等	『沈黙の春』(R. カーソン，1962年)／『生態学的危機の歴史的根源』(L. ホワイトJr., 1967年)	「成長の限界」報告書(D. H. メドウズ他，1972年)／『浅薄なエコロジー運動と深遠で長期的な展望をもったエコロジー運動』(A. ネス, 1973年)	『地球白書—持続可能な社会への発展をめざして』(L. R. ブラウン，1984年)／『動物の権利』(P. シンガー編，1985年)	『自然の権利—環境倫理の文明史』(R. F. ナッシュ，1990年)／『緑の政治思想』(A. ドブソン，1990年)	『世界のエコロジーの近代化』(A. P. J. モル他編，2000年)／『緑の国家』(R. エッカースレイ，2004年)
4）主要な環境法制・環境運動団体・環境災害事故等の動向	アメリカ「大気浄化法」(1963年)	「生物圏会議—生物圏資源の合理的利用と保全のための科学的基礎に関する政府間専門家会議」(ユネスコ，1968年)	アメリカ「スーパーファンド法（有毒廃棄物の処理計画法）」(1980年)	「環境と開発に関する国連会議（リオデジャネイロ）」(1992年)	「ストックホルム条約—残留性有機汚染物質に関する条約」(2001年)
				「地球温暖化防止京都会議（COP3）」と「京都議定書」(1997年)	

境と開発に関するさまざまな国際会議の論議では（1992年の環境と開発に関する国連会議［リオ・サミット］，97年の地球温暖化防止京都会議［COP 3］，2002年の持続可能な開発に関する世界首脳会議［ヨハネスブルグ・サミット］，2008年の洞爺湖サミット等），環境問題に対する認識と環境政策の推進に関して先進国と発展途上国との間に乖離が生み出される状況になった。地球環境危機がますます深刻化してくる2000年代になると，改良主義的な立場から環境問題の解決に取り

図表 4-4　現代環境思想の歴史的な潮流（1960年代～2000年以後）

1．1960年～1970年代
1）環境危機と思想的潮流
〈環境主義思想（Environmentalism）の到来〉
・高度産業社会の出現
・公害・環境問題の社会問題化
・天然資源の枯渇化と環境汚染の多様化・深刻化
(1)『沈黙の春』（R. カーソン）の刊行による有害化学物質による，環境汚染拡大への警告
(2)P. エーリックの「人口爆弾」の刊行（1968年）による，人口増加に伴う地球環境危機の警告
(3)G. ハーディンの『共有地の悲劇』の発表（1968年）による，環境汚染の破滅性を警告
2）環境思想の特質と環境運動の展開
A．[環境思想の特長]
・環境保護思想（Conservationism）から，環境問題への関心の増大による社会思想としての環境思想の出現—社会的争点としての環境問題へ
B．[環境運動]
・公民権運動，反戦運動，女性の権利運動等から，環境運動への転換（アメリカ）
・エリート型の環境保護運動からの決別と一般大衆参加型の抗議方式の環境運動の萌芽（アメリカ・欧州）
3）環境思想形成に影響を与えた著作・論文等
①『レッド・データ・ブック（絶滅危惧種リスト）』の刊行（1960年）
②『沈黙の春』（R. カーソン，1962年）
③「来るべき宇宙船地球号の経済学」（K. ボールディング，1966年）
④「生態学的危機の歴史的根源」（L. ホワイト Jr., 1967年）
⑤『人口爆弾』（P. エーリック，1968年）
⑥「共有地の悲劇」（G. ハーディン，1968年）
4）主要な環境法制・環境運動団体・環境災害事故等の動向
①アメリカ「大気浄化法」（1963年）
②アメリカ「原生自然法（ウィルダネス法）」（1964年）
③アメリカ「絶滅危惧種保護法」（1966年）
④アメリカ「環境防衛基金」の設立（V. ヤナコーン，1967年）
⑤アメリカ「国家環境政策法」（1969年）
⑥アメリカ「カリフォルニア州サンタバーバラ沖・原油流出事故」（1969年）
⑦アメリカ「地球の友」設立（D. ブラウアー，1969年）
2．1970年～1980年代
1）環境危機と思想的潮流
・環境問題のグローバル化
・環境運動の大衆化と環境運動団体の増大化（エコロジー運動化）
・環境政策の導入による環境問題への対応
①ローマクラブ＝『成長の限界』報告書による，地球環境資源の有限性の警告（1972年）
②B. コモナーの『閉鎖循環』の刊行（1972年）による，「欠陥技術」（合成物質・使い捨て商品・殺虫剤等）を起因とする，環境災害（大気汚染・水質汚染・食糧問題等）の増大化の警告
③E. ゴールドスミスの「生存のための青写真」の発表（1972年）による，無限の経済成長論の崩壊を警告

第4章 「環境思想」の出現と変容

　④ E.F. シューマッハーの『スモール　イズ　ビューティフル』の刊行（1973年）による，巨大主義的な政治・経済・文化システムが環境に及ぼす影響への警告と「適正規模の思想」の提唱
　⑤ R. イングルハートによる「脱物質主義論」の提唱による，「物質主義」からの脱却（1977年）
　⑥ J. ラブロックの『ガイア仮説』の刊行（1979年）による，「地球生命体論」の提唱と人間中心主義的な自然観への警告
2）環境思想の特質と環境運動の展開
　A.［環境思想の特長］
　・環境問題の社会的争点化と政治運動化
　・環境問題への公共政策的な対応（環境法の成立や環境機関の設立）
　・直接行動主義による環境思想の実践化
　B.［環境運動］
　・リーダー主導型の政治行動主義的な環境運動への転換
　・急進的な環境運動団体の登場（アメリカの「地球の友」等）
3）環境思想形成に影響を与えた著作・論文等
　① 『閉鎖循環』（B. A. コモナー，1971年）
　② 『生存のための青写真』（E. ゴールドスミス他，1972年）
　③ 「救命艇に生きる」（G. ハーディン，1974年）
　④ 「樹木の当事者適格自然物の法的権利について」（C. D. ストーン，1972）
　⑤ 『成長の限界』報告書（D. H. N. メドウズ他，1972年）
　⑥ 「定常経済学をめざして」（H. デイリー，1973年）
　⑦ 「浅薄なエコロジーと深遠なエコロジー運動をめざして」（A. ネス，1973年）
　⑧ 『スモール　イズ　ビューティフル』（E. F. シューマッハー，1973年）
　⑨ 『自然に対する人間の責任』（J. パスモア，1974年）
　⑩ 『動物の解放』（P. シンガー，1975年）
　⑪ 『環境主義』（T. オリョーダン，1976年）
　⑫ 『静かな革命』（R. イングルハート，1977年）
　⑬ 『ガイアの時代』（J. E. ラヴロック，1979年）
　⑭ カーター大統領報告書『西暦 2000年の地球』（米国連邦政府・環境問題諮問委員会他，1980年）
4）主要な環境法制・環境運動団体・環境災害事故等の動向
　① 「生物圏会議—生物圏資源の合理的利用と保全のための科学的基礎に関する政府間専門家会議」（ユネスコ，1968年）
　② イギリス「環境省」設立（1970年）
　③ アメリカ「環境保護庁（EPA）」（1970年）
　④ アメリカ「天然資源防衛協議会」設立（1970年）
　⑤ アメリカ「第一回 アース・デー」（1970年）
　⑥ カナダ「グリーンピース」設立（A. ストウ他，1971年）
　⑦ 「国連 人間環境会議—人間生活の質に影響を与える環境の特質に関する会議」（ストックホルム，1972年）
　⑧ アメリカ「連邦水質汚染規制法」（1972年）
　⑨ 世界ではじめての「緑の党—エコロジー党」の設立（1972年—スイス）
　⑩ 「国連環境計画」の設立（1973年）
　⑪ イギリス「緑の党—ピープル」結成（1973年）
　⑫ 「ワシントン条約—絶滅のおそれのある野生動植物の種の国際取引に関する条約」（1973年）

⑬イギリス「公害規制法」(1974年)
⑭「ラムサール条約　特に水鳥の生息地として国際的に重要な湿地に関する条約」(1975年)
⑮アメリカ「有害物質管理法」(1976年)
⑯カナダ「シー・シェパード自然保護協会」(P. ワトソン，1977年)
⑰「国連砂漠化防止会議」(1977年—アフリカ・ナイロビ)
⑱「ラブカナル有害廃棄物事件」(アメリカ・ニューヨーク州)」(1978年)
⑲「スリーマイル島(アメリカ・ペンシルベニア州)原子力発電所事故」(1979年)

3．1980年～1990年代

1）環境危機と思想的潮流

〈環境主義思想の政治化〉
- 資本主義的な生産と消費のシステムを改革していくための環境主義思想の構築
- 物質主義的な価値観から，脱物質主義的価値観「生活の質的充実」への本格的な転換へ（R. イングルハート思想の影響）

①欧州における環境主義思想の政治行動化とドイツ「緑の党」の結成（1980年）と議会への進出（1983年）

②R. F. ナッシュ『自然の権利』（1990年）の刊行による，人間中心主義思想の批判と環境倫理学思想の台頭

③L. ブラウン主宰のアメリカ・「ワールドウォッチ研究所」の設立と『地球白書』の刊行（1984年），『われらの共有する未来』（ブルントラント報告）（1987年）等による，「持続可能な開発」(Sustainable Development)や「持続可能な社会」(Sustainable Society)概念の登場

2）環境思想の特質と環境運動の展開

A. ［環境思想の特長］
- 環境政策の採用と環境問題への公共政策的対応
- 環境主義思想の政治行動化

B. ［環境運動］
- 草の根型の環境運動［グリーン運動］(NPO・NGO)の進展（環境政策の推進）
- 1970年代後半から「緑の党」の創設の活発化（オランダ・西ドイツを中心とした，「緑の党」の叢生—欧州）
- 環境主義志向の市民運動の展開（NIMBY運動［Not In My Backyard—自分の近所だけは困る］の活発化—アメリカ）
- 直接行動主義を基盤とした，ラディカルな環境運動団体（グリーンピース，アース・ファースト，地球の友等）における政治行動の活発化（アメリカ）

3）環境思想形成に影響を与えた著作・論文等

① 『自然の死——科学革命と女・死』（C. マーチャント，1980年）
② 「エコフェミニズムとフェニスト・エコロジーに向けて」（Y. キング，1983年）
③ 『動物の権利の擁護論』（T. レーガン，1983年）
④ 「動物解放論争——三極対立構造」（J. B. キャリコット，1983年）
⑤ 『地球白書——持続可能な社会への発展をめざして』（L. ブラウン，1984年）を年次刊行物として刊行開始（アメリカ・ワールドウォッチ研究所）
⑥ 『動物の権利』（P. シンガー編，1985年）
⑦ 「ディープ・エコロジー」（B. デヴァール／J. センションズ，1985年）
⑧ 『グリーン・ポリティクス』（C. スプレトナック他，1985年）
⑨ 『自然への尊敬』（P. W. テイラー，1986年）

第4章　「環境思想」の出現と変容

⑩『危険社会』（U.ベック，1986年）
⑪『われらの共有する未来——ブルントラント報告』（「環境と開発に関する」世界委員会，1987年）
⑫『環境的な公正を求めて』（R.D.バラード他，1989年）
⑬『20世紀のエコロジー』（A.ブラムウェル，1989年）
⑭『マルクス主義と自然の限界』（T.ベントン，1989年）

4) 主要な環境法制・環境運動団体・環境災害事故等の動向
①アメリカ「スーパーファンド法（有毒廃棄物の処理計画法）」（1980年）
②ドイツ「緑の党」結成（1980年）
③アメリカ「アース・ファースト」結成（1981年）
④インド「ボパール化学ガス噴出事故」（米国ユニオン・カーバイド社の殺虫剤製造工場，1984年）
⑤「オゾン層保護条約（ウィーン）」（1985年）
⑥ロシア「チェルノブイリ原子力発電所事故」（1986年）
⑦「生物多様性条約」（国連環境計画，1987年）
⑧「オゾン層に関するモントリオール議定書」の採択（1978年）
⑨「気候変動に関する政府間パネル（IPCC）」（1988年）
⑩「バーゼル条約—有害廃棄物の越境移動の管理に関する国際条約」（1989年）
⑪アメリカ「アラスカ沖原油流出事故—エクソン・バルディーズ号」（1989年）
⑫アメリカ「バルディーズ原則（セリーズ原則）」（環境分野における企業の社会的責任に関する原則，1989年）

4．1990年～2000年代
1) 環境危機と思想的潮流
〈環境主義思想の緑化—エコロジズム思想の登場〉
・環境保全型社会に対するイデオロギー的批判として，「エコロジズム」を基盤とした緑の政治思想（A.ドブソン）の登場
・持続可能な社会のための変革的な政治理論「緑の政治思想」と「エコロジー経済学」という生態系中心主義的な環境経済学の登場—「環境経済学」の革新
(1) M.ブックチンの「ソーシャル・エコロジー」を基盤とした，資本主義社会システムの批判（『社会の再構成』，1990年）
(2) A.ドブソンの『緑の政治思想』（1990年）の刊行による環境思想の政治的イデオロギー化と社会変革理論としての役割の提唱
(3) マルクス主義的なエコロジストによる資本主義的な持続可能な社会に対する批判（J.オコンナーの『持続可能な資本主義は可能か？』［1991年］，D.ペッパーの『エコソーシャリズム』［1992年］等による資本主義的な社会システムの変革を求める「緑の社会理論」の提唱

2) 環境思想の特質と環境運動の展開
A.［環境思想の特質］
・社会変革をめざす，生態系中心主義的な環境思想（環境政治思想・環境経済思想等）の登場
・「経済成長（開発）」と「生態系の持続（環境）」との両立をめざす，「エコロジー的近代化」論の台頭
・〈エコロジー的に持続可能な社会〉の構築をめざした，新しいデモクラシーとしての「緑の民主主義」論（Ecological Democracy）の登場
B.［環境運動］
・グローバルな環境問題（地球温暖化・酸性雨・オゾン層の破壊・海洋汚染・砂漠化等）の拡大とそれらに対応したグローバルな環境運動の展開（NPO・NGO）

129

3）環境思想形成に影響を与えた著作・論文等
　①「トランス・パーソナルエコロジーに向けて」（W. フォックス，1990年）
　②『自然の権利――環境倫理の歴史』（R. F. ナッシュ，1990年）
　③『社会の再構成――緑の未来への途』（M. ブックチン，1990年）
　④『緑の政治思想』（A. ドブソン，1990年）
　⑤「持続可能な資本主義は可能か？」（J. オコナー，1991年）
　⑥『アメリカの環境主義――1970年から1990年の環境運動』（R. E. ダンラップ他編，1992年）
　⑦『境界線を破る』（M. メラー，1992年）
　⑧『ラディカル・エコロジー』（C. マーチャント，1992年）
　⑨『自然と社会――緑の社会理論をめざして』（P. ディケンズ，1992年）
　⑩『エコソーシャリズム』（D. ペッパー，1992年）
　⑪『緑の政治理論』（R. E. グッディン，1992年）
　⑫『環境主義と政治理論』（R. エッカースレイ，1992年）
　⑬『環境汚染の新しい政治学』（A. ウィール，1992年）
　⑭『環境と社会』（A. シュネイバーグ他，1994年）
　⑮『草の根環境主義』（M. ダヴィ，1995年）
　⑯『再帰的近代化』（U. ベック他，1994年）
　⑰『地球の政治学』（J. ドライゼク，1997年）
　⑱『緑の政治再考』（J. バリー，1999年）
　⑲『エコロジズム』（B. バクスター，1999年）
　⑳『自然資本』（P. ホーキンス，1999年）
4）主要な環境法制・環境運動団体・環境災害事故等の動向
　①「環境と開発に関する国連会議（リオデジャネイロ）」（1992年）
　②「気候変動に関する国際連合枠組条約――地球温暖化防止条約」（1994年）
　③「地球温暖化防止 京都会議（COP３）」と「京都議定書」（1997年）

5．2000年以後

1）環境危機と思想的潮流
〈制度変革のための環境思想（緑の思想）への転換〉
　・環境思想の政策科学化に対応した，環境思想の有機的な統合化
　・部分的な制度変革論としての，「エコロジー的近代化」論（環境政策論）から，全面的な制度変革論としての「緑の国家」論への転換
（1）環境思想を多角的な観点（哲学・政治学・経済学・法学等）から捉え，有機的に統合化していくための，多様な環境思想論の提唱（E. ページ他編『環境思想』（2000年）
（2）環境保全型社会に代わる，新しい環境社会としての「緑の社会」を実現していくための「国家構想」――「緑の国家」論の提起と具体的な構想の提唱（R. エッカースレイの『緑の国家』[2004年]）
2）環境思想の特質と環境運動の展開
　A. ［環境思想の特長］
　・多様な環境思想（環境政治思想・環境経済思想・環境文化思想・環境政策思想）の有機的統合化による政策科学型の環境思想への転換
　・脱高度産業社会論としての，新しい環境社会論（「緑の社会」構想）の登場（「緑の福祉国家」論，「緑の国家」論等）
　B. ［環境運動］

・制度変革型の環境運動への転換―〈環境保全型の持続可能な社会〉から，〈エコロジー的に持続可能な社会〉を構築していくための社会制度変革
3）環境思想形成に影響を与えた著作・論文等
① 『世界のエコロジー的近代化』(A. P. J. モル他編，2000年)
② 『緑の国家と社会運動』(J. ドライゼク他，2003年)
③ 『環境思想』(E. ページ他編，2003年)
④ 『緑の国家』(R. エッカースレイ，2004年)
⑤ 『国家と地球環境危機』(J. バリー他編，2005年)
4）主要な環境法制・環境運動団体・環境災害事故等の動向
① 「ストックホルム条約―残留性有機汚染物質に関する条約」(2001年)
② 「持続可能な開発に関する世界首脳会議（ヨハネスブルグ・サミット）」(2002年)
③ 「主要8ヶ国首脳会議（G8）―洞爺湖サミット」(2008年)

〔参考文献〕
(1)ナッシュ，R. F.（2004）松野弘監訳『アメリカの環境主義――環境思想の歴史的アンソロジー』同友館．
(2)ド・スタイガー，J. E.（2001）新田功他訳『環境保護の時代――アメリカにおける環境思想の系譜』多賀出版．
(3)ナッシュ，R. F.（2011）松野弘訳『自然の権利――環境倫理の文明史』ミネルヴァ書房．
(4)マコーミック，J.（1998）石弘之他訳『地球環境運動全史』岩波書店．
(5)シャベコフ，P.（1998）さいとうけいじ他訳『環境主義――未来の暮らしのプログラム』どうぶつ社．
(6)小原秀雄監修（1995）『環境思想の系譜 1～3』東海大学出版会．
(7)ダンラップ，R. E. 他（1993）満田久義監訳『現代アメリカの環境主義――1970年代から1990年代の環境運動』ミネルヴァ書房．
(8)Barry, J., (2002), *International Encyclopedia of Environmental Politics*, Routledge.
(9)Hay, P., (2002), *Main Currents in Western Environmental Thought*, Indiana University Press.
(10)Pepper, D., (1996), *Modern Environmentalism*, Routledge.
(11)Pepper, D., (1984), *The Roots of Modern Environmentalism*, Routledge.
(12)O'Riordan, T., (1981), *Environmentalism* (2nd edition), Pion Ltd.

組もうとする立場に対して，環境問題は産業社会を支えている基盤である，生産と消費のシステムを根本的に変革しなければ解決できないとする，全面的な制度変革派からの批判が生まれてきた。そうした状況の中で，「緑の民主主義」を起点とした，新しい環境国家論を創出させる必要性を検討してきた，オーストラリアのすぐれた環境政治学者のエッカースレイ教授は『緑の国家』(2004)を刊行し，「エコロジー的近代化」論に依拠した，従来の環境保全型の環境社会論に代わる，新しい環境社会，すなわち，〈エコロジー的に持続可能な社会〉としての〈緑の社会〉を実現していくための国家構想となる〈緑の国家〉構想の提起と具体的な構想を提唱した。

他方，エコロジー的近代化による環境保全型の環境社会を政策的に実現していこうとする，オランダのA. モル，G. スパーガレン，アメリカのD. ゾンネンフェルトらは先進国や発展途上国（とりわけ，東南アジア地域等）における企

業のエコロジー的近代化政策を実態調査することを通じて，経済発展と生態系の持続可能性の双方を両立させるような環境技術イノベーション型の〈持続可能な社会〉の方向性を模索している（Mol & Sonnenfeld, 2000）。

このように，18世紀から19世紀にかけての産業革命の評価をめぐって展開されてきた，人間文明（経済発展）と自然環境の保存（生態系の持続可能性）をめぐる議論が今なお，〈緑の思想論者〉（制度変革型のエコロジズム派）と〈エコロジー的近代化論者〉（環境保全型の環境主義派）との間で展開されているが，根底には人間と自然とが共存・共生するようなオールタナティヴな環境社会としての〈エコロジー的に持続可能な社会〉をどのようにして実現していくか，ということにかかっているのである。その意味で，今日の環境国家論や環境社会論の価値基盤となっている環境思想をどのような方向へと進展させるか，ということがわれわれの重要な責務となっているのである（図表4-3／4-4を参照のこと）。

〔注〕
(1) イギリスの緑の党は，1973年に結成された「PEOPLE」を起源とし，1975年には「エコロジー党（Ecology Party）となったが，環境運動家のジョナサン・ポーリットらの主導により，1985年に，「緑の党（Green PARTY）」となり，現在の「イングランド・ウェールズの緑の党（Green Party of England and Wales）」となった。イギリスでは，この他に，「スコットランド緑の党（Green Party of Scotland）」や「北アイルランド緑の党（Green Party of North Ireland）」があり，イギリス全体を組織する「緑の党」はない。
――参考文献：J. McCormik, 1995＝1998［邦訳］石弘之他訳『地球環境運動全史』岩波書店。
(2) 1989年に，アラスカ沖（プリンス・ウィリアム海峡）で，アメリカの石油メジャーの一つである，エクソンモービル社の大型タンカー「エクソン・バルディーズ号」が海で座礁し，大量の原油を流出させ，深刻な海洋汚染という環境破壊事故を起こした。この事件を契機として，アメリカの環境保護団体等の連合組織である，「環境に責任をもつ経済のための連合」（Coalition for Environmentally Responsible Economics＝CERES）は，企業が環境保全のための10原則として，「バルディーズ原則」を発表した。具体的には，①生物圏を保護していくために，汚染物質の放出をなくすように努力すること，②天然資源の有効な利用と野生の動植物の保護に努めること，③廃棄物処理とその量の削減に努めること，④安全，持続可能なエネルギー源の利用に努めること，⑤安全な技術やシステムを採用することによって，緊急事態に対応していくこと，⑥安全な商品やサービ

スを提供し、それらが環境に与える影響を消費者に知らせること、⑦環境破壊に対するすべての損害賠償責任を企業が負うこと、⑧環境問題を発生させた場合には、情報公開を行うこと、⑨環境問題を担当する役員（取締役）を置くこと、⑩環境問題への取り組みを評価する独自の年次監査報告書の公表を行うこと、の10原則である。また、この事故の経験から、ロンドンにある、国際海事機関（IMO—International Maritime Organization）が大規模な油流出事故に対応するための国際協力体制の整備を目的とするために、「油に関する汚染に係わる準備、対応及び協力に関する国際条約」（OPRC条約—International Convention on Oil Pollution Preparedness, Response and Cooperation）が1990年に締結された（発効は1995年）。こうしたセリーズ原則は、環境問題は企業の社会的責任問題（CSR）であるとして、数多くの企業で何らかの形で採用され、現在では、CSR報告書や環境監査報告書のような形で、多くの企業が社会的責任を果たすことに積極的になってきている。当初はこの10原則は「バルディーズ原則」と呼ばれていたが、その後、「セリーズ原則」として社会的認知度を高めている。

(3) 「持続可能性」（Sustainability）、「持続可能な発展（開発）」（Sustainable Development）、「持続可能な社会」（Sustainable Society）という考え方は地球環境資源の将来的な枯渇等を警告したローマクラブの『成長の限界』報告書に対する処方箋の基本的認識、すなわち、経済発展（開発）と環境保護の持続可能性との両立ということからでてきたものと思われる。L. R. ブラウンを所長とする、アメリカの民間研究機関のワールドウォッチ研究所（World Watch Institute）が、1984年より年次報告書『地球白書』（*The State of the World*）を刊行し、その初回の報告書で、〈持続可能な社会〉という言葉が使用されているが、日本が提案して設置された国連の「環境と開発」に関する世界委員会（WCED=World Commission on Environment and Development）の報告書『われらの共有する未来』（*Our Common Future*）（1987年）の中である。この委員会の委員長が当時のノルウェーの首相、G. H. ブルントラント氏ということから、委員会は「ブルントラント委員会」、報告書は「ブルントラント報告書」とも呼ばれている。この報告書が刊行されて以来、「持続可能な発展（開発）」という言葉は環境政策、環境活動で広く普及していった。日本では、この報告書の邦訳が『地球の未来を守るために』（WCED（「環境と開発」に関する世界委員会）、大来佐武朗監訳、福武書店、1987年）に刊行されている。

なお、「持続可能性」（Sustainability）については、環境経済学者の宮本憲一氏は「維持可能性」、同じく環境社会済学者の古沢広祐氏は「永続可能性」という訳語をその著作等で使用されている。

第5章

「現代環境思想」の五つの潮流
——視点・考え方・課題——

第1節 「環境思想」の現代的な視点と潮流

　環境思想はこれまで環境危機の深刻化の状況や環境運動の変化に対応して，主として，環境哲学や環境倫理学といった人間の環境意識の内発的な改革という観点から，人間と自然との関係をどのように見直し，さらに，地球上の同じ生命共同体として，地球環境問題を解決していくための思想的方途を模索してきた。その根底にあるのは，①人間と自然との関係を生態学的理性の観点からどのように再構築していくべきか，②現在のような人間中心主義的，あるいは，経済発展（ないし，経済成長）を基軸とした，社会経済システムから，エコロジー的な持続可能性を前提とした，〈エコロジー的に持続可能な社会〉という新しい環境社会へと社会制度や社会経済システムをどのように構造転換させていくべきか，ということである。こうした制度やシステムは政治的・経済的・文化的要素を基軸として構成されている。したがって，地球環境問題を解決していくためには，こうした制度やシステムをエコロジー的な観点から変革していくことが求められてくる。

　18世紀の産業革命以降，近代産業社会が登場し，経済発展を基盤とした人間文明が進展し続けてきた背景には，自然の収奪や破壊によって得た自然資源を活用するという人間中心主義的，かつ，功利主義的な価値観の存在がある。つまり，人間文明は自然を支配下に置くことよって，近代産業社会の形成と展開という経済的な繁栄を享受し続けてきたのである。すでに指摘したように，人間社会を支えている社会経済システムそのものを生態系の持続可能性を基盤としながら変革していく方策を見出していくことがわれわれに課された命題なの

図表5-1　現代環境思想の五つの潮流

1．「人間と自然との関係」を変革していくための思想（1）「ディープ・エコロジー」論
2．「人間と自然との関係」を変革していくための思想（2）：「自然の権利」論
　・「超絶主義」思想（R. W. エマソン，H. D. ソロー）
　・「土地倫理」思想（A. レオポルド）
　・「動物の権利（解放）」思想（P. シンガー，T. レーガン）
　・「自然物の権利」思想（C. D. ストーン）
　・環境思想における「人間中心主義」から「生態系中心主義」への転換
3．「人間と自然との関係」を変革していくための思想（3）：「環境的正義」論
　・ラブ・キャナル事件から，スーパーファンド法制定へ
4．「環境政策」を変革していくための思想：「エコロジー的近代化」論
　・「持続可能な発展（開発）」論の影響力
　・「エコロジー的近代化」論の登場と展開
5．「社会制度」を変革していくための思想：「ラディカル・エコロジー」論
　・制度変革のための「ソーシャル・エコロジー思想」
　・エコソーシャリズム思想（エコ社会主義思想）
　・エコフェミニズム思想

である。この命題を解き明かしていかなければ，今日の多様化・高度化した地球環境問題を解決していくことはきわめて困難である。その意味で，これからの環境社会を支えていくための知的基盤としての環境思想を通じて，人間と自然との関係を制度やシステムの側面からどのように変革させていくべきか，ということが重要な課題となってきている。

　ここでは，1970年以降，環境問題を解決していく方向性に影響を与えたと考えられる五つの変革的な環境思想，すなわち，1．「人間と自然との関係」を変革していくための思想（1）：「ディープ・エコロジー」論，2．「人間と自然との関係」を変革していくための思想（2）：「自然の権利」論，3．「人間と自然との関係」を変革していくための思想（3）：「環境的正義」論，4．「環境政策」を変革していくための思想：「エコロジー的近代化」論，5．「社会制度」を変革していくための思想：「ラディカル・エコロジー」論・「ソーシャル・エコロジー思想」・「エコソーシャリズム思想」（エコ社会主義思想）・「エコフェミニズム思想」を取り上げ，それらの思想の視点・考え方・課題を明らかにしていくことにしている。（図表5-1を参照のこと）

第2節 「人間と自然との関係」を変革していくための思想 (1)：「ディープ・エコロジー」論の視点・考え方・課題

　多様な環境思想の中でも、その登場以降、ラディカルな環境思想として、最も論争的な課題を提供し続けているものの一つが「ディープ・エコロジー」論 (Deep Ecology) である。本来であれば、第6節の「社会制度を変革していくための思想：『ラディカル・エコロジー』論の視点・考え方・課題」の冒頭で扱うべきであるが、この「ディープ・エコロジー」論は人間中心主義的な環境思想から、生態系中心主義的な環境思想へと転換させるきわめて重要な起爆剤的思想で、数多くの環境思想に影響を与えてきたので、独立した環境思想として取り上げることにした。

　ノルウェーの哲学者である、A. ネスは1962年に刊行された、R. カーソンの『沈黙の春』(*Silent Spring*) において提起された環境問題における生態学的視点の重要性に触発された結果、既存の環境保護（保存）運動を批判する思想として「ディープ・エコロジー」を着想した、といわれている (Carson, 1962＝1992)。ネスはノルウェーの「緑の党」(1988年創設) で政治活動をしながら、研究活動を行っていたが、1958年に自らが創刊した、学際的な雑誌『インクワィアリー』(*Inquiry*) において、1973年に発表した論文、「シャロー・エコロジー運動と長期的な展望をもったディープ・エコロジー運動」("The shallow and the deep, long-range ecology movements") はこれまでの環境保護（保存）運動を徹底的に批判し、新しい環境運動への思想的展望を示したものとして多くの環境問題の研究者や環境運動家に大きな影響を与えた (Naess, 1990)。そこでは、先進産業国家は経済的自己利益のために、経済発展を環境保護（保存）と両立させようとしているが、環境問題の根本的な解決、すなわち、人間や社会と自然との関係を根本的に見直し、そこから生じる問題をエコロジー的に持続可能な視点から問い直していないと批判し、生態系の持続可能性を基盤とした上で、経済発展と環境保護（保存）とが共存可能な環境哲学として、「ディープ・エコロジー論」を提起した。

　ディープ・エコロジー思想は、基礎研究と応用研究の二つに大きく分けられ

る。前者は人間と自然との哲学的・思想的な基盤を研究する「エコフィロソフィ」(生態学的哲学＝環境哲学—Ecophilosophy)，後者はそうした見方を実際の社会・経済・政治などの領域へと適用したものであり，「エコソフィ」(生態学的叡智—Ecosophy)と名づけられている(エコソフィ自体は人それぞれに構想されるべきものとされ，ネスは自らのエコソフィを「エコソフィT」と名づけている)。また，「エコフィロソフィ」はネスの発表後にアメリカのB. デヴァールとG. セッションズによって深められ，それは共著書の『ディープ・エコロジー』(Devall & Sessions, 1985)にまとめられている。この「ディープ・エコロジー論」の実践的な側面である「エコソフィ」は，アメリカにおけるラディカルな環境運動やP. バーグらの自然の生態系にもとづいた政治的・文化的・生態的な共同体(生命地域)の構築をめざした，「生命地域主義」(Bioregionalism)の思想的な原理として，また，欧州では，社会変革思想としての〈緑の政治思想〉に大きな影響を与えたとされている。

　ここでは，まず，ディープ・エコロジーの哲学・思想的な特徴を素描した上で，その実践的な思想と課題について言及していくことにしたい。ネスは1973年の論文において，それまでの環境思想やエコロジー運動をその根拠となっている，自然と人間との関係をめぐる思想的立場の違いから「シャロー」(Shallow)と「ディープ」(Deep)の二つに分類している。「シャロー・エコロジー思想」(浅薄なエコロジー)とは，先進国による環境問題への消極的な態度と行動を示しており，近代物質文明や近代産業社会を前提とした人間中心主義的な立場にもとづいたものである。そこでは，あくまでも先進国に共通した人間の健康と物質的豊かさという目標を変更することなく，経済開発に伴う資源枯渇や公害などの環境破壊を対症療法的で表面的な対策で解決しようとしている。ここでは，人間中心主義とは，人間以外の生物を含む自然を産業化のための資源として活用するための手段とみなす立場を指すが，それは現在の先進国の産業構造や産業社会のライフスタイルを維持するための手段としてみなされており，あくまでも自然は経済発展のための「資源」以外の価値をもたないという態度を保有している。すなわち，そのような世界観のもとでは，人間社会と自然界とは根本的に分断されており，人間社会は自然からの恩恵を一方的に受け

ながらそれを食いつぶしていくとともに，物質文明の限界に急接近していくという相克的なビジョンが描かれることになる。これに対して，「ディープ・エコロジー思想」(深遠なエコロジー) では，環境問題への限定的で断片的なアプローチではなく，人間と自然とが一体化した，包括的，かつ，宗教的・哲学的な世界観をもち，それを生活の場で明確に表現していくことをめざすものである。その際に基礎となるのは，基本的な直観と自らの経験，および，エコロジー的な意識を形成する自然である。すなわち，人間もその他の生物，あるいは，時に無生物であっても，包括的で全体論的な（ホーリスティック）「自然」のもとに，同じ生命体として等価的な価値をもつという考えがそこにはある（これは「生命中心主義的平等［Biocentric Equality］」と名づけられている）。そこでは，人間社会と自然とは根本的に分ちがたく結びつけられており，その繋がりを感じ続けること，そして，こうした感受性とそこから導き出される全体論的（ホーリスティック）で包括的な世界観をもとに，現代社会の過剰消費型のライフスタイルや物質主義的な社会・経済・政治のシステムを根本的に変革し，人間や社会と自然との相乗的な関係によって共生していく世界が志向されているのである (Naess, 1973)。

　ネスは人類が保有している知的能力，特に，環境の多様性への感受性や配慮といった能力をきわめて高く評価している。しかし，人間のこの能力は現在の社会において生かされるどころか，同じ人類がもたらした世界を取り巻く深刻な環境危機の到来によって，生かされていない。つまり，現在の環境危機の状況は人間の高度な能力と自然との共生を可能とする社会に対して，抑圧的に作用していることになっている。こうした状況を招いた原因として，ネスは資本主義体制化された生産と消費の様式と世界的な人口増加を指摘している。「指数的に増加し，部分的ないし全面的に不可逆な環境の悪化・荒廃が永続的なものになってしまったのは，強固に体制化された生産・消費の様式が原因であり，また人口増加に対する適切な政策の欠如に原因がある」と (Naess, 1989＝1997: 41-42)。

　ここから，人間にとって必要なことは，科学技術に基礎づけられた産業社会の発展と経済成長をこのまま続けていくことではなく，それを支えるために潜在的に抑圧されている他の生物と共存していくことを可能とする社会や共同体（コミュニティ）

を構築していくということになる。しかし，ネスはこうした状況を悲観的に捉えているばかりではない。彼は，人類が環境危機に直面することによって，新しい道を選択する可能性が開かれた，と述べている。すなわち，世界を新しい方向性へと（〈エコロジー的に持続可能な社会〉）導くための積極的なチャンスと捉えているのである。

　このように，ディープ・エコロジーでは，自然環境と人間社会とを限定的で断片的な繋がりとして捉えるのではなく，その両者を包括的・全体論的(ホーリスティック)に捉え直すことによって，新たな世界観・自然観・人間観を獲得すること，さらに，そうした観点から社会変革を行う必要性を唱えている。また，アメリカにおいて，ネスの思想を受け継いだG.セッションズとB.デヴァールはディープ・エコロジーの思想的な源泉となる要素，すなわち，基本的な直観と自らの経験，および，エコロジー的な意識を形成する自然それ自体から導き出される「究極的規範」(ultimate norms) として，「自己実現」(self-realization) と「生命中心主義的平等」(biocentric equality) の概念を提示している。彼らによれば，世界を全体的に捉え直すためには，まず，自らに対する認識を改めることが必要であるという。すなわち，「自己」(self) を孤立して限定された競争的な自我 (ego) として理解しようとする個人主義的な認識を棄て，家族や友人，人類，そして，非人間的世界との一体化の感覚を得ることが重要である。そして，この自己はより包括的な有機的全体性を意味する「大いなる自己」(Self) の一部となり，十全な人間性と独自性を達成することが必要であるという。ディープ・エコロジーの思想では，それ以上分割不可能な最小単位である個人(individual) を前提とするのではなく，存在する万物は生命と自然が一体化した，包括的な存在の一部分であるという認識に立っている (Devall & Sessions, 1985)。

　また，同じくディープ・エコロジーが重視している「生命中心主義的平等」とは，生態圏のすべての有機体と存在は相互に関係した全体（これは生命の網 [web of life] と表現されている）の一部であり，これらは固有の価値のもとに平等であるという考え方を示している。このように，ディープ・エコロジー思想からは生命と自然との全体性と平等性の原理によって，人間は他の生物種と地球全般に対してその影響を最小限に抑えて生きるべきであるという規範が引き

出されてくる。そこでは,「手段は簡素に,目的は豊かに」,という言葉が人間生活の目標として掲げられている。すなわち,人間が生命と自然との繋がりを実感しながら生きていくためには,その手段は必要最小限なものでこと足りるのであり,そうした簡素な生活を肯定し,実践することによって,消費と生産のサイクルにもとづき,使い捨て型の大量廃棄文化を肯定する現代の資本主義社会に対するオールタナティヴな社会構想を提示しているのである。

　支配的な世界観とディープ・エコロジーそれとは,以下のように対比されている。ディープ・エコロジー的な意識変革は,下記の各項目が前者から後者へと移行することをめざすものである (Devall & Sessions, 1985 : 69)。具体的には,①「自然の支配」―「自然との調和」,②「人類の資源としての自然環境」―「すべての自然が有する固有の価値と生物種の平等性」,③「人口成長のための物質・経済成長」―「節度ある質素な物質的欲求(自己実現という大きな目標に役立つ物質的欲求)」,④「豊富な資源保有という信仰」―「有限な地球からの供給」,⑤「高度な科学的進歩と解決法」―「適正技術,非支配的科学」,⑥「消費者主義」―「リサイクルの十分な活用」,⑦「国家的・中央集権的共同体」―「マイノリティの伝統・生命地域」等である。これらのリストはいずれも大きく権威的,あるいは,抑圧的な社会的構成物を否定し,より小さく繊細で,誰にでも実感できるような領域に目を向けていることがわかる。

　そして,この目的を達成するための基本原理として,次の項目が提示されている (Devall & Sessions, 1985 : 70)。

(1)地球において人間,および,非人間は,よりよく生き,また,繁栄することそれ自体に価値がある(同義語は内在的価値,固有の価値)。これらの価値は,非人間的世界が人間の目的にとって有用であるかどうかとは関係がない。
(2)生命形態の豊かさと多様性は,これらの価値の実現に貢献するものである。また,それら自体にも価値がある。
(3)生命的な欲求を満たすことを除いては,人間にこの豊かさと多様性を減ずる権利はない。
(4)人間生活と文化の繁栄は,人口の十分な減少によって両立可能となる。非

人間の生命の繁栄はそのような減少を必要としている。
(5)現在の人間による非人間的世界への干渉は過大であり，状況は急速に悪化している。
(6)したがって，政策を変えなくてはならない。これらの政策は基本的な経済，科学技術，そして，イデオロギーの構造に影響を与える。事態の最終的な状態は，現在とは根本的に違ったものになるであろう。
(7)イデオロギー的な変化は主に，よりよい生活水準への上昇を信奉することよりも，むしろ「生活の質」(固有の価値の状況にあること)を評価することに現れる。それは，大きいことと偉大であることの相違を深く自覚することになるであろう。
(8)以上の点に同意する者には，必要な変化の実現に向けて直接的，間接的な努力をする責任がある。

この基本原理では，「生命中心主義的平等」の観点にもとづいたすべての存在の評価，自然の有機的な全体性を維持するための生存・殺生と人口抑制による環境容量の制御，自然に対する人間の行動や政策の変革と生活に対する態度の変化，変化に向けた行動の喚起が示されている。このように，ディープ・エコロジー思想はこの思想の核となる「生命中心主義的平等」のテーゼを中心として，まず，人間の意識をエコロジー的に改革すること，次いで，現在の人間社会のあり方 (構造) を問い直すことが求められているのである。

第3節 「人間と自然との関係」を変革していくための思想 (2)：「自然の権利」論の視点・考え方・課題

「自然の権利」論 (Theory of The Rights of Nature) は，自然と人間との関係を倫理的平等性のみならず，法的な権利概念の視点から捉え直し，自然に人間と同様な法的受益者としての立場を制度的に授与しようとする考え方である。このことはキリスト教的な自然観，すなわち，「神は人間の利益と統治のためという明白な目的のために人間以外のすべての存在をお創りになられたのである。すなわち，いかなる自然の創造物も人間の目的に奉仕する以外の目的をもっていなかったのである」という人間中心主義的な二元論 (Dualism) がわ

れわれの自然観を伝統的に支配してきたことを意味している（Nash, 1990＝1999：225）。こうした自然支配的な自然観が人間と自然との間に階層的秩序を生み出し，近代産業社会がその発展のために自然環境を収奪，あるいは，破壊することで産業的な生産活動のための原材料を増殖していくための功利主義的な正当性を付与したのである。

　しかし，自然環境の破壊がわれわれ人間文明を崩壊に導くのみならず，われわれの生命そのものを脅かす危険性をもっていることをローマクラブ（『成長の限界』報告書，1972年）は世界の国々や人々に警告した。自然環境の破壊による公害・環境問題の発生は，エリート主義的な環境保護（保存）運動を一般大衆による社会運動としての環境運動へと転換させたが，その根底には，「自然もまた，生態系の一員として固有の価値をもつがゆえに，自然権および生存権を有する主体として位置づけうる」，という「自然の権利」論が環境問題を解決していくための変革思想の一つとして登場してきたことを示している（尾関他編，2005：84）。

　こうした「自然の権利」論は1970年代のアメリカに突然，出現したのではなく，その思想的源流は，R.ナッシュの表現を借りれば，①生物学の緑化としての，生態学思想の誕生（19世紀におけるE.ヘッケルの「生態学」概念やE.スワローの生活科学［家政学］としての「生態学」思想の登場），②宗教の緑化としての，「環境神学思想」の登場（L.ホワイトによるユダヤ＝キリスト教的な人間中心主義的自然観の告発と階層的秩序の転換等），③哲学の緑化としての，環境哲学・環境倫理学の登場（ネスの「ディープ・エコロジー」思想等）などがあげられる，としている。これらのさまざまな思想的潮流が有機的に連関することによって，「自然の権利」論，という法的な社会制度変革のための環境思想の新たな方向性を導き出したといえるだろう。

1．「自然の権利」論とは何か

　近代市民社会の成立に伴い，人間は人間固有の権利としての，「自然権」（The Natural Rights―自己保存の権利，自由，財産権，抵抗権など）を保有すると考えられるようになった。歴史的には，この権利概念は近代社会における自由・平

等・博愛等の諸原理が広く普及するにしたがって，奴隷や女性，先住民や有色人種など，前近代社会にみられるような封建制社会では認められていなかった対象にまで適用範囲が拡大されてきた。そして，近年に至り，本来，人間に固有のものと考えられてきた権利概念を人間以外の存在としての，自然物や生態系にまで広げようとする思潮が現れることとなった。こうした考え方が人間以外の自然物や生態系にも人間と同様に，生命体として平等に尊重すべき固有の価値があり，それゆえに，その権利を認めるべきであるという立場，すなわち，「自然の権利」論に導いたのである。

この「自然の権利」論は，個々の生物と環境全体との結びつきを示す相互依存性，および，すべての生命体に平等の権利を認める生命中心主義を重視する生態学思想に支えられており（A.レオポルドの「土地倫理」思想やA.ネスの「ディープ・エコロジー」思想等），そこから，人間はたんに人間との関係のみならず，自然との関係をも視野に入れた広範な倫理的・道徳的関係の構築が求められることになったのである。

20世紀初頭の「自然環境保護（保存）主義」思想（Preservation）から，人間による自然の利用を重視する功利主義的・人間中心主義的な「自然環境保全主義」思想（Conservation）への転換に対する社会的批判は，1960年代に出現した新しい「環境主義」（Environmentalism）思想とリンクしている。この「自然の権利」思想では，自然物や生命の価値や存在を重視する立場から，さまざまな観点からの思想的潮流を受け継いでいる。具体的には，(1) 人間以外の生命体（動植物・水・土壌等）にも人間と同様な生命の権利を認め，生態系としての生命共同体を「土地倫理」思想（Land Ethic）に求めたA.レオポルド，(2) 人間と同様の動物の生命的価値としての個体に焦点を当て「動物の権利」の保護（「動物の権利」思想）や人間の支配から動物を解放すべきとする，「動物の解放」思想を主張した，P.シンガーやT.レーガン，また，(3) 実際の司法の場で「自然物の権利」を法的な擁護の対象と主張した，C.D.ストーンによる「樹木の当事者適格」の議論などが，この「自然の権利」思想を広範，かつ，深遠に進化させたのである。

このように，「自然の権利」論は人間と自然との関係を環境倫理的，かつ，

法的な権利概念の二つの視点から捉え直し，文明（人間）と生態系（自然）との共生関係を社会制度として構築しようとする，変革思想としての意味をもっているといえるだろう。[1]

2．「自然の権利」論の基本的要素
〔1〕「超絶主義」思想の登場（R. W. エマソン／H. D. ソロー）

19世紀末から20世紀初頭の自然保護思想の成立と1970年代の環境思想の展開の基盤的な思想として，19世紀アメリカの宗教哲学，自然哲学である「超絶主義」（Transcendentalism）があげられる（「超越主義」とも訳されている）。「超絶主義」とは，1830年代から1850年代にかけてアメリカ東海岸のニュー・イングランドを舞台として展開された，宗教，思想，文学全般にわたる文化運動のことを指している。その基礎は，キリスト教の（三位一体論からユニテリアン神学の批判を経た）神学思想であり，超絶主義の代表的な思想家であるR. W. エマソン（1803-82）は元来，聖職者であった。また，『ウォールデン』（1854年）や『市民的不服従』（1866年）などを著したH. D. ソロー（1817-62）はエマソンの影響を受けつつも，ウォールデン池のほとりで独居生活を行うなどして，より自然とのつながりを重視した視点をもっていた。

この「超絶主義」思想は，「唯心論」の伝統を引き継いだものである。そこでは，直観が重視されており，それによって感覚による認識の世界を超越することで，万物の根源である「大霊」（Over-Soul）と一体化することが説かれている。「大霊」とは，「超絶主義」による神の概念を示しており，人間の心，精神，魂に内在するだけでなく，自然や動物の存在にも共通する超越的で普遍的な霊的存在のことである。エマソンはこの大霊の存在を人間精神の内奥と自然の働きのうちに見出しており，そこでは自然がたんなる物質的な存在ではなく，人間の精神を表す象徴として捉えられている（Emerson, 1841＝1972）。

超絶主義の思想は，近代的な都市が形成されつつあった当時のニュー・イングランドにおいて，自然の存在が人間の精神に与える影響の大きさを再発見し，後の環境思想に強い影響を与えることになった。

〔2〕「土地倫理」思想の出現（A. レオポルド）

「土地倫理」思想（Land Ethic）は，環境倫理の始祖とも呼ばれ，森林管理官であり，生態学者でもあったA.レオポルド（1887-1948年）によって提唱された。それまで，人間と自然との関係を論じる際には，経済的効率性や宗教的・哲学的な思想などの見地が多くみられたが，これに対して，レオポルドは環境倫理の領域に科学としての生態学的な知見を取り入れたのであった。

　レオポルドは全体論的（ホーリスティック）な見地から，人間と自然との関わりを捉え直そうとした。彼はドイツなどでの事例研究をもとに，保全主義的な自然の管理であっても，それが生態系のバランスを損なう可能性があることを知り，新たな保護管理のあり方を模索しはじめた。同時に，原生自然（Wilderness）の保存のように，人間を排除した保護に対しても批判的であった。そこで，レオポルドは人間と自然とを二つに分けて論じるのではなく，ある土地に生きる人間と自然，生物の関係全体が「生命共同体」（Biotic Community）を構成するものとして捉え，その全体を保護管理の対象にすべきである，という考え方を打ち出した。すなわち，それまで人間社会だけを対象としていた「共同体」（コミュニティ）の概念を拡大し，土壌・水・植物・動物等の他の生命体を含むことによって，それらすべてが互いに依存し合う体系を成しており，そうした自然全体を倫理的配慮と保護管理の対象にするべきであるという見解を示した。「土地倫理」とは，このような包括的で「全体論的な倫理」（Holistic Ethic），すなわち，生命共同体としての「生態系」（Ecosystem）の重要性を示しているのである。(2)

　レオポルドは『砂の国の暦』（1947年）の中で，人間が土地との密接な関わりをもつこと，生態学をよく理解すること，そして，土地を敵対視する農民や経済的見地でしか土地をみない態度を改めることを論じて，次のように述べている（Leopold, 1947＝1997：349）。

　「……適切な土地利用のあり方を単なる経済的な問題ととらえる考え方を捨てることである。ひとつひとつの問題点を検討する際に，経済的に好都合かという観点ばかりから見ず，倫理的，美的観点から見ても妥当であるかどうかを調べてみることだ。物事は，生物共同体の全体性，安定性，美観を保つものであれば妥当だし，そうでない場合は間違っているのだ，と考えることである」。ここには自然保護の新たな基準，すなわち，「生命共同体」全体を生態系とし

てのバランスの観点から重視し，経済的観点のみならず，倫理的，美的観点からも包括的に保全していくべきであるという基準が提示されている。また，すでに述べたように，この「生命共同体」には人間も含まれていることから，「土地倫理」の視点には，人間と自然は相互に影響を与え合う一体的な関係であり，自然が受ける悪影響は人間にも作用することが示されている。

こうした立場は「全体論」(Holism) と呼ばれるが，生物個体の利益よりも生命共同体全体の利益を優先させることに重点が置かれているために，例えば，外来生物や有害生物の駆除といった人為的な個体調整の肯定にも繋がることになる。そして，この倫理的帰結には，全体のために個を犠牲にしてもやむなしとする傾向があることから，いわゆる「環境ファシズム」(Eco Fascism, ないし，Environmental Fascism)[3] ではないか，という批判もなされている。また，恒常的な生命共同体のあり方やその安定性や美観の基準などの問題も残されている（加藤尚武編, 1998：143-144）。

〔3〕「動物の権利（解放）」思想の考え方（P. シンガー／T. レーガン）

1975年に出版された『動物の解放』(*Animal Liberation*)（Singer, 1975 = 1988）もまた，人間中心主義的な視点を相対化する契機となった。この本の著者であるP. シンガーは，そこで「種差別主義」(speciesism) の撤廃を論じている。これは生き物としての動物の存在が人間と同様に「痛み」を感じる可能性をもつことに着目し，この「有感覚性」を基準とすれば動物も人間と同様，倫理的な配慮の対象になりうることを主張したものである。そして，ここから実験動物や工場畜産での動物への残虐な扱いを批判し，その停止を訴えることになった。シンガーが議論の前提としていたのはイギリスの哲学者であるJ. ベンサムによる功利主義の思想であり，そこでは能力よりも感覚を重視することで，快＝善，苦＝悪という倫理的基準を重視していた。シンガーは，人間と他の動物とは能力や知性には大きな違いがあるものの，感覚を基準にすることで，両者が等しい倫理的配慮を受ける可能性があることを主張したのである。しかし，シンガーは『動物の解放』の中で，動物の平等に関する議論を通じて，「動物が人間のもっているすべての権利をもっているわけではない」と述べているように，限定的に動物に対する倫理的・道徳的配慮の必要性を主張しているにす

ぎない。この点，後述のT. レーガンの「動物の権利」論とは基本的に異なる（Singer, 1975 = 1988 : 23-51 ; Singer, 1985 = 1986 : 26）。

また，アメリカの哲学者であるレーガンはこうした動物への倫理的な配慮に関する議論をさらに一歩進め，動物も人間と同じく固有の価値をもった存在であり，権利をもちうる主体（「生きている主体」[subject of life]）であると主張した。これはシンガーの人間中心主義的な「動物の権利」論に対して，急進的な「動物の権利」論と呼ばれているが，人間は動物の存在に対してその権利を認め，尊重することで，動物への支配的な態度と扱いを取り止めるべきであるという主張がなされている（実験動物の利用や家畜，食肉の廃止など［Regan, 1983・1985・2004 = 1986 : 35-56］）。

このように，「動物の権利」論では，シンガーが動物に対する人間中心主義的な倫理的配慮の拡大を主張しているのに対して，レーガンによれば，動物は人間の干渉から自由で，かつ，人間と同様な平等な権利をもつべきことを主張している。この点，両者の主張を支える基本的な部分は異なっている。しかし，いずれの議論でも，人間が一方的に動物を支配の対象にすることに対しては否定的な見解を唱えており，人間と動物との関係もまた，人間と自然との関係と同様，根本的な見直しが必要とされているのである。

〔4〕「自然物の権利」思想（C. D. ストーン）

1960年代後半から1970年代初頭にかけて，実際の法の場において，自然物が固有の権利をもつ存在であることを正当化しようとする議論がアメリカで起こった。これが「樹木の当事者適格」の問題である。

ことの発端は，1965年に農務省林野局が企画したシエラ・ネバダ山中のミネラル・キング渓谷の開発に対して，1969年にウォルト・ディズニー社のリゾート計画が許可されたことにある。この地の自然保護を推進してきたシエラ・クラブは，内務省がこの開発に伴う道路や送電線建設を許可したことに対して，その違法性と事業の差し止めを求めて提訴した（シエラ・クラブ対モートン訴訟）。この時，南カリフォルニア大学・法哲学教授のC. D. ストーンは論文「樹木の当事者適格――自然物の法的権利について」（"Should Trees Have Standing?――Toward Legal Rights for Natural Objects"）によって，自然保護を支持

する立場から，自然物も人間と同様に法的権利をもちうる可能性があることを提起した。ストーンは，法的な権利の対象は社会の進化によって子どもや囚人，外国人，婦人，黒人などの人間だけでなく，トラストや法人，合弁会社，地方自治体，国家といった無生物にまで拡大してきたことを示している。自然物への権利の拡大は，こうした一連の変化の延長線上に位置づけられるものであり，後見人によって裁判を起こすことができるという考えを示した。

このような最高裁への上告は1972年に僅差で棄却されたものの，W. O. ダグラス判事はストーンの主張に共感し，「この裁判を〈ミネラル・キング（渓谷）対モートン訴訟〉と呼ぶのがふさわしい」と述べた。すなわち，人間が自然の支配者であるという従来の考え方から，自然が人間と対等の法的資格をもち，その利益を主張しうる存在であることが法律の場で公に問われたのである。この裁判においては原告敗訴となったものの，その後，ディズニー社は開発を取り止め，ミネラル・キング渓谷は78年にセコイア国立公園に編入された。そして，この時のストーンによる理論的枠組みは，その後の「自然の権利」裁判訴訟においても影響力をもち続けている（Stone, 1972 : 450＝1990 : 58-98）。

〔5〕環境思想における「人間中心主義」から，「生態系中心主義」への転換の契機

「人間と自然との関係」を考える際に，二つの立場が考えられる。一つは人間を中心とした立場であり，これを「人間中心主義」（Anthropocentrism）という。もう一つは自然を中心とするものであり，これは「非人間中心主義」（Non-Anthropocentrism），「自然中心主義」，ないし，「生態系中心主義」（Ecocentrism），あるいは，「生命中心主義」（Biocentrism）とも呼ばれる。

人間中心主義では，人間を中心として，人間の立場から自然との関係を構築することになる。この人間中心主義では，道具的・手段的価値の観点から，自然物は経済的価値をもつ資源であり，支配と搾取の対象として捉えている。現在でも，アフリカ・アジア等の発展途上国でみられるように，資源を枯渇するまで採取し，再生不可能な状態に陥れてしまう危険がある。これに対して，資源を再生可能な状態で管理しようとする立場は「啓蒙された人間中心主義」（Enlightened Anthropocentrism）と呼ばれる。そこでは，レクリエーション的

（娯楽的）価値，科学的価値，文化・芸術的価値など，自然がもつ資源としての多面的な価値が前提とされている。

これとは反対に，人間から独立した自然の価値を尊重する立場，すなわち，非人間中心主義的な自然観をあげることができる。これはわれわれが人間であることを前提としながらも，「人間と自然との関係」の中で，その視点をどのような立場に位置づけ，また，自然に対していかなる価値づけや意味づけを行うのか，を問うことでもある。「動物の権利（解放）」論者のシンガーは感覚の有無を倫理的配慮の基準にすることで，人間とその他の生物の差別を撤廃しようとした。そこでは，感覚的な「快─苦」と道徳的な「善─悪」とは強く関連しており，動物を動物実験や工場畜産などによる苦の状態から解放すべきことが主張されるが，一方で，感覚をもたない生き物（無脊椎動物や植物など）に対しては，倫理的配慮が及ばないことになる。これに対して，生命全般に内在的価値を認め，倫理的配慮の対象にしようとする立場が「生命中心主義」(Biocentrism)であり，そこでは生物が等しくもっている，生き延び，子孫を残すという目的を尊重することが重視される。これらは「個体主義」と呼ばれる。

これらに対して，「生態系中心主義」(Ecocentrism)では，人間と自然を止揚した立場が示されている。これは個々の人間や生物を出発点とするのではなく，レオポルドの「土地倫理」にみられるように，生物と自然環境との相互関係を前提とした全体論的（ホーリスティック）な見方を提示している。そこで重視されているのは，人間を含む生態系全体のバランスを調整することである。また，レオポルドの影響を受けたJ.B.キャリコットは，この全体論的（ホーリスティック）な見地を極論にまで推し進め，生態系の維持のためには増加する人口の調整も必要であるという見解に賛意を示している。

このように，人間中心主義的な視点に対するさまざまな批判が個体論的，および，全体論的（ホーリスティック）なアプローチから行われていることから考えると，「自然の権利」論を基盤とした環境思想は「人間と自然との関係」という関係性の観点だけではなく，人間が生態系の持続可能性という観点から，自然に対してどのように対応していくべきか，という根底的な観点からの問題の再検討を要請しているといえるであろう（尾関他編，2005：80；加藤尚武編，1998：122-125；Callicott,

1983＝1995：59-80)。

第4節 「人間と自然との関係」を変革していくための思想（3）：「環境的正義」論の視点・考え方・課題

1.「環境的正義」思想の登場と展開

「環境的正義」思想（Environmental Justice）の源泉には，1960年代から活発化してきたアフリカ系アメリカ人（黒人）差別に対する市民運動を起点とした公民権運動，ベトナム反戦運動，さらに，先住民（アメリカ・インディアン）への差別に対する抗議運動・権利回復運動がある[4]。こうした市民運動は人間としての権利を回復するための「社会的正義」思想（Social Justice）が根底にみられる。「環境的正義」思想の誕生の背景には，アメリカにおける社会的な人種差別を基盤とした，白人マジョリティによる有色人種マイノリティへの環境汚染活動を通じての差別，すなわち，有害廃棄物の処分場がアフリカ系アメリカ人を中心とした，マイノリティの居住地域に集中して立地されてきたという，いわゆる「環境人種差別」（Environmental Racism）が存在していたことがあげられる。このことは，「豊かな者が破壊し，貧しいものが被害をこうむる」という環境的不正義を行ってきた白人マジョリティへの異議申立てと有色人種マイノリティの環境的正義を回復していくための政治的意思表示としての性格がある（松岡，1986；戸田，1994：5-7）。

アメリカでは，周知のように，カーソンによる『沈黙の春』（Carson, 1962＝1992）の刊行などによって，人工化学物質や農薬（DDT）などが環境や生態系に与える悪影響が主張されたことで，一般大衆が関心を寄せるようになり，1978年のラブ・キャナル事件を契機として，有害な産業廃棄物の汚染問題が注目されることになった。これは，フッカー・ケミカル・アンド・プラスチック社がニューヨーク州のラブ・キャナル（運河）の跡地に有害化学物質を廃棄したことによって，周辺の土壌と水質が汚染されて住民が移住を余儀なくされた事件である。こうしたことから，1980年代になって地域社会における環境問題をどのように解決していくべきか，というローカルな視点に立った環境問題への政策的対応が注目を浴びるようになった。

さらに，アメリカにおける公害問題や環境問題に対する一般市民の関心は，「草の根環境運動」と呼ばれる地域社会を基盤とした環境運動を生み出し，有色人種マイノリティや女性などを含んだ幅広い職種や階層，人種によって運動が展開されてきた。それは公害問題・環境問題の多くがアフリカ系アメリカ人やヒスパニック系，先住民といったマイノリティ居住地の近辺で発生したからである。R.D.バラードらによると，「アフリカ系アメリカ人の環境的な公正を求める運動は，彼らと白人社会の間に著しいエコロジー的な不平等が存在している南部地域に集中している」と指摘した上で，具体的には，①1979年には，テキサス州ヒューストン・ノースウッドマノア近辺地域（アフリカ系アメリカ人が総人口の84％以上を占めている）における世界最大の廃棄物処理会社である，ブラウニング・フェリス・インダストリー社による廃棄物処理場の立地問題，②1981年には，テキサス州ダラス・ウェストダラス地域（アフリカ系アメリカ人が総人口の85％を占めている）では，50年以上も有害物質を排出してきた，鉛精錬施設の所有者であるRSR社に対する工場閉鎖と有害物質土壌の除去に向けての住民運動，③1985年には，ウェストバージニア州インティテュート（アフリカ系アメリカ人が総人口の90％を占めている）では，1984年インドのボパールにある農薬工場から有害ガスを流出させ，史上最大の化学災害を引き起こしたユニオン・カーバイド社が当地の工場でガス漏れ事故を起こし，135人以上の地域住民が入院したが，この事故に対して地域住民は「MIC（致死性のイソシアン酸メチル）を憂慮する住民の会」を組織し，ユニオン・カーバイド社に対して有害物質の脅威から自らを守るための地域住民運動を展開した，などの事例を調査し，社会的弱者である有色人種マイノリティの居住地域に対して産業廃棄物の処理工場を立地したり，有害物質を排出するおそれのある工場を設置したりするなどの差別的な企業活動が展開されてきたことを検証している（Dunlap & Mertig, 1992＝1993：76-96）。

日本の場合も，被害が地方都市や社会的弱者に集中したことは1960年代の多くの公害問題にも通じる点であるが，公害問題や環境問題の被害と社会階層とが密接に関連することが明らかにされた。財政学者であり，環境経済学者でもある宮本憲一は，『地域開発はこれでよいか』（岩波新書，1973年）において，

日本の地域開発政策（第一次全国総合開発計画）が本格的に展開された時期に，経済開発重視の地域開発政策が地域社会に公害をもたらすだけでなく，地域社会の経済的・文化的基盤を破壊することを実証的に提示し，地域開発政策の誤りをいち早く指摘した経済学者である。また，環境衛生工学者の庄司光と宮本憲一は急激な経済成長がもたらす負荷現象としての深刻な公害問題の恐ろしさを『恐るべき公害』（岩波新書，1964年）で明らかにした上で，公害問題の特質を被害者の視点から次のように的確に示している（宮本，1973：21-52；庄司・宮本，1975：16-24）。

公害は……
(1)被害が生物的弱者からはじまる（生物的弱者とは，汚染に弱い動植物であり，人類の場合，環境が悪化すれば，抵抗力のよわい病者，老人，子供がまず健康を害する）。
(2)社会的弱者から被害になる（被害者は労働者階級を中心とした貧しい市民と農漁民である）。
(3)絶対的不可逆的損失を生じる（①人間の健康障害および死亡，②人間社会に必要な自然の再生産条件の復旧不能な破壊，③復旧不能の文化財の損傷など）。

この庄司光と宮本憲一の「公害」の特質に関する指摘はアメリカにおける環境的正義思想の源泉と同じであり，環境差別主義という社会問題の出現を示唆しているものであるが，日本では公害問題は地域問題の一つとして位置づけられ，環境的正義に関わる問題としての社会的認識をもつには至らなかった。こうして，投棄された有害廃棄物やそれに伴う深刻な環境汚染の除去を求めた，反公害運動としての地域住民による「異議申立て」としての地域住民運動が全国各地で行われることになった。

戦後日本では，1950年代から四大公害問題に代表される高度経済成長の歪みが顕在化した。その中でも代表的な熊本水俣病では，加害企業である化学メーカーのチッソの水俣工場から排出された有機水銀に汚染された廃液が不知火海を広範囲に汚染し，食物連鎖のメカニズムによって濃縮された魚を沿岸漁民が摂取することによって，人体へと被害が及び，水俣病を発症したのである。

日本においては，環境社会学や環境経済学の分野で，こうした公害被害の実

態とそれらが発生する社会的なメカニズムについての研究が蓄積されてきた。公害による被害者たちは環境汚染によって引き起こされる人体への被害だけでなく，地域社会，あるいは，国家規模で患者に対する差別的な処遇がなされ，患者は身体的・精神的被害とともに社会的にも大きな苦しみを受けてきたことが明らかにされている。そこには，「加害者—被害者」という表面的な分類では捉えきれない重層的な差別の構造があることから，日本の環境社会学では，公害に加担した者や機関を「受益者」，そして，被害を受けた者を「受苦者」と表現している[5]。

熊本水俣病で被害を受けた人々の多くは，主に第1次産業である漁業に従事しており，日常的に漁を通じた海との繋がりが強かったために，魚介類を媒介として汚染の影響を直接受けることになった。こうした沿岸地域に住む漁民たちは，チッソの企業城下町として発展した水俣の地域社会の中では低い階層に位置づけられており，自らの被害を積極的に主張しづらい社会的に弱い立場にあった。このような社会的弱者に対して，公害の被害は集中したことになる。熊本水俣病では，事件の発生から半世紀以上経った現在でも，公害病としての認定基準をめぐる問題が争われており，全面的な解決には至っていない（栗原編，2000）。

このように，「環境的正義」とは，アメリカの「草の根環境運動」において が示されたように，特定の人種や地域，社会階層に偏らない「環境的正義」の公平な分配と環境問題によって発生した社会的弱者の政策的救済とを明確化する，思想的な柱の一つとなっているといってよいだろう（Freudenberg & Steinsapir, 1992 = 1993 : 51-73）。

2．「正義」論から「環境的正義」論へ

「環境的正義」論では，公害問題や環境問題の被害者である社会的弱者の立場から，環境問題における社会的公平性の実現が中心的な考え方となっている。さらに，この考え方はこうした問題と社会的弱者，および，地域社会との関連性や格差が発生するメカニズムを明らかにすることを通じて，社会における便益と負荷の公平な分配という社会的正義の実現をめざしている。こうした「環

境的正義」論が理論的に依拠しているのが、現代社会における「正義」(Justice)、あるいは、「社会的正義」(Social Justice) の問題を取り上げた、アメリカの代表的な政治哲学者、J. ロールズの思想である (Rawls, 1971 = 1979)。

ロールズはまず、個人の原初状態を想定している。原初状態とは、人々が能力や社会的地位に関する知識を全くもっていない状態（「無知のヴェール」に覆われた状態）を指している。これは社会契約の初期状態としての仮説であり、各自が共有している前提である。そこから基本財（人生の目的設定にかかわらずより多いほど有利であるような財）の分配に関する基本原理を全員一致で選ぶことになる。しかし、そこで人々が利己的な行動、すなわち、獲得される財を常に最大化しようとする行動をとれば、結果的には財をめぐる奪い合いに陥ってしまう。反対に、奪い合いの闘争を避けて人々が必要な財を獲得しうる状態を想定することができる。これは、人々が最悪の結果に陥らないような行動（マクシミン・ルール）をとることであり、これをもっとも合理的な行動と考えることができる。すなわち、すべての社会成員に基本財が行き渡っている状態が自他ともにもっとも安定した社会を築く基礎になるということができる。

このような条件のもとで、人々は基本的な自由に対して平等に権利をもつことが保障される（第1原理）。しかし、能力その他の違いから、各自の自由な活動によって達成される基本財の獲得は必然的に不平等な分配を帰結することになる。そこで、すべての人が最悪の結果に陥らないようにするためには、財の獲得に不平等や格差が生じたとしても、もっとも不遇な立場にある者の利益には配慮する必要が出てくる（第2原理）。機会が均等に提供されていて職務や地位に違いが生じたとすれば、それは是認されるべきことであるが、基本財の分配に関しては、一部の社会成員が著しい不利益を被ること、すなわち、最悪の結果を避けなければならない。このように、「原初状態」から出発する自由な社会の条件には、結果的に社会的弱者となってしまう人々を保護する視点が含まれており、こうした点から基本財の再分配が正当化されることになる。

財の公正な分配という観点からみると、「環境的正義」論が問題としているのは、公害や環境破壊といった、いわば、「負の財」が社会的弱者（人種や貧困層など）の近辺に集中的に分配されていることである。資源や生産物といっ

た「正の財」だけでなく、開発や生産過程を経て排出される「負の財」もまた、社会的に偏在しており、これを「正義」、ないし、「公正」という社会倫理的な観点から是正する必要が主張されるのである（嶋津、1998：646；Rawls, 1971＝1979）。

3．「環境的正義」論の視点・考え方・課題

公害問題の多くは特定の地域に集中する傾向があるが、こうした「負の財」を公正に分配することが果たして可能なのだろうか。企業や工場は、その生産活動の費用として廃棄物を排出する一方で、雇用や製品を通じて地域に便益をもたらしてもいる。

公害反対運動などの「草の根環境運動」に対して、「自分の近所だけは困る」（NIMBY：Not In My Backyard）という言葉が引き合いに出されることがある。これは自ら直面している公害を除去することだけが運動の目的であり、除去された後の公害については関知しないという態度を指すものであり、環境運動が「地域エゴ」の側面をもつことを揶揄した言葉である。

これに対して、企業活動と市民生活を調和させるためには「誰の近所でも困る」（NIABY：Not In Anyone's Backyard）という視点が重要であることが指摘されている。先に例示したアメリカのラブ・キャナル事件では、これが契機となり、1980年に汚染地域の浄化と企業の補償責任を定めた「スーパーファンド法」が制定されている。「環境的正義」思想を社会的に実現させていくためには、現実に被害を受けている地域の声に耳を傾け、これを解決する姿勢と、それが単に公害移転に繋がらないような制度と産業のあり方をより広い視点と高い次元から補完的に構築していく必要がある。これは時間的に同じ世代が共有すべき「環境的正義」論のあり方であり、世代内倫理の一つとして捉えることができる。

また、「環境的正義」については、人間社会だけではなく、人間以外の生物や生態系を含んだ正義のあり方を考えることもできる。これは、「自然の権利訴訟」などに現れているように、世代を超えて環境の質を継承していくこと、すなわち、世代間倫理の問題として、人間社会が自然をどのように公正に扱い

第5章　「現代環境思想」の五つの潮流

うるのかという問題を含むことになるだろう。

第5節　産業主義思想のエコロジー化：「持続可能な発展（開発）」論と「エコロジー的近代化」論

すでに検討してきたように，「ディープ・エコロジー」論や「自然の権利」論では，「人間と自然との関係」は対立的なものとして捉えられていた。それを「政府・市場・企業対自然・市民」，「開発対環境」の図式で表すこともできるだろう。しかし，現在の社会状況を直視してみた場合，現実的にはこのような環境問題をめぐる思想的対立に対して，どのような解決方策が考えられるだろうか。今日の産業社会が及ぼしている環境への損失についての共通理解は得られるとしても，過剰な消費文明に汚染されているわれわれ人間社会をラディカルな環境運動が主張するような急激な社会変革，例えば，市場や企業活動の制限や消費生活の利便性の抑制，生態系や生命を中心的な価値とした「簡素な社会」（Simple Society）などを実現することは容易ではないと思われる。

本節では，こうしたラディカル環境主義が掲げる急進的な社会変革ではなく，現在の社会経済システムを前提とした上で，それを環境に配慮した形に改良していこうとする思想で，欧州の環境政策に大きな影響を与えたといわれる，「エコロジー的近代化」論（Ecological Modernisation Theory）について検討を加えることにしたい。ここで検討する「エコロジー的近代化」論とは，1980年代にヨーロッパを中心として発展した議論であり，世界的に問題化してきた環境危機に対して，資本主義的な社会経済システムの枠組みを維持しつつ，それを環境技術という新しい技術革新によって克服していく方向性を模索したものである。環境主義に依拠する多くの議論では，一般的に先進諸国の生産活動に対して批判的な論調が多い中，この「エコロジー的近代化」論では，環境危機に直面した近代の生産システムが環境アセスメント，環境効率性，汚染予防原則などを内部化することによって自律的に変容を遂げたことを評価している。

「エコロジー的近代化」論には，社会変動に関するいくつかの前提的な議論がある。第一に，1972年にローマクラブが発表した『成長の限界』報告書（Meadows, 1972＝1972），第二に，1987年に国連のブルントラント委員会によって提

示された「持続可能な発展（開発）」論（Sustainable Development）に関する議論である。以下，「エコロジー的近代化」論をめぐるさまざまな論点と課題を検討していくことにしている。

1．「成長の限界」論の意義と課題

「成長の限界」論については，すでに第3章で詳細に検討されているが，ここでは論点に関して再度，確認しながら，「エコロジー的近代化」論との接点を探っていくことにしている。「成長の限界」論では，地球環境資源の将来的な枯渇によって，人類が存亡の危機に瀕する可能性があることを指摘し，それは次の五つの要因が相互に関連することによって引き起こされたことを主張していた。その要因とは，①工業化（経済成長），②急速な人口増加，③食糧不足がもたらす広範囲に及ぶ栄養不足，④天然資源の枯渇，⑤汚染による環境悪化，などである。これらの要因は定量化され，当時，開発されたシステム・ダイナミックスの手法にもとづいて世界規模のモデルが構築され，これによって諸要因の相互作用と影響の測定・分析が行われた。これにより，急速な人口増加と工業化の進展が相互に促進し合うフィードバック・ループを形成しており，幾何級数的な速度の成長を続けることが明らかにされた。また，食糧の増産や天然資源の枯渇，および，それらに伴う環境汚染の要因がこのフィードバック・ループをさらに増幅することになり，人類は将来的に地球環境資源の限界という深刻な環境危機に直面することが結論づけられたのである。このフィードバック・ループを構成する五つの要因は，たとえその一つを解決して成長を阻止することができたとしても，他の要因の相互作用が継続されることで，より深刻な影響を与えることになる。単一の問題，例えば，食糧問題にだけ焦点を当てて，対症療法的な取り組みを行ったとしても，地球環境全体の変化に対しては大きな効果が薄く，結果的に危機を避けることは困難であると考えられている。

この報告書が提示した二つの結論は，以下の通りである。第一は，終末論的シナリオと呼びうるものであり，人口・工業化・汚染・食糧生産・資源利用など成長率が続くのであれば，地球上の成長は100年以内に限界に達し，人口と

工業力が突然の制御不可能に陥る，という予測である。第二は，持続的発展のシナリオであり，それは地球上のすべての人間に基本的な物質的必要が行き届き，人間的な能力を実現するための平等な機会を提供しうるように設計した社会を実現し，環境的・経済的な安定性を長期に渡って実現するというものである。そして，第二のシナリオを実現するためには，可能な限り迅速に行動を起こす必要があることが提言されている（Meadows et al., 1972＝1972：11-12）。

ローマクラブによるモデルは，①突発的で制御不可能な破局を招くことがない持続性をもち，②すべての人々の基本的な物質的要求を充足させる能力をつもの，である。そして，このモデルを実現するために必要なこととして，人口の安定化（出生率と死亡率をバランス化させる）と工業資本の安定化（投資率と減耗率をバランス化させる），資源消費の効率化，サービス業に重点を置いた社会の構築，汚染発生量の削減，食糧生産の増加と収穫物の平等な分配，資本集約的農業からの転換，耐久性，修復性の高い工業製品の製造，等があげられる。このモデルの特徴は幾何級数的な成長を続ける社会ではなく，人口と資本との増減のバランスがとれた安定的な状態の社会である。それは何世代にも渡って存続する社会であり，実現するためには現実的，長期的目標とそれを達成する人間の意志が必要であることにある。

このように，「成長の限界」論はトレード・オフの関係にある経済発展，人口増加と地球環境資源の有限性というディレンマを科学技術による解決だけに頼るのではなく，先進諸国とその国民が物質主義的な価値観を転換させることを通じて，世界的な取り組みを開始することで解決するべきである，という方向性を示したのである。このことは「エコロジー的近代化」論において，「開発」と「環境」の均衡ある発展を産業システム（生産者）の改良だけではなく，産業社会における受益者である一般大衆（消費者）に対して，環境社会における消費行動やライフスタイルの改善にも言及していることからも少なからず影響を及ぼしているものと考えられる。

2．「持続可能な発展（開発）」論の社会的影響

『成長の限界』報告書の報告を受けて，1980年代から「持続可能な発展（開

発)」(Sustainable Development) という考え方が議論されるようになったが，この概念はすでに述べたように，1987年に日本の提案によって，国連に設置された「環境と開発」に関する世界委員会（ブルントラント委員会）において提唱され，国連総会での承認を経て形成されてきた。「持続可能な発展（開発）」は，ブルントラント委員会の報告書「われらが共有の未来」(Our Common Future) において次のように定義されている。

「持続的な発展（開発）」(Sustainable Development) とは，将来の世代の要求を充たしつつ，現在の世代の要求も満足させるような開発をいう。持続的発展（開発）は鍵となる二つの概念を含んでいる。一つは，何にも増して優先されるべき世界の貧しい人々にとって不可欠な「必要物」の概念であり，もう一つは，技術・社会的組織のあり方によって規定される，現在および将来の世代の要求を満たせるだけの環境の能力の限界についての概念である」と (WECD 1987 = 1987 : 66)。

すなわち，「持続可能な発展（開発）」とは，経済開発だけを重視したものではなく，開発のために必要とされる有限な自然環境や天然資源の保全を行い，両者を同時に可能にするために「環境共生型社会」を実現すること，また，社会的には貧困層が満足できる生活を営むための「社会的正義」（もしくは，社会的公正）と，将来の世代の利益に配慮した「世代間倫理」の思想とが盛り込まれたものになっている。

この議論に影響を与えたアメリカのエコロジー経済学者，H. デイリーは経済開発の側面からこの「持続可能な発展（開発）」を実現する条件として次の三点を示している (Daly, H. E., 1996 = 2005 ; Steiquer, J. E. de, 1997 : 2001 : 153-167)。

(1) 土壌，水，森林，魚など再生可能な資源の持続可能な利用速度は，再生速度を超えるものであってはならない（例えば，魚の場合，残りの魚が繁殖することで補充できる程度の速度で捕獲すれば持続可能である）。

(2) 化石燃料，良質鉱石，（地層に閉じこめられていて循環しない）化石水など，再生不可能な資源の持続可能な利用速度は，再生可能な資源を持続可能なペースで利用することで代用できる速度を超えてはならない（化石使用を例にとると，埋蔵量を使い果たした後も同等量の再生可能エネルギーが入手で

きるよう，石油使用による利益の一部を自動的に太陽熱収集器や植林に投資するのが，持続可能な利用の仕方ということになる）。
(3) 汚染物質の持続可能な排出速度は，環境がそうした物質を循環し吸収し無害化できる速度を超えるものであってはならない（例えば，下水を川や湖に流す場合には，水生生態系が栄養分を吸収できるペースでなければ持続可能とはいえない）。

　ここでは，人間が資源を利用する際に配慮しなければならない自然の特性が指摘されているが，それは第一に自然の再生秩序に従うこと，第二にエネルギー供給源として代用可能な複数の資源を確保すること，第三に自然が汚染物質の浄化に要する時間を考慮に入れることである。すなわち，従来の開発が「外部不経済」としてきた自然環境を経済活動の内部に組み込む視点が示されている。

　これに関連して，デイリーは伝統的な古典派経済学の自然に対する認識論，すなわち，経済システムは閉鎖系システムであり，自然環境から独立して存在するという認識に対して，批判的な立場をとっている。すなわち，経済システムと自然の生態系とを相互に独立し，かつ，閉鎖したシステムとして捉えるのではなく，それらは相互に関連し，影響し合う一つのシステムとして位置づけられることになる。そこで，デイリーは経済システムを「抽象的な交換価値の，孤立した——質量のバランス，エントロピーや有限性によって制限されない——循環フロー」ではなく，「有限な自然の生態系（環境）の中の開かれた下位システムとして想定していくこと」の必要性を述べている（Daly, 1996＝2005：68）。

　こうした認識のもとで，拡大する経済システムに対して，デイリーは分配の公正や完全雇用，物価水準の安定といった従来のマクロ経済学の目標に「最適規模」（Optimal Scale）（生態系と比較した経済全体の最適規模）を加えることを主張している。この「最適規模」とは，経済システムが生態系との関係において，最適なバランスがとれた状態を示している。デイリーはそのための経済規模のあり方を二つの最適性という形で提示している。第一に人間中心主義的な最適性，第二に生命中心主義的な最適性，である（Daly, 1996＝2005：72-73）。

　人間中心主義的な意味としての最適性の考え方では，経済規模は，人間が自

然から得る便益と自然を犠牲にできる費用とが均衡するまでは拡大できることになる。すなわち，これは，自然生態系の限界を配慮した経済システムを実現する，ということである。これに対して，生命中心主義的な意味としての最適性の考え方では，人間の便益とは無関係に自然を優先的に保護することによって，両者は均衡するというものである。これは経済規模を現状の水準で維持することを意味している。デイリー自身は，経済システムがこの最適規模を上回らず，自然の生態系とのバランスがとれていれば，いずれの選択も可能である，と考えている。

　ここから「持続可能な発展（開発）」には二つの方向性，すなわち，一方で，既存の社会システムの内部修正によって環境問題に対応し，経済成長を重視した路線を維持していく方向性と，他方で，社会的な共通の目標として生命中心主義的な価値観を受容することで，いわゆるトリプル・ボトムラインとしての「環境的」「経済的」「社会的」な側面に及ぶ，〈環境共生型社会〉を構築する方向性が導き出される。続いて検討する「エコロジー的近代化」論では，この前者の立場，すなわち，人間中心主義的な観点から環境問題と社会経済システムの変容の関係を論じることにしている。

3．「エコロジー的近代化」論の登場と展開
〔1〕「エコロジー的近代化」論の登場と視点

　「エコロジー的近代化」論（Ecological Modernisation Theory）とは，1970年代における欧州の各国における環境問題に対する政策的対応の失敗への反省から，欧州における新しい環境政策の創出に関して，環境社会学・環境政策・環境政治学等の社会科学の諸領域の観点から，環境問題の現実的な解決方策，すなわち，産業社会における生産と消費を環境に配慮した視点から構造的な技術革新として推進していく方策を講じていくこと，を追求してきた結果から生まれた，環境危機への政策的な分析手法である。こうした研究は1980年代に入ってから，欧州，とりわけ，今日では環境先進国といわれているドイツ，オランダ，イギリスなどを中心とした社会科学者が主要メンバーとなった研究グループによって着手された。「エコロジー的近代化」論登場以前の環境政策では，持続可能

な発展(開発)による〈環境保全型社会〉の実現は経済のエコロジー化といったような物質的な側面を重視した経済成長とトレード・オフの関係にある,考えられてきた。しかし,「エコロジー的近代化」論では,社会システムの各領域が環境配慮的な価値を共有することで,環境技術のイノベーションを基盤とした環境政策を推進し,環境問題の解決に積極的に対応することを通じて地球環境危機を乗り越えることが可能であると考えられている。

1980年代初頭,「エコロジー的近代化」論の研究はドイツのベルリン自由大学・環境政策研究所の気鋭の研究者,とりわけ,環境社会学者のJ.フーバー,政治学者のM.イェニッケなどによって主導されたが,その後,研究対象を欧州以外の先進国である日本やアメリカ,そして,世界の発展途上国までをも含む形で,現在も発展し続けている。こうした「エコロジー的近代化」論が登場してきた背景には,欧州各国における環境政策の失敗への対応を模索していく中で,①それまでの対症療法的・官僚的手法が批判されたこと,②政策における科学の役割の重要性を強調したこと,③ミクロ経済レベルでは予防措置が引き合うことがわかってきたこと,④マクロ経済レベルでは,環境はもはや「ゴミ捨て場」ではなく,公共財であることが認識されてきたこと,⑤環境問題への取り組みはゼロサムではなく,ポジティヴサムであること,といった要因分析を起点として,環境政策と技術革新を有機的に結びつけることによって,モノの廃棄から,モノの循環へという環境思想の転換を通じて,産業構造をエコロジー的な構造へと転換を図っていくことにその企図があったのである(吉田,2003:197;Hajer,1995:26-31)。

こうした「エコロジー的近代化」論は,オランダのワーヘニンゲン大学のA.モル教授によれば,その発展過程を三つの段階に分けることができる(Mol et al., 2000:45-56)。第一期は,工業生産の領域における,技術革新の働きを重視した段階である。そこでは,環境に配慮した技術の開発とその普及によって,生産システム内部の質的変化を促進することで,経済成長と環境保護を両立させることができるという方向性が提示されている。これは従来の生産システムと環境負荷の関係の中に,環境配慮型技術を導入することによって,エネルギーや資源の消費を抑制するだけでなく,効率的な生産システムによって経済

成長を同時に実現していこうとするものである。また、この第一期では、国民国家レベルでの変化に着目していたが、経済市場や経済活動に対しては好意的な態度をもつとともに、逆に積極的な技術革新を阻害する可能性がある官僚主義的な国家に対しては批判的であった。

1980年代末から1990年代半ばの第二期では、経済市場と国家の役割のバランスを考慮した議論が行われた。「エコロジー的近代化」を推進するために、環境的価値観を受容する際に大きな役割を果たす制度的・文化的な側面を重視する姿勢がみられるようになった。また、生産システムについては、技術革新だけでなく、消費のプロセスも注目されるようになった。研究対象も西ヨーロッパ各国へと広がりをみせ、環境配慮型技術の普及とその効果に関する比較研究が進められた。

1990年代半ば以降の第三期では、OECD各国や東ヨーロッパ、中央アジアやその他の発展途上国などを含む世界的規模にまで研究対象が拡大している。そこで明らかにされたことは、第一に地球環境の悪化は近代的な社会制度の構造に由来していて、避けることのできない結果であるということではなく、現在の社会制度が直面している挑戦であり、社会・技術的、経済的な改革が求められているという認識である。第二に、科学や技術、国民国家、地球規模の政治、世界的な経済市場といった諸要素があくまでも環境的な改革の主体であることが確認されていることである。第三に、世界各国に共通した「エコロジー的近代化」論の学問上の位置づけとしては、あくまでも現行の社会経済システムの部分的改良を主軸に置いたものであり、ネオ・マルクス主義や反生産主義、ポスト・モダニズムなどによる資本主義的な諸制度の革命的変革を主張する立場ではないということである。

〔2〕社会システムにおけるエコロジー的領域の役割

今日、「エコロジー的近代化」論の主導的立場にある、A.モルとG.スパーガレン（この二人はオランダ・ワーヘニンゲン大学の環境政策研究グループの同僚である）は、エコロジー的領域が社会システム全体の内部にサブシステムとして分化していった過程を分析している。そして、社会システム全般に影響を与えることになった、こうした変化は「エコロジー的転換」（Ecological

Switchover) と呼ばれている (Mol & Spaargaren, 1993 : 438)。

　政治や経済といった他のサブシステムと同様に，エコロジー的領域には独自の合理的な根拠，すなわち，エコロジー的合理性（生態学的合理性）があり，他のサブシステムの制度や価値観に影響を与えることで，社会システム全体に変化を与える要因になっている。つまり，「エコロジー的転換」とは，産業社会がこのエコロジー的合理性にもとづいた生産と消費のシステムへと大規模に転換したことを示しているのである。エコロジー領域が経済領域に与えた影響として，環境税の導入や天然資源の評価査定，エコロジー的な生産・消費に対する経済刺激策などをあげることができるが，これは人々の価値観だけでなく，社会制度そのものに対しても大きな変化を与えている。しかし，モルとスパーガレンはこうした「エコロジー的転換」は近代的な科学技術の発展を基礎とした近代化のプロセスの一環を構成しており，近代的な諸制度の解体や支配的な産業主義イデオロギーそのものの根本的な変革ではないことが強調されている (Mol & Spaagaren, 1993 : 436)。

　さらに，「エコロジー的近代化」論では，従来の社会システムを構成するサブシステムは「政治的領域」，「経済的領域」，「社会—イデオロギー的領域」の理念型によって区分されているが，地球環境危機を背景として，「経済的領域」の内部から「エコロジー的領域」が新たに分化したと考えられている。そして，これが社会全般の「エコロジー的転換」をもたらす要因となったのである。

　この「エコロジー的領域」はそれ自体で独自の合理性や理論的根拠をもつ自律的領域であり，「経済的領域」からの「エコロジー的領域」の分化によって，社会システム全体は前述の三領域に「エコロジー的領域」を追加した四つのサブシステムから構成され，これが相互作用して社会システムの全体を構成することになる。（図表5-2を参照のこと）

　エコロジー的領域の分化によって，「エコロジーの経済化」と「経済のエコロジー化」の両面での変化が生じる。「エコロジーの経済化」とは，汚染物質や温室効果ガスなどのように，経済活動が自然環境に影響を与える要因に対して，環境税や環境アセスメント，資源査定，といった経済的価値を測定する評価基準を導入することである。他方，「経済のエコロジー化」とは，環境に配

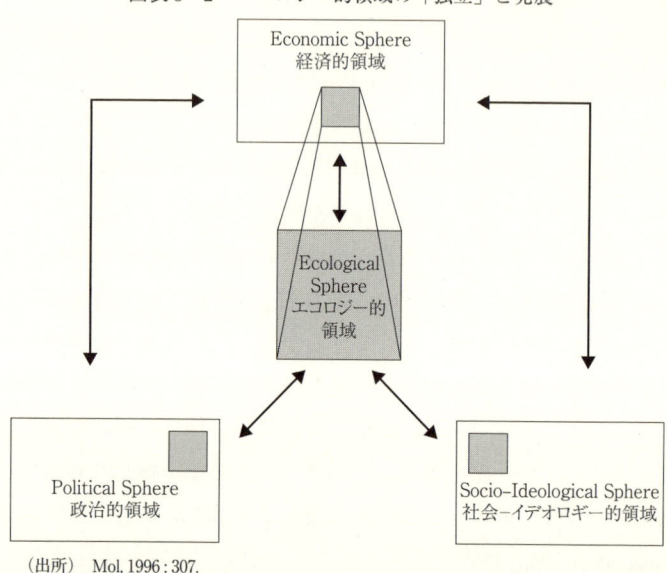

図表5-2 エコロジー的領域の「独立」と発展

Economic Sphere
経済的領域

Ecological Sphere
エコロジー的領域

Political Sphere
政治的領域

Socio-Ideological Sphere
社会-イデオロギー的領域

（出所）　Mol, 1996 : 307.

慮した製品の製造やリサイクル・システムの導入などの経済活動それ自体を物質的・制度的に規制していくことを示している。そして，このエコロジー的領域の合理性は経済領域以外のサブシステムにも影響を与えながら，社会システム全体の機能的・制度的再編成も進展していくことになる。

このように，「エコロジー的近代化」論の基本的な発想は環境問題の焦点を経済的領域におけるエコロジー的領域のあり方に当てることによって，他領域との相互関係と変化を捉えようとしてきた。そして，環境問題を近代的な諸制度の内部変化の問題として捉えることで，さらなる近代化の進展，すなわち，科学技術の発展や制度的改革，エコロジー的視点を取り入れた経済的合理性の発展によって克服しようとする立場をとっているのである。

〔3〕二つの「エコロジー的近代化」論

「エコロジー的近代化」論の基本的な考え方は，社会システムにおけるエコロジー的領域と経済的領域を強く連結させるとともに，環境技術の革新（イノベーション）がその両者を橋渡しする重要な役割を果たしている。これに対し

figure表 5-3 クリストフにおける「弱い―強い」エコロジー的近代化の特徴

弱いエコロジー的近代化	強いエコロジー的近代化
1) 環境問題に対する技術的な解決の強調	1) エコロジー的な関心に敏感に応答させるために，社会の制度的構造と経済システムに対する広範な変革を配慮すること
2) 科学エリート・経済エリート・政治エリートと密接に協力しながら，独占的に政策決定を行うためのテクノ的・コーポラティスト的な方式の採用	2) 市民の参加機会を最大化するだけではなく，環境問題に対して信頼できるような，かつ，適切な対話の機会を保証するような，開かれた民主主義的な意思決定
3) グローバルな経済的優位性を強化するためにエコロジー的近代化を利用する特権をもった先進諸国に対する分析の制限等	3) 環境と開発の国際的な次元への関心
4) 特権的な先進諸国の政治的・経済的な発展に対して，単一の閉鎖的な枠組みを課していくこと	4) 多様な，かつ，開放的な言葉で政治的・経済的・エコロジー的発展を概念化するだけではなく，将来的な方向性をもっているようなエコロジー的近代化への多様な可能性があること

(注) 1) 本表は，クリストフのオリジナルな表ではなく，クリストフの記述をオーストラリア国立大学のJ.ドライゼク教授が要約したものを表として作成したものである。その際，D.ギブスが作成した表（弱い―強いエコロジー的近代化の特徴）を参考にした。
2) クリストフの原表「エコロジー的近代化の型」では，「技術的（弱い）―制度的・システム的（強い）」，「道具的（弱い）―対話的（強い）」，「テクノ・ネオコーポラティスト的（閉鎖的）（弱い）―熟議デモクラシー的（強い）」，「国家的（弱い）―国際的（強い）」，「中央集権的（覇権主義的）（弱い）―多様化（強い）」，といった類型をしているが，ここでは，クリストフの類型化に関する記述をドライゼクがまとめたものを表として作成した。なお，イギリス・ハル大学教授のギブスがクリストフの「弱い・強いエコロジー的近代化の特徴」という形で表にまとめているが，この表はギブスの表とドライゼクの記述を総合して作成したものである。

(出所) Christoff, 1996 : 490-497 ; Dryzek, 1997 : 147-150 ; Gibbes, 1998.

て，エコロジー的領域が影響を及ぼす範囲を経済領域だけに限定するのではなく，他のサブ・システムを包括的に含む，より包括的な視点を考察していこうとする視点が現れることになった。

「エコロジー的近代化」論がエコロジー社会（クリストフ流にいえば，「緑の国家」〔Green State〕）の形成にどのような影響を及ぼしているかという観点から，エコロジー的近代化の類型化を試みたものとしてよく知られているのが，オーストラリア・メルボルン大学の環境政治学者のP. クリストフによる「弱い―強い（Weak vs. Strong）の類型化によるエコロジー的近代化」という分析概念である（Christoff, 1996 : 490-491／図表 5-3「弱い―強い」エコロジー的近代化の特徴を参照のこと）。この類型化による「弱い」エコロジー的近代化論は技術革

新(イノベーション)に依拠することを通じて環境問題の技術的な解決を図ることによって，資本主義経済や産業構造の部分的変革をめざそうとする構造変革的な主張であり，エコロジーの経済化を目標とした議論である。その特徴は，①環境問題の技術的な解決が強調されていること，②科学，経済，政治エリートが作成する独占的でテクノクラート的／コーポラティスト的な政策を採用していること，③特権的な先進国の分析に限定し，発展途上国のような貧困国の経済的，環境的な発展からは距離を置いていること，④特権的な先進国の政治的・経済的発展にもとづいた，単一で閉鎖的な枠組みを押しつける傾向があること，などである。

他方，「強い」エコロジー的近代化論とは，「エコロジー的市民性」(Ecological Citizenship)や「エコロジー的民主主義」(Ecological Democracy)といった政治的・社会的な制度変革を視野に入れ，経済領域に留まらない「エコロジー的転換」を実現しようとする制度変革的な主張であり，「エコロジーの政治化」を目標とするものである。その特徴としては，①環境問題に対応するために，社会の制度的構造や経済システムの広範囲な改革を考慮すること，②市民の参加機会や幅広い参加者の間での環境問題に対する情報提供を広げ，開放的で民主的な決定を行うこと，③国際的な環境，開発領域への関心をもっていること，④多様，かつ，開放的な用語を用いた政治的・経済的・環境的発展の概念化を図ること，などがあげられている(Christoff, 1996：490–497；Dryzek, 1997：147–150)。

こうしたクリストフによる「エコロジー的近代化」論の類型化は，エコロジー的近代化が社会システムにどのような影響を及ぼすか，という環境政策的な基準となるものであるが，この類型化の議論は次のような四つの論点に集約することができるだろう。第一の論点は，環境問題に取り組むべき社会領域への考察である。「弱い」エコロジー的近代化論では，環境問題を経済的領域だけの狭い範囲に関連づけており，科学技術による問題の解決が志向されている。これに対して，「強い」エコロジー的近代化論では，エコロジー的転換の範囲を経済的領域に限定するのではなく，政治的領域と社会—イデオロギー的領域を含む，より広範な制度変革によって，部分的ではなく，全体的・根源的な変

第5章 「現代環境思想」の五つの潮流

革を行うことの重要性が要請されている。第二の論点は,「エコロジー的転換」を担う主体が議論されている「弱い」エコロジー的近代化論では,社会のエリート層を中心とした独占的な政策決定が志向されているのに対して,「強い」エコロジー的近代化論では,市民参加を重視した民主主義的な意思決定を通じて,全体的な社会変革が追求されているといえるだろう。第三の論点では,エコロジー的近代化論の分析対象に関する議論である。「弱い」エコロジー的近代化論では,主に技術的解決の観点から先進国を分析対象とする研究が行われてきたが,「強い」エコロジー的近代化論では,こうした研究を発展途上国も含めたグローバルな観点から行うことが求められている。最後の論点として,社会発展の方向性に関するモデルが考察されている。「弱い」エコロジー的近代化論では,伝統的な物質的な経済成長の維持を堅持しているけれども,このような単線的な社会発展モデルに対して,「強い」エコロジー的近代化論では,各国のさまざまな社会・経済状況に応じた,多様な発展のモデルを追求すべきであるという主張がみられる (Christoff, 1996：490-497；Dryzek, 1997：147-150；Pepper, 1999：1-34)。

このように,「弱い」エコロジー的近代化では,先進国を中心とした視点により,近代以降の産業社会の枠組みから外れることなく議論が進められているために,それに対する批判的な見解の多くが除かれている。例えば,そこでは自然を資源と同一視する手段的な考え方や資本主義,および,経済成長は自明のものとして捉えられている。地球規模の問題として環境危機を捉えるのであれば,先進国の社会・経済制度やその影響を批判的に検討する必要があるだろうし,例えば,「エコロジカル・フットプリント」(EF=Ecological Footprint)のような指標を視野に入れることで,先進国と発展途上国の発展バランスを検討する必要があるだろう。また,「強い」エコロジー的近代化に対しても課題が残されている。それは経済的には環境問題を国際的な次元で捉えた開発方法を考案することであり,社会─イデオロギー的にはエコロジー的な倫理,ないし,道徳を深化させていくこと,また,エコロジー的な要請にもとづいた公平で持続可能な目標をもつとともに,そうした社会を地域社会(コミュニティ)や生態系に組み込んでいく可能性を追求することなどである。換言すれば,それは近代化の限界

を理解することでもある (Pepper, 1999:3, 23)。
〔4〕「エコロジー的近代化」論の役割と限界
　エコロジー的近代化の過程は，1980年代から現在に至るまで約30年にわたって地球環境問題に対応すべく，環境技術の応用を通じて，社会的・制度的変化をもたらしてきた。こうした「エコロジー的近代化」論が地球環境危機という重要な課題に対して，どのような役割を果たしてきたのか，また，どのような課題があるのか，について検討していくことにする (Mol, 2000)。
　「エコロジー的近代化」論が地球環境危機の解決に対して与えた影響についていえば，まず，第一にあげられることは，環境の悪化を改善するために科学技術の役割を変化させたことである。つまり，科学技術が公害問題や環境問題の発生を事後的に処理するための手段から（対症療法的アプローチ），それらの発生を事前に予測することや，さらには，問題の発生を予防するための役割（予防的アプローチ）を担う方向へと変化を遂げたことである。これにより，新しい技術開発や制度や組織を改良する際には，環境配慮型の方向性や手段が設計の段階で組み込まれることになった。そこから，経済的主体は生産プロセスの中に長期的時間の視野を導入することになり，それまで「外部不経済」として扱ってきた環境問題が内部化されることで，経済活動全般が環境配慮型に変化してきたことになる。
　第二に，〈エコロジー的に持続可能な社会〉への移行に際して，その変革を遂行していく主体として，生産者や消費者，金融機関，保険会社といった経済的アクターが担う役割の重要性が増してきたことである。経済的アクターの立場は，その多くがこれまでの環境的価値の普及を目的とした社会運動や規制を実行してきた政府機関と利害が一致しないものとして考えられてきたが，環境に配慮した視点と役割を受け入れることによって，経済領域が社会全体の利益に貢献できることが示された。
　第三に，政府と国民国家の役割が変化したことがあげられる。環境に配慮した有効な政策を実施するために，地方分権化が促進され，柔軟で，合意形成を志向する国家の統治が要請されることになった。これは近代官僚制的国家の特徴でもある，トップ・ダウン型の政策的な意思決定と「コマンド・アンド・コ

第5章 「現代環境思想」の五つの潮流

ントロール式」の規制に比べて、環境政策の実施には市民や地域社会との対話を含んだ自発的で、積極的な規制が有効であることを示している。

第四にあげられることは、政治的・社会的な領域での実践的活動を通じて、環境配慮型の新しいイデオロギーが出現してきたことである。今日、ほとんどの領域で環境に配慮することを完全に無視することは、政治的にも社会的にも合法的な立場としては受け入れられなくなってきている。このことは、環境と社会は相互に関わりながら生命を維持し続けるという基本的な認識によって世代間が連帯することを示しているばかりでなく、これが現代社会における重要な原則となっていることを意味している。

最後に、〈エコロジー的に持続可能な社会〉への移行を通じて、既存の経済活動に対して、批判的な立場をとってきた社会運動の位置づけや役割、そのイデオロギーなどが修正されるようになったことがあげられる。これは社会運動と経済活動が対立から、対話へとその関係を変化させることで、環境的価値観を共有し、相互に協働する可能性を模索する時代への変化を現している、といえるだろう。

ここまで、「エコロジー的近代化」論の展開と役割について言及してきた。初期の「エコロジー的近代化」論では、エコロジー的領域は経済領域から分化されたものとして捉えられ、あくまでも科学技術による環境問題の部分的解決が強調されていた。今日においても、そうした主張がみられるとはいえ、時代とともにエコロジー的領域の影響は、経済領域だけでなく、政治的領域や社会―イデオロギー的領域に至るまで、徐々にその範囲を広げてきたのである。

こうした技術的・経済的戦略としての「エコロジー的近代化」論はあくまでも「経済のエコロジー化」を基本原理としているために、経済発展と生態系の持続可能性の両立を基本としている〈環境的に持続可能な社会〉（〈環境保全型社会〉）への到達には貢献するけれども、産業システムそのものに対する根本的な変革をめざした〈エコロジー的に持続可能な社会〉への移行という考え方からは乖離しているといわざるをえないだろう。社会システムにおける「経済のエコロジー化」から、「社会（国家）のエコロジー化」という社会システムそのものの変革へと転換することが可能になれば、「エコロジー的近代化」論が

もたらした役割が評価されたということになるだろう。そのためには，資本主義的な「消費と生産」活動のための社会経済システムを根本的に見直すことによって，経済的な豊かさのみを維持していくための環境政策ではなく，地球の生態系の持続可能性を優先とするような,〈エコロジー的に持続可能な社会〉像としての,〈緑の社会〉やその政治的基盤となる〈緑の国家〉への思想的検討や制度変革への道筋（第7章・第8章）を明らかにしていくことが求められるだろう。

第6節　社会制度を変革していくための思想：「ラディカル・エコロジー」論の視点・考え方・課題

　1970年代の環境危機から，今日に至る地球環境危機へ，と環境問題は多様化・深刻化してきているが，その基盤となっているのが資本主義的な生産と消費という社会経済システムであり，このシステムに支えられた消費文化としてのライフスタイルである。「ラディカル・エコロジー」(Radical Ecology) とは，「現代の深刻化する環境問題を解決するためには，経済システムや社会システムにとどまらず，自然観や倫理などの価値観やライフスタイルが根本的に転換されなければならないと主張する思想」というのが一般的な理解である（尾関他編，2005：174）。このようなラディカル・エコロジーの代表的論者がアメリカのカリフォルニア大学バークレー校教授のC.マーチャントである。マーチャントは,「ラディカル・エコロジーは，社会システムとエコロジカルなシステム（生態系）を人間生活と自然環境の質を向上させるであろう生産と再生産，そして意識の新しいパターンに向かって押しやる。……環境問題の社会的原因を説明する理論と，従前のやり方とは異なった，それらを解決する方法を提出する。環境を悪化させる原因を取り除き，人種，階級，性の別なくすべての人々のために生の質を高めることをめざす社会運動の支えとなる」といった主張を行っている。彼女のラディカル・エコロジー論は環境問題を生み出した社会的・経済的・文化的要因を分析し，政治的・社会制度を〈エコロジーな社会〉（〈エコロジー的にもっと住みよい社会〉）を実現していくための理論的・実践的活動のための知的装置という位置づけにあるといってよいだろう（Merchant, 1992＝1994：14-15）。

第5章 「現代環境思想」の五つの潮流

　こうした「ラディカル・エコロジー」の思想的基盤となったのは，エリート主義的，かつ，人間中心主義的な環境保護（保存）運動や環境保全運動を批判し，自然の生態系システムの持続可能性を前提とした，生態系中心主義を唱えた，ネスの「ディープ・エコロジー」論である。「ディープ・エコロジー」論を基盤として派生していったのが，思想変革としての「スピリチュアル・エコロジー」論であり，社会制度変革への理論的装置となったのが「ソーシャル・エコロジー」論，「エコソーシャリズム」論（「エコ社会主義」論），「エコフェミニズム」論，「環境的正義」論である。ここでは，「ディープ・エコロジー」論はこれまでの人間と自然との関係を人間の自己利益的な人間中心主義から，生態系の持続可能性へという自然中心主義（あるいは，生態系中心主義）へと転換させた，まさに「ラディカルな」（急進的な）思想なので，本書では，人間と自然との関係を変革する思想として位置づけている。

1．「ソーシャル・エコロジー」論の視点・考え方・課題

　アメリカの環境政治思想家であり，かつ，ソーシャル・エコロジストのM.ブックチンは，「ソーシャル・エコロジー」（Social Ecology：エコ・アナーキズム［環境無政府主義］ともいわれている）と呼ばれる思想を提唱してきた。それは他の環境思想と同様に，人間と自然との関わりに関心が向けられているが，とりわけ，人間と自然の関係についての認識論的問題と，人間と自然とが調和した社会のあり方が模索されている。「ソーシャル・エコロジー」論の特徴は，人間と自然との関係以上に，現実に社会を構成している人間と人間との関係に注目し，これを変革することによって環境に配慮した社会を構築しようとする点にある。

　人間と自然との関係について，「ソーシャル・エコロジー」論では，両者を対立する要素として理解している限り，本質的に環境問題を解決することは不可能であるという認識をもっている。また，ブックチンは現代社会に深く根を下ろしている中央集権的な階層秩序（ヒエラルヒー）の構造を強く批判している。それは社会全般にわたる構成原理としての，「支配―従属」関係が構造化されており，その影響が広範囲に現れているという認識からである。さらに，この「支配―従

属」関係は人間による人間の支配のみならず，人間と自然との関係にも及んでおり，環境危機の根源的な原因になっていると考えられている（Bookchin, 1990 = 1996 : 57-60）。ブックチンは現代社会の構成原理である，「支配―従属」関係を批判的に検討することを通じて，そのような関係性や階層秩序的構造(ヒエラルヒー)を解体し，また，人間と人間，そして，人間と自然とが調和した新たな社会を再構築することをめざしている。

「人間と自然との関係」を再検討していこうとする視点は，すでに検討した「ディープ・エコロジー」論においても主要な論点であった。そこでは，全体論的(ホーリスティック)な観点から，宗教的・理念的なアプローチによって新たな人間観と自然観を生み出していこうとする視点があったが，これに対して，ブックチンは疑問を投げ掛けている。それは，「人間（あるいは，人類）」と「自然」を対立する項目として把握することからはじめようとする，「ディープ・エコロジー」思想の基本的な認識論的枠組みに向けられている。ブックチンは多様なあり方を示す人間を種として一括りにし（人類），これが自然と対立的な関係として認識されてしまうことで，問題の枠組みが「人間を中心に考えるのか，それとも自然を中心に考えるのか」といった形で矮小化されてしまうことに注意を促している。これは，環境破壊の社会構造的な原因が見過ごされてしまう危険があるためである。例えば，ある特定の自然物や生態系の保護に対しては，古典的な「環境保護（保存）主義」と「環境保全主義」の対立（ヘッチヘッチ論争）が有効に働く場面もみられるが，こうした環境保護運動が出現する原因となった社会的要因を理解するためには，この枠組みでは不十分であるといえる。また，二項対立的に捉えられた「人間」概念にも限界がある。実際に生活する人々は生活の状況から価値観に至るまで，きわめて多様性に富んでいる。そうした多様性を無視して，「人間」を一括りにすれば，例えば，職場における地位や自らの社会階層によって，意志に反して環境破壊的な仕事に就かざるをえない労働者や地域の環境資源を再生不可能な形で利用せざるをえないような貧困層や先住民などが開発企業や資本家と同じ「人間」の枠組みで括られてしまうことになる。同じ「人間」の中でも価値観や行動が同じであることはなく，そこには常に対立や矛盾がある。「人間」や「自然」という概念はいずれ

第5章 「現代環境思想」の五つの潮流

もきわめて広範囲で曖昧なものであり，それが有効に働くかどうかは思想や問題の特質といった文脈に依存することになる。

　「ソーシャル・エコロジー」論の視点では，「人間対自然」関係という二項対立的な枠組みは，必然的に「支配—従属」関係の構造を招き入れることにつながる，と考えている。それは，人間中心主義に依拠した「人間による自然の支配」という枠組みを逆転させれば，「ディープ・エコロジー」論がめざすような「自然に従って生きること」，すなわち，「自然への人間の従属」という主張が得られるからである。この図式では，支配と服従の対象を人間から自然へ，あるいは，自然から人間へと逆転させただけで，「支配—従属」の構造は依然として保持されている。ブックチンは，環境問題が「人間」と「自然」という大雑把で曖昧な二項対立の概念によって議論されることで，個々の人間や自然が否応なく構造化されている「支配—従属」の関係が隠蔽されてしまうことを批判している，といえよう。(7)

　このように，人間社会の問題と人間と自然との問題は「支配—服従」関係の構造によって貫かれており，「ソーシャル・エコロジー」論では，まず最初に，人間社会を構造化している「支配—服従」関係を明確に認識し，それによって構成されている社会構造（社会体制）の変革を進めるべきである，と主張している。ブックチンはこの社会構造を変革しない限り，ディープ・エコロジー運動，ラディカル環境運動，リベラルな環境主義による政治行動（議会）へのロビー活動が根本的な変化をもたらすことはないと考えている。ブックチンは，「私たちは，たんに社会を改良するか改革するかの必要に直面しているだけではない。私たちはそれを再構築する（remake）必要性に直面しているのである」と述べているが，ブックチンのいう〈エコロジー社会〉（Ecological Society）への転換は，現在の社会（社会体制）を変革することによってこそはじめて実現されるのである（Bookchin, 1990＝1996：226）。リベラルな環境主義は議会での活動などを通じて，既存の社会構造を漸進的に改良していこうとするが，「ソーシャル・エコロジー」論の立場では，そのような活動は人間と自然を対等とみなし，相互に補完し合う関係を構築するどころか，むしろ「支配—従属」関係を再生産する方向に働いてしまう，と考えている。リベラルな環境主

義は既存の社会経済構造を維持することが暗黙のうちに前提とされており，環境政策によって社会の方向性を部分的に修正し，環境危機に対応しようとする姿勢である。有害廃棄物の規制や原子力発電所建設への反対運動などはそれぞれ意義のある活動ではあるが，多くのエネルギーを必要とするだけではなく，大量の廃棄物を排出する今日の産業社会のあり方やその基盤である社会経済システムを根本的に批判するものではない。そして，リベラルな環境主義の考え方では，危機を社会構造に内部化し，そのリスクを制御可能な要因として捉え，構造の部分的な修正によって最終的な問題解決の方向性が求められている。そこでは，環境問題はあくまでも社会構造の外部に生じるものとして扱われている。他方，「ソーシャル・エコロジー」の考えでは，問題は現在の社会構造それ自体にあり，これが階層秩序的構造(ヒエラルヒー)を維持し続ける限り，〈エコロジー社会〉は決して実現されないし，また，リベラルな環境主義のアプローチによって環境危機を克服することはできない。それどころか，対症療法的な政策によって危機的状況はより一層深刻なものになってしまうのである。

これに対して，ブックチンはB. ゴドウィンやP. J. プルードンらのアナーキズム思想を拠り所にして，「リバータリアン的地域自治主義」(Libertarian Municipalism) という社会像を提示している。これは，「国民国家の権力の増大を抑えて，コミュニティに権力を取り戻したいという，民衆の真に民主的な欲求を前提」としており，「人間のニーズの充足をめざし，エコロジー的な要請に応え，共有と協力にもとづく新しい倫理を発展させることをめざす」〈コミュニタリアン・ソサエティ〉(Communitarian Society) のことを指している。そこには，理性的な規範にもとづいたあるべき世界に向かって，社会は常につくり変えることが可能であるという信念があり，また，個人の自律的な存在やコミュニティの自治，人間的規模で自然と調和した社会のあり方が模索されている。

この〈コミュニタリアン・ソサエティ〉では，生活を営み，生産に従事する場が社会の中心となっている。すなわち，これは，「小さな家族コミューンや私的居住からなるコミューンであり，それが位置する自然生態系に鋭敏に順応する程度の規模の自治団体」であり，この小規模の自治団体は人権とエコロジーという明瞭な課題にもとづいて連合し，相互に調整と管理を行う，「さま

ざまなコミュニティの中のコミュニティ（共同体）」(Community of Communities) として編成されることになる。そして、この連合はリコール可能な代表によって構成された各コミュニティの横断的組織であり、調整と管理の機能をもつとされている (Bookchin, 1990＝1996：239-260)。また、それは資本主義が前提としている競争原理や資本の蓄積、際限のない成長が否定され、「支配―服従」関係を排した階層秩序（ヒエラルヒー）のない関係性による分権化されたコミュニティでもある。そして、こうした〈エコロジー社会〉は、ソーラー・パワーのようなエコ・テクノロジーや有機農業、等身大（ヒューマン・スケール）の産業を基盤とする、と考えられている。

このように、ブックチンの「ソーシャル・エコロジー」論では、人間があらゆる権力に支配されずに生きることが前提とされている。それは人間（人類）が存在することそれ自体が環境危機の原因ではなく、むしろ人間には他の生物とは異なった能力や役割があると考えているからでもある。その人間の役割とは、人間と社会をエコロジー的な方向へとより一層進化させ、能力を最大限に生かして自然と調和した社会をつくり出すことである。こうした前提から、「ソーシャル・エコロジー」論にもとづいた社会が構想されているのである。それは等身大の規模で自律的・対面的な関係性を内包しているコミュニティにおいて、人間が自らのことを自ら決めることができ、自然と関わりながら生産し、生きていくという、「生活者を中心とした社会」である。このように、「ソーシャル・エコロジー」論では、人間、あるいは、自然のどちらか一方だけを中心に考えていくのではなく、人間と自然の生態的なバランスに配慮した、〈エコロジー社会〉に関する倫理的基礎を考察している、といえるだろう。

2．「エコソーシャリズム」論（「エコ社会主義」論）の視点・考え方・課題

今日の環境問題の源泉が18世紀の産業革命によって形成された〈近代産業社会〉にあるように、環境思想としての「エコソーシャリズム」論は産業革命をめぐるイデオロギー的論争にその出自があるように思われる。当時、〈産業革命〉の評価をめぐって、二つの議論があった。それは資本主義体制としての産業社会を経済的利益の観点から評価する楽観的な社会発展思想の「クラッパム

学派」(産業革命肯定派)とこれに対して、資本主義体制が社会にもたらす害悪や損失の観点から評価する悲観論的な社会改良主義思想、および、社会革命思想を唱える「ハモンド学派」(産業革命に対する懸念派、ないし、否定派)の立場があった。つまり、資本主義体制としての産業社会を経済発展にもとづく社会発展として考えるか、それとも、資本主義体制の矛盾(資本家階級と労働者階級の対立による革命の勃発)による産業社会の崩壊として考えるか、という〈産業革命〉以降の資本主義体制としての〈近代産業社会〉に関する選択的な評価に関する論争であった(染谷、1976:183-185)。

「ハモンド学派」のうち、K.マルクス、F.エンゲルス、E.J.ホブズボーム等の提唱する〈社会主義的産業革命論〉は産業社会における資本主義的な構造矛盾を社会体制の崩壊をもたらすものと捉えているが、産業革命が経済発展という社会発展をもたらしたという反面、自然環境の破壊・公害問題の発生という経済発展の負荷現象を随伴したとみている。エンゲルスの『イギリスにおける労働者階級の状態——19世紀におけるロンドンとマンチェスター(上・下)』では、産業革命後の工業都市地域(とりわけ、イングランド地域)の労働者がいかに過酷な労働条件と悲惨な生活環境のもとに置かれていたかを実証的に分析し、資本主義的な近代産業社会に構造矛盾が存在していることを歴史的事実から指摘しているという点からみても、今日のエコソーシャリズム論の第一次的な源泉であったと捉えてもよいだろう(Engels, 1845=1990)。

〔1〕「エコソーシャリズム」論の登場と意味

「エコソーシャリズム」論(Eco-socialism : Green Socialism, あるいは、Socialist Ecology ともいわれる)は、1980年代からシエラ・クラブや原生自然協会等の改良主義的な環境主義運動に反発して登場してきたアメリカのラディカル環境主義の派生形態であり、ネスの「ディープ・エコロジー」論に大きな影響を受けている。また、エコソーシャリズム論は伝統的な社会主義思想と環境運動としてのエコロジー思想とを批判的に再編成することによって、反資本主義的なエコロジー論の構築を企図しているために、そうした思想の信奉者は「赤い緑派の人々」(Red Greens)とも呼ばれている。さらに、エコソーシャリズム論は今日のグローバルな環境危機の根源的原因を資本主義社会、とりわけ、資本主

義的な生産と消費のシステムに求め，社会主義社会では，人間は自然と持続可能な関係を見出すことが可能である，と捉えている．マルクス主義の流れを汲む思想である．そこでは，現在の産業社会の構造を規定している要因を資本主義的な経済体制と「資本家階級―労働者階級」関係による階級構造とに求めており，それが労働者の人間疎外や社会的・経済的危機をもたらし，さらに，環境危機の本質的な原因となっていることが明らかにされている．この「エコソーシャリズム」論の第一義的な目的は，広範な社会運動によって資本主義社会における階級構造を止揚し，社会的正義（Social Justice）を実現することにある．それは同時に，資本主義社会（および，産業社会）を資本による資源・労働搾取的な構造から，エコロジー的で持続可能な構造へと変革させることを意味している．そこでは，マルクス主義的な視点による社会変革が結果的に，〈エコロジー的に持続可能な社会〉を実現すると考えられている．

すでに確認してきたように，エコソーシャリズム論には，今日の地球環境危機の原因は資本主義による経済的な生産体制とそれらを維持するために必要とされる制度や世界観にあるとする点に基本的な特質がある．資本主義には，過剰生産と資本の拡大への原動力が固有の性質として備わっているが，それは一方で，持続可能な経済成長を要求し，他方で地球の環境収容力（Carrying Capacity）によって経済成長への要求には限界があるという矛盾を孕んでいる．また，資本主義の論理は経済成長と競争を前提としており，資源となる自然物や生産過程から排出される廃棄物は，生産にかかる費用（コスト）として捉えられている．そして，多くの企業や産業が競争に勝ち，利潤を最大化するために，こうした費用を価格に転嫁していない．つまり，資源や廃棄物は生産や価格のメカニズムから外部化されており，それは生産の手段として利用・搾取される．ところが，生産体制それ自体は資源や生態系による浄化のメカニズムなどの自然に物質的に大きく依存しているのであり，「外部不経済」を放置することは資本主義と生産体制の基盤を自ら壊し，社会の持続可能性を否定することに繋がるのである．そして，エコソーシャリズム論では，資本主義はこうした「エコロジー的矛盾」を乗り越えることができずに自壊し，社会主義社会へと必然的に変化していくとペッパーは主張している（Pepper, 2002）．また，社会主義

の論理は経済成長よりも人間の欲求を充足させることに基礎を置いており，自然との持続可能な関係の構築は実現可能である，としている。エコソーシャリズム論（あるいは，エコマルクス主義論）がめざしているのは，資本主義や旧ソ連などの国家主導型社会主義（伝統的社会主義）ではなく，人間と自然の生産と再生産が調和し，共生・協力の関係にもとづいた新しい社会主義社会であるとしている（Merchant, 1992＝1994：269）。

〔2〕「エコソーシャリズム」論とマルクス主義との関係

マルクス主義の基本的な認識によれば，資本主義社会は生産力と生産関係からなる経済的な下部構造（土台）と観念や制度からなる政治的・文化的な上部構造から構成されている。かつてのマルクス主義では，この下部構造に大きな焦点が当てられており，そこには生産力と生産関係に矛盾が示されていることが指摘されてきた。生産力とは，労働力・生産手段（資本，および，土地）・技術の総称であり，資本家階級によって排他的に所有されている。これに対して，労働者階級は自らの労働力のみを所有し，これを労働市場で売ることによって必要な賃金を得ることになる。ここから，労働者は提供する労働力を通じて資本家に所有され，支配と服従の関係が形成される。また，そこで労働者は労働力や生産物だけでなく，働くことの意味さえもが資本家階級に搾取されており，ここに人間疎外が生じることになる。両者の利害は深く対立しているが，その原因の一つは，実際に働く労働者がその労働を反映させるための生産手段を所有していない点に求められる。そこで，階級闘争を通じて分断された生産関係（労働者と資本家）を止揚し，新たな生産関係（労働者階級に止揚された新たな階級）が生産手段を所有することによって，人々の労働は資本家階級に搾取されることなく，生産物（商品）として実現されることになる。これはまた，階級間の断絶に起因していた労働の意味を回復し，人間疎外の克服にも繋がることになる。

このように，マルクス主義思想の社会認識がめざすのは，労働者階級の全面化によって解放と自由，経済的平等の理念にもとづいた社会主義・共産主義社会を実現することである。しかし，第2次世界大戦後，ソ連や東欧，中国を中心とした国家主導型の社会主義国では，硬直化した官僚制国家の様相を呈し，

また，下部構造においては，西側各国と同様に産業化政策を推し進めたために，深刻な公害問題が表面化した。これに対して，1960年代以降，西側のマルクス主義から新たな潮流が生まれることになる。それは従来までの経済的な下部構造の変革を重視する姿勢から，上部構造である性（ジェンダー）や人種，階級といった政治的・文化的要因を重視し，社会民主主義者やフェミニストなどの視点をマルクス主義に取り入れはじめた。

エコソーシャリズム論はこうした潮流の中に位置づけられる思想であり，エコロジー思想の観点からマルクス主義の新たな方向性を示したものである。それは，経済的下部構造を生態系中心主義思想の観点から，資本主義的な社会経済システムを再検討し，資本主義社会（＝産業社会）のこうしたシステムそのものを変革することで，生態系と調和した，社会主義社会の実現をめざすものである。

〔3〕「エコソーシャリズム」論の視点・考え方・課題

エコソーシャリズム論では，環境悪化や環境危機の原因を人類と自然の間にではなく，「社会―経済的関係」に見出している。そこでは，資本主義的な社会経済システムを批判的に再検討することで，それが構造的に内包している持続不可能性を分析している。

「ソーシャリスト・エコロジスト」（あるいは，「エコマルクス主義者」。マーチャントが『ラディカル・エコロジー』（Merchant, 1992 = 1994 : 269）の中で，命名している）の代表的な論者である，J.オコンナーによれば，資本主義は，①利潤の拡大，②投資と生産能力の拡張，③市場の拡大の各要素によって持続的な成長を実現している。オコンナーは，資本主義は生産力の拡大と購買力・市場の需要が比例して増大することによって成長を続けるが，その成長には一つの限界，すなわち，生産条件の限界があると述べている。この生産条件とは，資本主義社会を成立させるために必要とされる物理的・人的な基礎としての環境を包括的に示しており，商品として形にはならないが，それを生み出すために必要とされるものを示している。生産条件には三つの側面があり，第一に「生産の人格的条件」である人間の労働力，第二に「生産の自然的・外的諸条件」である自然環境，第三に「生産の一般的，共同的諸条件」である都市のインフ

ラストラクチャーや空間があげられている。これらは資本主義社会のいわば，原資とでもいうべきものであり，これらの生産条件を持続的に利用することによって経済成長が成し遂げられてきたと考えられる。利用可能な労働力や天然資源，土地空間が豊富にある場合には無条件に成長を続けることができるが，それらが供給不足に陥れば途端に成長は妨げられてしまうことになる。このように，資本主義社会はマルクス主義が主張してきた生産力と生産関係の矛盾，すなわち，「第一の矛盾」だけを抱えているのではなく，それらを根底から支えている物質的な生産条件との間には，より深刻な「第二の矛盾」が存在する。人間が自然を「人間化」して資本主義的自然につくり替え，また，自然を商品化して利用することは，この「生産条件」を浪費することでもあり，結果としてこの「第二の矛盾」は資源の枯渇や廃棄物汚染などの環境問題として露呈することになる。

　こうして，資本主義のメカニズムは自らが依って立つ物理的基盤（自然環境や人的資源）を食いつぶすことによって発展している。すなわち，資源枯渇による環境破壊や有害廃棄物による環境汚染は，自然生態系が生み出す生産条件を悪化させており，これは生産性そのものを低下させ，コストの増大を招くことになる。また，労働者の意欲や健康，そして，土地空間の過度な利用も同様の事態を引き起こす原因になる。オコンナーによれば，この「第二の矛盾」を通じた生産コストの押し上げによって，産業社会システム全体が過小生産に直面し，経済成長は妨げられることになる。こうした事態に対して，オコンナーは国家を批判的に捉え直し，国家は生産条件への資本のアクセスを規制するための機関として再構成され，持続可能な資本主義社会の実現を担う必要がある，という。また，同時に新しい社会運動を通じて，労働や環境，都市に対する資本家による支配に対する異議申立てを行う必要性を訴えている（O'Connor, 1991 = 1995 : 162-186/187-193）。

　このように，エコソーシャリズム論では，資本主義社会における市場と政府の失敗を住民や生活者の視点的な価値観にもとづいた新しい社会運動によって解決し，自然環境や人間の基礎的な欲求，フェミニズムや反人種差別，社会的正義の考え方を取り入れた「エコロジー的社会主義」の実現をめざしていくこ

とが求められている。

3．「エコフェミニズム」論の視点・考え方・課題
〔1〕「エコフェミニズム」論の登場

　1960年代から1970年代にかけて，世界の先進諸国で男性支配の社会編成原理に反対して，そうした社会から女性を解放しようという意図のもとに，さまざまなフェミニズム運動が発生したが，その歴史的背景は次のようなことがあげられる。

　こうしたフェミニズムの歴史は，19世紀末から20世紀初頭にかけての「近代的フェミニズム運動」（第一波）と，1960年代半ばからの「現代的フェミニズム運動」（第二波），とに大きく分けられる。第一波では，リベラリズムの原理を女性の存在に拡大していこうとする「リベラル・フェミニズム」の思想によって，男性と同等に女性が法的・政治的権利をもつことが主張され，その成果として女性の参政権や財産権が獲得されることになった。続いて，第二波では，女性の社会進出を背景として，男女の格差（職業や政治など）を実質的に是正することを求める，「ラディカル・フェミニズム」の思想が大きな影響力をもってきた。そこでは，男女の社会関係にみられる権力作用を「支配―服従」関係として捉え，女性による社会的・経済的・性的な自己決定権の獲得が主張されることになった。

　このようなフェミニズム運動と1970年代当時，地球規模での環境破壊が深刻化し，環境問題を「生活環境主義」という，女性の視点からの草の根環境運動を通じて解決していこうとする，女性による環境運動とが有機的に結合することによって，「エコフェミニズム」（Ecofeminism）という新しい思想や運動が誕生したのである。この「エコフェミニズム」という言葉自体はフランスのフェミニスト作家である，F. ドボンヌによってつくられたのであるが，歴史的にみて，エコロジー概念の誕生やエコロジー危機の警告に際しては常に女性の存在――1892年に生態学としての「エコロジー」概念を生活科学（Home Economics）として提唱した，アメリカの女性化学者で「エコロジー」を新しい科学としての「家政学」に結びつけた，E. スワロー（正確には，エレン・スワ

ロー・リチャーズ〔Ellen Swallow Richards〕で，MIT〔マサチューセッツ工科大学〕における最初の女子学生であった）や1962年に『沈黙の春』を刊行して，DDTをはじめとする殺虫剤・殺菌剤・除草剤等の化学薬品などが人間の健康のみならず，自然環境の破壊をもたらすことを警告した女性化学者，R. カーソン等——が存在していたことは厳然たる事実であり，女性が生活者の立場から環境問題の解決に重要な役割を果たしてきたことを物語っている（森岡, 1995：152-162）。

「エコフェミニズム」論では，フェミニズム論にみられた「男性と女性」における権力関係を「人間と自然」へと敷衍させる形で議論が行われた。すなわち，エコロジー思想を基盤とした「人間による自然の支配」はフェミニズムの主張する「男性による女性の支配」と同根であると考えられている。そして，女性としての存在を擁護することと自然保護とは同じ方向性をもっており，社会的弱者の立場から女性や発展途上国，先住民，さらに，自然の権利を保護していく等の，社会的争点の積極的な解決をめざした思想と運動を展開していくことが，この「エコフェミニズム」には課せられていたのである。

〔2〕「エコフェミニズム」とは何か：特質と類型

エコフェミニズムとは，「エコロジカル・フェミニズム」（Ecological feminism）の略称であるが，それはエコロジー思想とフェミニズム論との間に接点を見出し，自然と女性の存在を基盤として，自然の解放とともに女性の解放をともにめざす思想である。そこでは，環境問題の原因は男性中心の支配原理にあると考えており，それは家父長制にみられる男性による女性支配だけでなく，人間による自然の支配をも正当化していると主張されている。「支配と服従」の原理は人間社会の構成原理としていまだ広く影響を及ぼしており，これを変革することによって，人間と自然との共生と男性支配の社会からの女性の解放自由を実現しなければならないと考えている。

エコフェミニズム運動が始動されたのは1980年代のアメリカで，スリーマイル島の原子力発電所事故（1979年）を契機として，環境破壊に対する反対運動や環境破壊を起因とする男性優位型の社会体制や社会制度を変革するための運動として，アメリカのエコフェミニスト運動家である，Y. キングによって展

開された。彼女のエコフェミニズム論の考え方は「現代の生態学的危機は、それだけでフェミニストがエコロジーを真剣にとらえる必要性を生み出すが、他の理由でも、エコロジーはフェミニストの哲学や政治の中心となっている。生態学的危機は憎悪のシステムに関連している。白人、男性、哲学や技術、死の発明を定式化した西洋の人間による自然と女性へのあらゆる憎悪である。……人間による人間支配、特に男性による女性支配に物質的な根源があるのだ」という言葉に代表されているように、地球環境破壊は男性優位型の社会体制からでてきたものであり、そうした社会体制を変革しなければ、エコロジー、フェミニズム、反人種差別運動に関わる社会問題を解決できないと指摘している（King, 1990：1995：169）。こうした考え方は男性支配を許してきた家父長制を痛烈に批判し、こうした家族システムを支えている社会システムそのものを破壊していくことをキングは強く主張しており、まさに、彼女はラディカル・フェミニズムを主導していくリーダーであった、といえるだろう。

1980年にはアメリカ・マサチューセッツ州アムハーストにおいて600人の女性の参加による「女性と地球の生命――80年代エコフェミニズム会議」が開催され、エコフェミニズム運動の政治運動へと変容し、1980年と1981年にはアメリカの首都、ワシントンの国防省ビル、「ペンタゴン」を包囲して反核運動を行った、いわゆる「女性ペンタゴン行動」が実行に移されたのである。

また、キングとともに、男性による女性支配と男性による自然支配は同じ根源であると主張していた、マーチャントはキングらの環境運動としてのエコフェミニズを基盤として、新しい社会変革のための理論的展望を拓いていくために、エコフェミニズム論を、①「リベラル・エコフェミニズム（Liberal Eco-feminism）」、②「カルチュラル・エコフェミニズム（Cultural Eco-feminism）」、③「ソーシャル・エコフェミニズム（Social Eco-feminism）」、④「ソーシャリスト・エコフェミニズム（Socialist Eco-feminism）」の四つに類型化し、資本主義社会におけるエコフェミズム論と運動の限界と問題点を明確にした（Merchant, 1994；荻原，1997：292-317）。

まず、第一にあげられるのは「リベラル・エコフェミニズム」で、この考え方は基本的に自由主義と資本主義の枠組みを肯定しており、自己利益の最大化

をめざす合理的な主体をその人間観としている。そこでは，女性は性別役割分業によって，教育や経済活動の機会から締め出されており，社会の中でその潜在的な能力が発揮されていないという現状への認識がある。女性が男性と同等に社会進出の機会を得ることができれば，女性の視点を社会秩序の中に取り入れることが可能となる。例えば，『沈黙の春』のR. カーソンがそうであったように，女性の声を男性と同様に重視することで，環境問題の解決を広く社会的に展開していくことが可能になる。また，「リベラル・エコフェミニズム」では，環境問題の原因は急速な経済開発と汚染物質の規制に失敗したことにあると考えられている。さらに，これらの問題を解決するためには，環境保護という観点からの適切な規制と科学技術の発達や資源の保全管理・法的規制などが必要となるが，そうした社会秩序や社会制度を構築するためにも，女性に平等な機会を保障し，男性と同様に科学者や行政官，弁護士といった職業に就く道を確保することが重要であると考えられている。

第二に，「カルチュラル・エコフェミニズム」の主張では，女性は自然に近い存在として社会的・文化的に位置づけられてきたのであり，そのいずれもが支配の対象となってきたことを提起している。そうした支配は近代以降の家父長制的な支配の原理にもとづいていたのであり，暴力・支配・征服といった特徴をもつ。それに対して，「カルチュラル・エコフェミニズム」では，男性中心の支配原理が軽視してきた女性的な価値，すなわち，ケアの主体であり，安全を守るという安定的な母性のイメージとそこから導き出される平和・調和・共生といった女性的な原理を重視する。女性は自然の存在に根差しており，生命をうみ出す存在として再評価される必要がある。そして，自然との精神的で神秘的な繋がりを，女性や人間以外の自然，肉体や感情といった要素によって捉え直そうとするのである。

第三に，「ソーシャル・エコフェミニズム」の基本的な考え方は，「人間による自然の支配は人間による人間の支配に由来する」という，M. ブックチンの「ソーシャル・エコロジー」とジェンダー（文化的性差）の階層的秩序を解消しようとするフェミニズムを融合したものである。そこでは，人間による人間の支配，そして，男性による女性の支配を終結させることが人間による自然の支

配を終わらせ，そうすることで女性と自然の解放が実現すると考えられている。人間の社会や行動を規定する階層的秩序(ヒエラルヒー)，すなわち，「支配—服従」の関係がエコロジーとフェミニズムの問題の根本にある，と考えるのである。そして，男性と女性，文化（人間）と自然という二元論ではなく，両者の弁証法的で協働的な関係を実現し，中央集権的な支配構造から分権的な社会構造への変革によって，これらの問題は解決されると主張する。

最後に，「ソーシャリスト・エコフェミニズム」はマルクス主義の影響を受けたエコフェミニズム論に依拠したものであり，資本主義経済システムが内包している矛盾を批判している。資本主義の経済体制では経済成長と浪費とが不可分に結びついており，それはたんなる生産と消費の関係だけでなく，生産以前の資源収奪と消費以降の廃棄物を随伴し，これが深刻な環境破壊の原因となっているのである。このような中で，女性は資本主義体制における労働の再生産メカニズムに組み込まれており，男性に対して従属的で補助的な役割を担わされ，また，女性に特有な労働形態（性別役割分業，および，シャドウ・ワーク［I.イリッチの言葉で，主婦の家事・育児労働のように無報酬であるけれども，他の家族の賃労働を支えるためには不可欠な労働のことを表現している］）を強制されてきた。こうした状況は資源や廃棄物の問題や社会的平等，あるいは，社会的正義の観点からも大きな問題を抱えており，社会の持続可能性を損なうものである。「ソーシャリスト・エコフェミニズム」では，M.メラーが主張するように，資本主義的な家父長制とそれを支えている伝統的な男性支配イデオロギーを打破することによって，女性の自由と権利の獲得を通じて，これまでの資本主義的な社会経済システムのあり方を根本的に捉え直し，持続可能な経済システムによる人間の基本的な欲求の充足等に基礎を置きながらも，人間の生産活動・再生産活動を人間と自然との共生を可能とするような新しい社会経済システムとしての，社会主義の実現をめざすことを主張している(Mellor, 1992＝1993)。

〔3〕「エコフェミニズム」の位置

これらのエコフェミニズム論はそれぞれに力点が異なるものの，マーチャントが指摘するように，再生産の概念によって共通した方向性を見出すことができると思われる。この再生産の概念には生物学的再生産と社会的再生産が含ま

れるが，それが実践される最初の場は家庭である。フェミニズムが明らかにしたことの一つは，生活が営まれる家庭という私的領域の中にも権力関係が潜在していることであったが，そこで生み出される「支配―服従」関係は，私的領域を超えて公的領域（政治・経済）を構造化する要因にもなっている。

　世界各地のいくつかの環境運動，例えば，1970年代におけるインドでの森林伐採反対運動である「チプコ運動」（〈チプコ〉とは，木に抱きつく行為のことでインドの女性たちが森林伐採を防ぐための行動を起こしたことで有名である）は先進国による環境破壊という新たな植民地支配からの解放を女性が先頭に立って行ったものであったし，また，アメリカにおける有害廃棄物の不法投棄に反対した「ラブ・カナル事件」では，マイノリティの女性が主導的な役割を果たしている。先進国や発展途上国を問わず，資本主義社会における経済開発による環境破壊等に反対する多くの草の根運動は，女性が主導的な担い手となって展開されている。それは彼女たちが自らの私的領域である家庭や生活が公的領域の権力に対して，きわめて無防備であると理解する立場にいるからであろう。

　このように，エコフェミニズムは女性が感受する権力関係のあり方をエコロジー思想にもたらしたが，それは人間と自然との関係をどのようにして持続可能な形にしていくべきかというテーゼとともに，人間と自然とのエコロジー的な共生関係を解体させるような資本主義的な社会経済システムのあり方を根底から変革しなければ，環境問題もフェミニズムの問題も解決不可能であるという，警告的なメッセージをエコフェミニストたちが発していることに他ならない。

〔注〕
(1) 『自然の権利——環境倫理の文明史』の著者，R. F. ナッシュは，「自然の権利」をアメリカ自由主義の一つの到達点として捉えている（Nash, 1990＝1999：375-376, 第3章・5章；尾関他編, 2005：84-85）。
(2) 「生命共同体」を「生物共同体」と訳出している訳書もあるが，動植物に限らず，土壌・水等の非人間的存在に対する「生命権」の付与として，レオポルドは考えているので，「生命共同体」と訳出する方が適切かと思われる。
(3) 「環境ファシズム」（Ecofascism, ないし, Environmental Fascism）とは，自然の生

第5章　「現代環境思想」の五つの潮流

態系（ecosystem）や生物の種（species）の保護を最優先していく地球全体主義を批判していく場合に使われている考え方のことである。「動物の権利」論者のT. レーガンが1983年に刊行した著作，*The Case for Animal Rights*, The University of California Press.（＝［該当部分の邦訳］青木玲訳（1995）『環境思想の系譜3　環境思想の多様な展開』東海大学出版会）の中で，A. レオポルドの「土地倫理」やJ. B. キャリコットの「生態系中心主義」等の考え方に対して，エコファシズム的と批判されている。また，『人口爆弾』や『人口爆発』等の著者である，生物学者のP. R. エーリックも人間を汚染物質として扱うなどの表現をしていることから，エコファシズム論者として批判されている。人間の生命的価値よりも，人間以外の動植物の生命的価値を優先し，かつ，個々の生命の犠牲を容認するような考え方をこの「環境ファシズム」が示していることから，多くの社会的批判を受けている。

⑷　「環境的正義思想」の「環境的正義」については，日本では，「環境正義」，あるいは，「環境的公正」（戸田清）のような訳語がみられるが，ここでは，「社会的正義」と同じく，「環境的正義」という訳語を採用している。

⑸　このことが「環境的正義論」では，「分配的正義」（Distributive Justice）の問題，すなわち，環境問題によって便益を受ける者と被害（負担）を受ける者とに分けられ，被害を受ける者に対する「分配的不正義」が環境差別を生み出すことになるという考え方である。

⑹　1990年代初頭，カナダのブリティッシュ・コロンビア大学教授のW. リースと大学院生のM. ワケナゲルによって，地球の自然環境における「収奪された環境収容力」［ACC＝Appropriated Carrying Capacity］として提唱され，1992年にリースが「エコロジカル・フットプリント」という用語に変更して，「エコロジカル・フットプリントと収奪された環境収容力——都市経済が排除したもの」（原文—Ecological footprints and appropriated carrying capacity : what urban economics leaves out, Environment and Urbanization 4, 1992）という論文を発表した。さらに，大学院生のワケナゲルは1994年に，カナダのブリティッシュ・コロンビア大学の大学院コミュニティ・地域計画専攻に博士論文（Ph. D. Thesis）として，「エコロジカル・フットプリントと収奪された環境収容力」（原文—ECOLOGICAL FOOTPRINT AND APPROPRIATED CARRYING CAPACITY : A TOOL FOR PLANNING TOWARD SUSTAINABILITY）を提出した。この論文のタイトルの意味は「ある特定の地域の経済が集う，または，ある特定の物質水準の生活を営む人々の消費活動を永続的に支えるために必要とされる生産可能な土地，および，水域面積の合計である」とされている。日本の環境白書においても，人間活動が地球環境に及ぼした影響を指標的にわかりやすく説明するために使用されている（Rees & Wackernagel, 1992）。

⑺　〈エコロジスト〉（The Ecologists）と称する人々は，人間が生態系という根源的な自然環境を破壊する行為に対して，批判的な意味を込めて，環境問題ではなく，エコロジー問題というような言葉使いをしている。

第6章

「現代環境思想論」の視点と考え方

第1節 「現代環境思想論」の視点と方向性

　環境問題を思想的立場から捉えていく場合，一つには，人間（人間中心主義）と自然（生態系中心主義，あるいは自然中心主義）の関係性，さらには，環境思想としての影響力，すなわち，環境思想における内発的側面（価値変革）と外発的側面（行動変革・制度変革），という二つの側面がある。換言すれば，環境思想には人間と自然との共生をめぐる二つの社会システムの対立，すなわち，〈資本主義的な社会経済システム〉（経済成長を基盤とする，〈人間社会〉の発展）と〈エコロジー的に持続可能な社会システム〉（生態系の持続可能性を基盤とする，〈緑の社会〉の構築と発展）との対立を解決し，自然と共生する環境社会という新しい社会システムを構築していくための方策を見出していくことが求められているのである。

　そこで，われわれは，環境思想を通じて市民生活と密接に関わる諸領域のエコロジー化によってもたらされる新しい学問領域，すなわち，現代環境思想とその構成要素である，環境政治思想，環境経済思想，環境文化思想，環境法思想，環境政策思想，を有機的に統合化させることによって，エコロジー的に持続可能な〈緑の社会〉を実現していくための基盤である現代環境思想の視点と考え方を基軸としながら，今後の方向性について示唆していくことにしている。

第2節　「環境政治思想」の視点と考え方：政治思想のエコロジー化

1．新しい政治スタイルと「環境政治思想」の登場

　1960年代後半から，1970年代にかけて，欧州では，高度産業社会がもたらした「経済的な豊かさ」を享受する中流階層が増加する一方，経済的不平等や都市化による都市問題等の「経済的な貧しさ」に対して不満をもつ下流階層が急激に増大化してきた。すでに指摘してきたように，こうした一般大衆の不満は「異議申立て」(Contestation) という形での政治参加をもたらし，学生運動・女性解放運動・環境運動・消費者運動等とともに，既存の政治体制の構造変革を市民の政治的意思として提示していく「新しい政治スタイル」(New Politics) を生み出したのであった (Carter, 2001：86-88)。

　こうした背景の中で，高度経済成長によって生み出された負荷現象としての地球規模での公害問題（環境破壊，環境汚染，地球温暖化，酸性雨，オゾン層の破壊，地球砂漠化等）や環境問題が増大化し，その政治的な対応スタイルとして登場したのが，エコロジー思想やエコロジー運動を政治的なアジェンダ化し，政府等の行政に対して政治的な解決を要求していく「政治的エコロジー」(Political Ecology) であった。フランスを中心として誕生したこの「政治的エコロジー」運動が「新しい社会運動」(New Social Movement) として実践化していく過程で，環境問題に対する政治学的な思想や理論の体系化という形で登場してきたのが，環境政治思想 (Environmental Political Thought) や環境政治学 (Environmental Politics) である (Lipietz, 1999＝2000；國広，1996：2)。こうした環境政治思想や環境政治学は，たんなる学問的な理論としてだけではなく，環境運動の政治化＝政党（緑の党）や市民運動としての環境運動における理論的な柱としての役割，さらには，国際・国家・地方の各レベルでの環境政策の意思決定に関わる多元的な役割をもっていた (Carter, 2001：2)。

　他方，日本における環境政治思想の萌芽的な研究は，私見では，藤原保信（元早稲田大学政治経済学部教授）の『自然観の構造と環境倫理学』(1991年) が端緒ではないかと思われる。その著作の中で，藤原は欧州における環境政治思

想の最先端の研究成果として，A. ドブソンの『緑の政治思想』(Dobson, 1990・1995＝2001) を紹介している。藤原によれば，環境破壊は機械論的自然観から生まれたものとして批判した上で，生命中心主義的自然観こそが有機的自然化を生み出すと指摘している。さらに，そうした有機的自然観が欧州では，環境倫理思想から環境政治思想へと転換していく可能性をもっていることを藤原は示唆していたのである（藤原，1991：171-172）。

その後，わが国では，環境政治思想に関する研究は哲学や倫理学系統を専門とする，一部の研究者や「環境思想研究会」(2003年創設の国際的な環境思想の研究団体で，ドブソン［当時，イギリスの通信制大学，オープン・ユニバーシティ教授］や筆者［当時，日本大学教授］を中心として，環境政治思想，環境経済思想，環境文化思想，環境政策思想等の多角的な環境思想を研究する組織が形成された) 等を通じて行われ，『緑の政治思想』(Dobson, 1995＝2001)，『環境政治理論』(丸山，2006) などが刊行された。また，ドブソン（イギリス・キール大学教授），R. エッカースレイ（オーストラリア・メルボルン大学教授），J. バリー（イギリス・クィーンズ大学ベルファスト准教授）を招いて，2002年11月に大東文化大学・国際比較政治研究所の主催で「環境問題と政治学――環境政治学の役割と課題」（ドブソンとエッカースレイの両氏が参加）を開催した。さらに，2008年6月に千葉大学・地球福祉研究センター，ならびに，環境思想研究会の共催で，「環境思想国際シンポジウム――環境思想とその公共哲学」（バリーとエッカースレイが参加）が開催され，環境政治思想に関する研究が日本においても活発化しはじめてきたが，現在の段階でも，こうした学問領域は日本では今なお発展途上の段階である。

2．環境政治思想から，緑の政治思想へ

欧州では，1980年代にドイツを中心として，政治的エコロジーの影響を受けて，「緑の党」（正確にいえば，「緑の人々」[Die Grünnen]）が誕生し，「緑の政治」における四つの政策要綱，すなわち，①「生態的な責任」，あるいは，「持続可能性」，②「草の根民主主義」，③「社会的正義」，④「非暴力」，が提示され，〈エコロジー的に持続可能な社会〉としての〈緑の社会〉を実現していく

ための指針が明確化された。

　こうした中で，ドブソンは政治的イデオロギーとしての，「エコロジズム」(Ecologism)を基盤とした，新しい環境政治思想としての「緑の政治思想」(Green Political Thought) を構想し，この政治思想がポスト環境社会の新しい社会構想としての〈緑の社会〉(Green Society) を実現していくための，社会変革的な役割を担っていくものとして考えている。また，彼は今日の環境問題の原因を産業主義を機軸とした資本主義的な社会・経済構造の矛盾に見出した上で，環境思想を「環境主義思想」(Environmentalism) と「エコロジズム思想」(Ecologism) の二つに区分している。前者については，資本主義社会における生産と消費のシステムを維持したままで，環境問題に対して環境技術で対応すればよいとする管理的アプローチに依拠していることに，超イデオロギー (Super-Ideology) として産業主義を批判できるようなイデオロギーの条件が満たされていないとしている (Dobson, 1995 = 2001 : 1-18)。

　ドブソンの「エコロジズム思想」は，環境保全型の環境運動を既存の産業システムに組み込まれた改良主義的な環境主義から脱皮させ，自然の生態系と共生する持続可能な緑の運動へと転換させることによって，環境問題を根本的に解決していくことを意図している。もちろん，思想原理としての「エコロジズム」や「緑の政治思想」も今日の環境政治思想の一潮流にしか過ぎないし，緑の社会主義思想やエコアナーキスト的なコミューン思想 (D. ペッパーなどのエコ社会主義論や M. ブックチンのソーシャル・エコロジー論等のアナーキズム的な社会理論) などにみられるように，「環境政治思想」も資本主義社会としての産業社会の捉え方をめぐって，多様に展開している。

　このように，今日のような深刻な地球環境危機を解決するためには，高度産業社会におけるわれわれの生活のあり方 (過剰な消費文化やそのライフスタイル)，さらには，経済成長を重視する「大量生産―大量消費―大量廃棄」型の社会経済システムを根本から見直さなければならないという点では，前述の緑派の人々の共通認識は一致しているようである。さらには，今日のような多様化・複合化した，環境問題に対処していくためには，環境技術論やリサイクル社会論等のような技術対応的な対症療法ではなく，人間と自然との関係を生態

系システムの中で共生させるような新しい環境社会構想を描かなければ，こうした深刻な危機を克服することはできなくなってきているのである。

これに対して，すでに述べたように，キール大学の環境研究部門である，SPIRE（School of Politics, International Relations and the Environment―政治・国際関係・環境学群，欧州における環境問題の社会科学的な研究に関する中心的な役割を担っている）において，ドブソンの同僚であった，バリー（北アイルランド・クィーンズ大学ベルファスト準教授）によれば，ドブソンの「緑の政治思想」は A. ネスのディープ・エコロジー思想に触発された，「緑のイデオロギー」であって，〈エコロジー的に持続可能な社会〉としての〈緑の社会〉を達成するためにはあまりにも理想主義的であるとして批判している。そして，エコロジー的に持続可能な緑の政策を具現化していくための「緑の政治経済学」（Green Political Economy）を基盤とした，現実的な「緑の政治理論」（Green Political Theory）の重要性を提起している（Barry, 1999）。

この二人は〈緑の社会〉に関する最先端の社会理論研究者であると同時に，イギリスの各々（イングランド・ウェールズ地域の緑の党，北アイルランド地域の緑の党）の緑の党に所属し，実践的な活動を展開していることは非常に興味深いことである。また，オーストラリアのすぐれた女性環境政治学者である，エッカースレイは後述するように，既存の環境保全型の社会としての，〈環境社会〉の基本的価値観を環境的持続可能性から，エコロジー的持続可能性へと転換し，そうした考え方を環境政策に反映させることによって，「緑の民主主義」（Ecological Democracy）の政治体制につくりかえ，新しい国家像としての「緑の国家」（Green State）への移行が可能である，としている。また，彼女はその著作『緑の国家』（*The Green State*）（Eckersley, 2004＝2010）を通じて，そのための理論的・実践的方向性も提示している。

このように，経済成長に依拠した，現在の〈環境社会〉では，多様化・高度化・複合化しつつある地球環境問題を根本的に解決していくことは困難となっている。そこで，今日の高度産業社会の基本原理である「大量生産―大量消費―大量廃棄」型の社会経済システムを生産と消費の両面から根底から変革していくためには，〈エコロジー的に持続可能な社会〉を構築していくための思想

原理としての,「緑の政治思想」による市民の政治意識の変革（エコロジー的市民性〔ecological citizenship〕）が必要となってくるのである。

第3節 「環境経済思想」の視点と考え方：経済思想のエコロジー化

1. 公害問題・環境問題による経済思想の変容：環境経済思想の誕生

　18世紀後半から，19世紀初頭にかけての産業革命を経て，近代産業社会を形成してきたのは，社会進化論・社会進歩思想等の社会発展思想，さらに，能率思想・分業思想等の技術発展思想などの産業主義思想である。こうした産業主義思想の経済的基盤を支えてきたのは，自由主義思想を基盤とした資本主義経済を基調とする古典派経済学（スミス，リカード，マルサス，ミル等）や産業社会発展の効率性を推進してきた新古典派経済学（マーシャル，ピグー，ワルラス等）などであった。広い意味でのこれらの近代経済学派の人々（マルクス主義経済学派に対抗）が資本主義経済体制の発展により，人々に経済的な豊かさをもたらしたことは事実である。しかし，自然の収奪や破壊により，経済発展（ないし，経済成長）の負の遺産としての公害問題や環境問題をもたらしたこともまた，歴史的事実である。

　こうした環境危機的状況の中で，1960年代から1970年代にかけて，経済発展＝社会発展という経済成長中心の社会発展に対して，その負荷現象としての，公害問題や環境問題を経済学の立場から解決していこうとする人々がA.V.クネーゼの『経済と環境』（Kneese, 1970＝1974）の刊行を契機として，経済学も環境問題に本格的に取り組まなければならない必然性を見出したのであった。つまり，「現実の環境問題が産業活動や人間生活という広い意味での経済活動の結果として発生しており，またその環境問題が経済活動自身を大きく制約してくるような今日の段階では，環境問題や環境政策を論じる上で，経済学からのアプローチ，すなわち，環境経済学は，社会にとっても，経済学自身にとっても，不可欠かつ主要な学問領域になってきているといわざるをえない」という，環境経済学の必要性と重要性を指摘する考え方が経済学の分野から出てきたのである（植田，1991：9-23）。これまでの経済学では，環境問題を経済構造

全体の中で研究対象とする研究者はほとんどみられず，経済学と環境問題を構造的に結びつけて検討していくようになったのは，アメリカの経済学者，K. E. ボールディング（当時，コロラド大学教授）が『来るべき宇宙船地球号の経済学』(*The Economics of the coming spaceship*)（Boulding, 1966）を著して，将来，地球資源が枯渇していくことを警告したことやローマクラブの『成長の限界』報告書（Meadows, 1972＝1972）の中で，地球経済は有限な環境システテムの下位体系にすぎず，モノの経済成長はいずれ行き詰まるという強いメッセージを発したことに起因したとされている（Steiguer, 1997＝2001：81-84；Page & Proops, 2003：86）。このようなメッセージはこれまで，産業発展の原動力となっていた化石燃料が人間の無原則な浪費によって消滅していくことを憂い，エネルギーと天然資源の消費のあり方，ひいては，こうした産業文明をリードしてきたこれまでの経済学のあり方を厳しく批判したものであった。

　日本でも，1960年代後半に政府・企業が主導して全国的に展開した全国総合開発計画（第1次）が経済開発優先の地域開発政策を推進した結果，発生した「四大公害事件」（熊本県水俣湾の水俣病，新潟県阿賀川流域のメチル水銀汚染，三重県四日市の硫黄酸化物による大気汚染［ぜん息］，富山県神通川流域のカドミウムによる水質汚染）に象徴されるように，経済開発がもたらした負荷現状に対して，さまざまな経済学者や政治学者がこうした地域開発政策を批判し，公害問題を社会問題として捉えていく糸口をつくったのであった。政治学者の松下圭一が『都市政策を考える』（1971年）を，経済学者の都留重人が『公害の政治経済学』（1972年）を，さらに，財政学者・環境経済学者の宮本憲一が『地域開発はこれでよいか』（1973年）をそれぞれ刊行して，それまでの資本の論理による地域開発政策や地域経済政策を厳しく批判したのであった。こうした活動が経済成長を全面的に支援していく既存の経済学のあり方に対して，環境問題を重視する経済学へと転換させていく契機をつくったのである。

2．環境経済学の視点と考え方

　欧米では，環境問題が社会問題となりつつあった1970年代に，これまでの主流派経済学である新古典派経済学が自然環境に関心を示し，経済学の枠組みの

中で人間の経済活動と自然環境との関係をどのように捉えていくか，ということを模索しはじめたのであった。その基本的な考え方は環境問題を政府・企業における「市場の失敗」(Market Failure) の結果生じた「外部不経済」(External Diseconomies) として捉え，経済活動の中で吸収していく方策（内部化）を通じて，経済学的手法で解決していくことからはじまったのである。具体的には，環境汚染に対応していく「環境経済学」(Environmental Economics) と天然資源の減少化に対応していく「資源経済学」(Natural resource Economics) の二つに分かれたが，経済学者は当初，環境問題を生産と消費をめぐる経済システムの根本的な問題とまでは捉えていなかったようである。

しかし，その後，環境問題がグローバル化・多様化・複合化していくにつれて，経済学は環境汚染等の環境問題への対応，資源としての自然環境（再生可能な資源［漁場］と非再生資源［石油・森林等］）への対応を基軸として，環境問題を本格的に経済学の主要な領域として取り込んでいく必要性に迫られたのである。これにより人間の経済活動と生態系との共存の可能性，資源の有限性への対応を基本とした，環境経済学への道筋が検討されることになったのである。

植田和弘は，環境経済学を既存の経済学のディシプリンを現実の環境問題に摘要しようとする立場と環境問題の現実から従来の理論的な枠組みそのもの（経済学方法論）を改めて問い直そうとする立場に分けて，今後，環境経済学は環境経済思想，環境問題，環境政策を有機的に連関させることで体系化させ，環境問題の解決に経済学がどのような有効な役割を果たしていくべきか，について次のような五つのアプローチについて述べている。具体的には，①「物質代謝論アプローチ」—環境問題を「人間と自然の間の物質代謝」過程のあり方として捉える（エコロジー経済学やエントロピー経済学も含まれる），②「環境資源論アプローチ」—環境問題を，環境資源（森林資源・水資源・水産資源等）をめぐる経済問題として捉える，③「外部不経済論アプローチ」—公害・環境問題を「市場の失敗」として捉え，公共政策的手段を使って市場に内部化し，問題解決を図る（従来の主流派経済学の基本的考え方），④「社会的費用論アプローチ」—外部不経済論アプローチと同じく，公害問題や環境問題を「市場の失敗」として捉え，外部不経済が生じた費用を社会的に負担していくとする考

え方で，私企業だけではなく，公共政策の観点から問題解決を図っていこうとするもの（K. W. カップのアプローチ），⑤「経済体制論アプローチ」──「経済体制が違うと公害発生やそれに対する対応の効果が体制的理由により，異なりうるとみなす」立場で，社会経済体制のあり方を起点として問題解決を図っていくもの（都留や宮本らの「政治経済学的な方法論」で，公害や環境破壊を引き起こす要因を政治経済構造に求めるもの）である（植田他編，1991：20-26，30-120）。

こうしたアプローチは，従来の経済学の枠組みの中での環境問題を解決する方策を経済的効率性だけではなく，地球の生態系システムとの関係の視点から経済学的手法を用いてどのように追求していくべきか，という真摯な取り組みであることは間違いない。しかし，人間の経済活動システムと自然環境の生態系システムとの持続可能性（経済的持続可能性とエコロジー的持続可能性の両面）の観点からみると，経済的持続可能性に依拠したままで，エコロジー的持続可能性を経済活動の枠内に閉じ込めているように思われる。

3．エコロジー経済学の視点と考え方

地球温暖化，酸性雨，オゾン層の破壊，地球砂漠化減少等にみられるように，環境問題がローカルから，グローバルな社会的争点へと移行した1990年前後，環境問題への経済学的手法による解決策を見出そうとした環境経済学の研究者の中にも，「人間は自然の一部であり，経済システムと生態系システムには相互性がある」といった，生態系システムの中の経済システムの考え方，すなわち，「エコロジー経済学（ないし，エコロジカルな経済学）」（Ecological Economics）を構築していく経済学者が現れたのであった（Page & Proops, 2003：87）。環境経済学が環境問題を外部不経済性を起因とした，「市場の失敗」によって生じた経済的合理性の観点から捉えるのに対して，エコロジー経済学では，環境問題を倫理的・社会的次元から捉え，人間行動の倫理的原理の役割とともに，経済システムと生態系システムの物質循環的な関係を重視するのである。

例えば，環境経済学では，地球温暖化問題を気候変動に対する経済的コストの評価として考え，問題解決のための最適な戦略として環境税という負荷を導入する方法を採用するのに対して，エコロジー経済学では，経済構造が自然と

どのような関係をもっているか，さらに，自然からどのような影響を受けるのかという，「インプット—アウトプット手法」を使って，生態系の内部構造を分析していくような，予防的アプローチをとり入れている。その際には，①経済活動を含めた，人間の活動が生物システムと相互関係にあること，②生態系の安定性や回復力を基軸とした，生態系分析の考え方が採用されており，そうした考え方が「持続可能性」や「持続可能な発展（開発）」に関係していること，③経済活動と環境悪化の間には「エントロピー」的な関係（人間の経済活動は物理的法則［熱力学第2の法則］によって捉えられるべきであるという考え方）があり，経済システムが生態系システムに負荷をもたらしていることをこの概念が例証していることがあげられている（Barry & Frankland, 2002 : 153-154）。

こうした考え方には，人間と自然との生態学的な関係を多元的な観点から捉え，エコロジー的に持続可能な関係を経済学的手法によってどのように構築していくべきか，というエコロジー的な視点が明確にみられる。この結果，R. コンスタンザによれば，「エコロジー経済学は，生態系と経済システムの間の関係を最も広範な意味で取り扱うものである」とともに，「持続可能な規模，公正な所得分配，効率的な資源分配の三つの独立した目標を達成することがエコロジー経済学の目標である」と結論づけられる (Constanza, 1989 : 2 ; Constanza et al., 1997 : 79)。エコロジー経済学者の倉阪秀史によれば，エコロジー経済学には，①人間の経済は全体として閉じられたものではなく，それを取り巻くより大きな生態系に開かれているという認識，②このような生態系サービスは人間の介入なしに提供されうるという認識，③生態系サービスは，人工的なサービスによって完全に代替できないという認識，④人間の福祉や人間の持続可能性は，市場における決定のみでは保証されないという認識，⑤エコロジカル経済学は学際的でなければならないという認識，という五つの経済学と生態系に関する多元的な認識が必要であるとしている（倉阪は「エコロジカルな経済学」という用語を使用している［倉阪, 2005 : 178-179］）。

このようなエコロジー経済学には，環境問題は「経済的市場」のみにおいて解決されるのではなく，倫理的（企業倫理論）・社会的（CSR論＝企業の社会的責任論）を基盤とした，「企業の社会性」戦略を通じて，「社会的市場」におい

て解決されるべきである，という「グリーン・エコノミー（green economy）」（人間の経済活動と自然の生態系システムとの有機的な相互性によるエコロジー的に持続可能な経済活動）の構築に向けた，ラディカルなエコロジー的視点と役割がさらに期待されているといえるだろう。

第4節 「環境文化思想」とは何か：文化のエコロジー化

　環境思想の構成要素の中で，人間の自然観を価値論的に示すのが「環境文化思想」である。「環境文化思想」は人間が自然に対する価値観を形成していく上できわめて重要な役割を果たしている。ここでは，「環境文化思想」の中核的要素である，環境哲学思想・環境倫理思想の形成に大きな影響力を与えた，A.ネスのディープ・エコロジー思想を起点として，「環境文化思想」が環境社会を変革していく思想的な可能性について検討していくことにしている。

1．「環境文化思想」の視点と考え方

　これまでのところ，「環境文化思想」（Environmental Cultural Thought）について取り上げたり，さらに，体系的に論じた著作や論文は見当たらない。したがって，ここでは，環境主義やエコロジズムという環境思想の価値基盤となった，「環境哲学」（Environmental Philosophy）や「環境倫理学」（Environmental Ethics）を「環境文化思想」（自然に対する倫理的価値）として集約することによって，それが倫理的価値の進化によってどのような変容を遂げ，今後，どのような役割を担っていくべきかについて考えていくことにしている。今日の環境危機に対応していくためには，「大量生産―大量消費―大量廃棄」型の社会経済システムをどのようにエコロジー的に変革していくべきかということが優先的に検討されている。その中でもっとも重要なのは，そうした物質文明を支えている価値基盤である産業主義思想を生態系システムと共生できるような環境共生型の思想へと転換させていくことである。その役割を担っているのが人間中心主義的な自然観を生態系中心主義的な自然観へと導いた，「環境倫理学」や「環境哲学」から構成されている「環境文化思想」である。換言すれば，

図表6-1　環境哲学の三つの類型

(1) 「**自然への人間中心主義的な（浅薄な）視点**」——資源保護や環境保全主義。環境保護は人間の利益より下位である。
(2) 「**自然への中間的な視点**」——道徳的な配慮を一定の人間以外の存在（動物，植物，有感覚的存在等）を対象として行うこと。
　　Ⓐ「道徳拡大主義者」:『動物解放論』(P. シンガー),『動物の権利擁護論』(T. レーガン)
　　Ⓑ「倫理的全体論者」:『自然の固有の価値』(J. B. キャリコット),『環境倫理学——自然界における価値と義務』(H. ロルストン)
(3) 「**自然への生態系中心主義的な（深遠な）視点**」——環境に対して，非人間中心主義的な観点からの倫理的地位の再概念化
　　Ⓐ「ディープ・エコロジスト」:『浅薄なエコロジー運動と深遠で長期的なエコロジー運動［ディープ・エコロジー］』(A. ネス),『ディープ・エコロジー』(B. ディヴァール／G. セッションズ)
　　Ⓑ「トランスパーソナル・エコロジスト」:『トランスパーソナル・エコロジー』(W. フォックス)

（出所）Carter, 2000：17.

「環境文化思想」とは，人間と自然（生態系）との関係をエコロジー的視点からどのように捉えていくかという価値観であり，生態学的理性といえるだろう（N. カーターによる「環境哲学の三類型」［図表6-1］を参照のこと）。

2．環境倫理思想の進化とディープ・エコロジーの役割

「環境保護（保存）主義」から，「環境保全主義」へと変容した伝統的な環境主義思想は人間中心主義を基盤とした環境保護（保存）思想を形成したが，この立場では，環境問題はあくまで「開発」（環境保全主義）と「環境」（環境保護［保存］主義）の間において，人間の自己利益的志向による問題解決が優先されるべきである，という功利主義的な自然観が依然として残存している。

自然に対する倫理的・哲学的意味が現実に社会的な影響力をもちはじめるようになったのは，これまでのエリート層を中心とした環境保護（保存）運動が大衆運動としての環境運動へと移行しようとした1960〜70年代で，この時期には，人間と自然との関係を根底的に見直していく環境主義思想 (Environmentalism)，すなわち，「動物解放論」(P. シンガー),「動物の権利論」(T. レーガン),「自然物の当事者適格性」(C. D. ストーン),「ディープ・エコロジー」(A. ネス) を中心とした，ラディカルな環境主義思想が登場してきた。〈ディープ・エコ

図表6-2　ディープ・エコロジーの世界観

〈支配的な世界観〉	〈ディープ・エコロジー〉
・自然を支配すること	・自然との調和
・人類の資源としての自然環境	・全自然は固有の価値をもつ／生物種の平等
・増加しつつある人口のための物質的／経済的成長	・上品で質素な物質的欲求（自己実現というより大きな目標のための物質的目標）
・豊富な資源の貯えへの信仰	・地球の「供給」には限界がある
・高度な科学技術の進歩と解決法	・適正技術・非支配的な科学
・消費（者）主義	・必要なだけにとどめ，リサイクルを活用する
・国民的／中央集権的共同体	・マイノリティの伝統／生命地域

(出所) Devall & Sessions, 1985 : 65-70.

ロジーの世界観〉に関する図表6-2はネスの生態系中心主義的な哲学思想を発展させた，アメリカの哲学者，G.セッションズとB.デヴァールによる「ディープ・エコロジー思想」の特徴を示したものである。対比されている支配的な世界観とは，ラディカルな環境主義思想の批判対象とされている近代社会が生み出した，「産業主義思想」と考えてよいだろう。

産業主義思想は近代的価値理念の一つを構成するものであるが，J.ポーリットの指摘にみられるように，資本主義と共産主義を内包する「超イデオロギー」(Super-ideology) である。産業主義思想は，人間のニーズに対応していく最良の手段として，産業（経済）の「成長」，生産手段の「拡大」，「物質主義」的倫理観，際限なき「テクノロジー信仰」にみられるように，近代社会の基本特質である，経済成長型の社会発展観を当然のこととし，地球・自然・資源を人間の物質的欲求や自然環境の征服のために存在するものと考える価値理念に準拠している (Porritt, 1984 : 44)。

さて，図表6-2からも理解されるように，「ディープ・エコロジー」を典型とするこの時期の環境哲学の発展は産業主義思想とは全く対照的な思想的基礎を有している。1973年にネスが発表した「シャロー・エコロジー」との対比に関する論文は当時，中心的であったラディカルな環境運動が産業先進国のための環境汚染の削減と資源稀少化の緩和という狭い視野に止まるものであったことを明確に示すことになった (Naess, 1973)。

一般に，今日の環境倫理思想の基本的考え方は，①「自然の生存権」，②

「世代間倫理」，③「地球全体主義」（加藤尚武は後に，「地球の有限性」という言葉に変更している），の三者を主要な構成要素とするものとされる（加藤，1991；1998）。これに対して，「ディープ・エコロジー」の特徴はその究極的規範に「自己実現」(Self-Realization) と「生命中心主義的平等」(Biocentric Equality) を置いているところにある。ネスが提起した，究極的規範としての二つの要素は，それ自体が他の原理や直観から導かれることのない，「直観」であるとされる（Devall & Sessions, 1985）。

　この「自己実現」とは，たんなる利己主義や他人と競合＝競争的な自己に依拠しているのではない。〈self〉と〈Self〉という区分を援用しながら，真の自己実現は原子論的な自己（意識）を乗り越えたより大きなもの，つまり，「自分が属する世界の全体と一体化し自己同化することによってより大きな自己感覚を獲得することを意味して」おり，霊的・宇宙論的 (Spiritual/Cosmological) な一体化を究極に置くものである（鬼頭，1996：84-85）。また，「生命中心主義的平等」は，生態圏のすべての有機体と実在が相互に関係した全体の一部として，その固有の価値において平等であるという基本的直観から，すべての存在が先の「自己実現」を獲得する平等な権利を有する，という考え方である。

　このような「ディープ・エコロジー」に関する議論は，人間中心主義的な「産業主義思想」に対する自然中心主義的な立場からの徹底的な批判であり，そこでは人間中心主義が放棄され，地球全体主義（＝人間非中心主義）的視点，あるいは，産業主義的視点から，自然を保護するための「対抗理論」としての位置にあるといえるだろう（森岡，1995：45-69）。さらには，他者＝他の存在に対する危害・支配は悪しきものと考えられている。平等性を基盤としつつ，対等な者として他者（＝他の存在）に接するという思想は，果たして，現代の環境問題を解決する変革的な思想＝価値理念として十分なものといえるだろうか。

　環境哲学としての，「ディープ・エコロジー」は内在的価値論を平等性や権利概念と安易に結びつけることによって，神秘的な解決（精神性）を提起し，「人間の間の，さらに人間と環境との間の実践的な関係に十分な注意を払っていないために，その勧告を非実践的なものにしている」という理由から，ドブソンは「ディープ・エコロジー」における社会的実践性の欠如を批判している

(Dobson, 1995 = 2001:98)。平等性や個体的権利を基礎づける価値理念には「個別性」(Individuality) や「固有性」(Uniqueness) を重視する近代リベラリズムの諸議論との調停を図る必要性がある。自然の進化という枠内でみても,人間の行動が質的な改善を生み出しており,「人間の合理的介入によって自然は方向性を獲得し,より複雑な生命形態を発展させる力,自身を分化させる力を獲得する」という,ブックチンのディープ・エコロジーへの批判がそれ自身適切であるかどうかは別にしても,人間と自然との関係がこうした経緯(人間の合理的介入の歴史)を辿ることで,生命圏平等主義にもとづく自己実現という様式=倫理が万能ではない状況に至っていることは確かであろう (Bookchin, 1989 = 1996:203)。

3．〈観念としての環境文化思想〉(内発的変革) から,〈実践としての環境文化思想〉(外発的変革) への転換

宗教(キリスト教)が絶対的な権力をもっていた西欧の封建社会では,人間と自然との関係はキリスト教的自然観,つまり,地球上の万物はすべて,神の御業(みわざ)によるもので,人間の賢明なる利用範囲であれば,自然を人間の資源として収奪することを是とする,〈人間中心主義〉(Anthropocentrism) から出発し,自然保護思想が登場する19〜20世紀頃まで,自然収奪の倫理的論拠とされてきた。こうした伝統的な自然観の修正を余儀なくされたのは,産業革命による近代産業社会が成立し,近代産業社会におけるさまざまな病理現象が出現してからに他ならない。換言すれば,「大量生産―大量消費」型の近代社会における社会経済システムの基本原理を基盤とした,豊かな社会を追求していった反動として,自然の収奪・破壊・汚染,さらには,産業的な生産性を高めるための,都市化・産業化現象の増大化が近代産業社会の負荷現象としての公害問題・環境問題・都市問題等を生み出したのである。こうした負荷現象に歯止めをかけ,人間と自然との生態系システムにおける均衡をめざして,経済成長による社会発展の考え方を再検討させようとしたのが,〈生態系中心主義〉思想 (Ecocentrism) なのである。このことは,西欧世界を支配してきた,キリスト教的自然観を変革するものであり,科学的な自然観を基盤とした社会

進化思想，社会進歩思想，合理化思想等，経済発展による社会発展のあり方を再検討していくものであった。

しかし，ローマクラブの『成長の限界』報告書にみられるように，急激な産業社会の進展と拡大は，人間の自己利益のための自然環境の破壊（ひいては，地球環境の破壊）が「自然と人間との関係」を見直さざるをえないような状況をつくり出したのである（Meadow et al., 1972＝1972）。そうした意味で，環境思想を捉えていく場合には，「自然と人間との関係」をエコロジー的な持続可能性の観点から，的確，かつ，明確に理解していく必要がある。A. レオポルドの「土地倫理」思想を契機として，自然と人間は倫理的にも，生命的にも平等であるという「生命共同体」思想が環境思想に脈々と流れているといえるだろう。こうした思想が環境哲学や環境倫理学の素地となったのである。

さらに，現代の環境文化思想には，人間の内発的な価値転換のための，〈観念としての環境思想〉（環境哲学・環境倫理学）的な意味だけではなく，環境問題を近代産業社会から継承してきた，資本主義的な社会経済システムそのものの問題として捉えていくことが求められている。また，〈産業社会〉から，〈環境保全型の環境社会〉への移行，さらには，〈エコロジー的に持続可能な緑の社会〉への構造転換に向けての，われわれの価値や行動の変革を現在の社会経済システムの基盤となっている社会制度の変革，すなわち，資本主義的な「生産と消費」をエコロジー的な社会経済システムへと転換していくという，エコロジー的持続可能性の追求（理想）と環境政策的対応（現実）という実践的な視点から解決していくことが環境文化思想に強く要請されているのである。

第5節　「環境法思想」の視点と考え方：「自然の権利」の役割

1．環境破壊と「自然の権利」論の位置

これまで何度も述べてきたように，産業革命以降，われわれ人間は「産業主義思想」を基盤とした，高度な物質文明を築いていくために，自然を収奪・破壊し，支配してきた。その結果，地球の生態系を壊し，地球温暖化，酸性雨，砂漠化等のさまざまな環境破壊や環境汚染を繰り返してきた。こうした人間中

心主義的,功利主義的な自然観を基軸とした〈文明思想〉を倫理的・哲学的視点から批判し,人間と自然との共生的な関係を構築していくための思想的装置がすでに述べた「環境文化思想」である。これまで,「人間は生まれながらにして不可譲にして固有の権利をもっている」,という,「自然権」(Natural Rights) をもとに,自然を支配していく法的論拠を主張し,自然破壊を行ってきた。それに対して,「土地倫理思想」(A. レオポルド),「動物解放思想」(P. シンガー),「動物の権利思想」(T. レーガン),「自然物の権利思想」(C. D. ストーン) などの,生態系中心主義思想を基盤とした,「環境文化思想」(環境倫理学・環境哲学) から登場してきたのが,「自然も生態系の一員として固有の価値をもつがゆえに,自然権および生存権を有する主体」であるから,人間と同じ固有の権利を認めるべきである,という「自然の権利」思想なのである (尾関他編, 2005 : 84-85)。

今日では,C. D. ストーンの「樹木の当事者適格」訴訟に端を発した,「自然の権利」思想がアメリカのみならず,日本においても議論されつつある。環境法や環境権のように,人間にとって有益な法的整備は進んでいるけれども,人間と同じ生命共同体とされている「自然物」に対して,人間と同じような法的保護が可能となるだろうか。その意味では,「自然の権利」訴訟は「自然の権利」という,法的な変革思想のゆくえを占う重要,かつ,変革的な機会を提供するものであるといえるだろう。

2.「自然の権利訴訟」の意味:「自然の権利」の制度化

自然物の権利とその法律上の訴訟がもつ意味について,ストーンは次の三点を強調している (山村・関根編, 1996 : 127-132)。

それは第一に,自然物がその権利として原告適格を有することであり,これは自然物が侵害された時に,自然物がそれ自身のために訴訟提起が可能であることを示唆している。それは環境訴訟における原告適格の範囲を拡大させることであり,自然の固有の価値を法的な枠組みの中で確立していくことにつながる。第二に,自然物の利益を損ねた場合には,これを自然物への侵害として捉えることである。それによって,企業活動や個人による自然の自由な利用やそ

れに伴う自然の破壊に対して，自然がこうむる損失を費用として計上し，これを利用者に負担させることを意味している。自然の利用や汚染を外部費用とみなしてきた従来の企業や個人の活動は，あらかじめその費用を内部化させることが求められる。第三に，自然物の侵害に対して，その利益保護や回復のために法的救済が行われるべきことである。これによって，自然そのものを救済の対象として，当事者に対する開発などの差し止めや損なわれた自然の状態を回復するための賠償を求めていくことになる。

こうした「自然の権利訴訟」の考え方は，これまでの人間による自然の収奪・破壊行為をたんに環境倫理的な側面から批判するのではなく，自然が人間と同等の権利を保有しているということを法的に認めさせることを通じて，自然物や生態系の固有の権利としての「環境権」(自然の権利) という思想を導き出すことを意味している。

3．アメリカにおける「自然の権利訴訟」の成果

1972年のシエラ・クラブ対モートン訴訟の判決において，ダグラス判事が提起した原告適格の議論は，その後のアメリカにおける「自然の権利訴訟」の口火を切る出来事となった。翌年の1973年には絶滅のおそれのある野生生物とその生息地の保護を目的とした「絶滅危惧種保護法」(Endangered Species Act：ESA) が成立し，この流れを加速させることになった。「絶滅危惧種保護法」は，危機に瀕した生物種とその生息地の保護にとってきわめて重要な法律であり，その対象となる種は内務長官が指定するもの以外にも，私人や環境団体が請願することが可能となっている。これによって，個人や団体が生物種とその生息地の利益を代弁することが可能になったのである。

こうした状況の下，1980年に「パリーラ」という鳥を共同原告とした訴訟が提起されることになる。これは，種と生息地の保護を目的として，パリーラとシエラ・クラブ・リーガル・ディフェンス・ファンドが共同原告となり，管理責任を担うハワイ州土地資源局とその代表者を被告とした裁判である。パリーラは絶滅危惧種に指定された鳥であり，種の保存法における市民訴訟条項（この条項では，個人以外にも団体や代理人といった法人や機関のすべてが訴訟を提起

できることが示されている）が活用された事例となった。

　これに先立つ1975年には，環境NGOと私人，町，そして，河川（バイラム川）が共同原告となって勝訴した「バイラム川対ポートチェスター村訴訟」があり，そこでは原告適格を争点とすることなく，実質的に「自然の権利」（ここでは，「河川の権利」）を認めた判決を勝ち取ることに成功していた[1]。そして，このパリーラ訴訟でも原告の訴えが認められ，州当局によって適正な種と生息地の保護が行われることになった。

　また，絶滅危惧種を共同原告とした訴訟として，1991年の「シマフクロウ対ルジャン（当時の内務長官）訴訟」や1992年の「マーブレット・マーレット鳥対マニュエル・ルジャン訴訟」，などがあげられる。これらはいずれも，シエラ・クラブや全米オーデュボン協会といった，長期にわたって自然環境の保護活動を続けてきた自然環境保護団体が共同原告として名を連ねているが，これはアメリカの息の長い自然環境保護運動が野生生物とともに法廷でその成果をあげた事例であるといえる（山村・関根編，1996：119-189）。

4．日本における「自然の権利訴訟」

　日本における「自然の権利訴訟」の先駆けは，1995年に訴訟提起された「奄美・自然の権利訴訟」である。これは，特別天然記念物としても指定されているアマミノクロウサギの生息地におけるゴルフ場開発許可の無効と取消を求めた訴訟であり，米国の例に倣って，自然環境保護団体や個人などとともに，野生生物が共同原告として名を連ねた。その共同原告には，アマミノクロウサギの他にオオトラツグミやアマミヤマシギ，ルリカケスといった野生生物があげられており，これらはいずれも絶滅危惧種や危急種，国内希少野生動植物種に指定されている。これは現代の日本社会において，動植物が倫理的配慮の対象とみなされているのか，さらに，法的制度の枠組みの中で，その権利が認められるのか，のいずれかを問う訴訟となり，日本人による自然への価値観を議論する契機をつくるものであった。

　この訴訟では，野生生物を原告とした部分は裁判所によって訴状が却下されており，アメリカにおける「自然の権利訴訟」でみられたように自然物を共同

原告とすることはできなかったものの，ゴルフ場開発計画は事業者の撤退に伴い1998年に正式に建設中止となった。

また，この訴訟は生物種と生息地の価値や権利の保護という視点だけでなく，地元住民が地域の自然に根差した固有の歴史と文化をいかにして守っていくのか，についての問題提起ともなった。こうして「自然の権利」思想にもとづく法的な問題提起はそれまでの奄美における人間と自然との関わり方，さらに，生活と文化のあり方についての再検討していくことにも繋がるものであった（鬼頭，1999：324-334）。

5．「自然の権利」思想の今後の視点と課題

これまでも日本では，奄美自然の権利訴訟の他に，諫早湾におけるムツゴロウや霞ヶ浦におけるオオヒシクイなどをめぐる同様の訴訟が提起されている。しかし，いずれも自然物は共同原告として認められてはいない。

これまで，「自然の権利」思想によって，人間中心主義的な自然観を変革しようとする試みが行われてきた。このような問題提起は現在の人間が抱いている自然観そのものを考え直す契機にもなってきたといえる。それは自然物の価値を認めるという考え方だけでなく，自然との実際の関わり方やそうした状態をどの程度評価しているのか，といった問題にも関わるものである。また，自然の価値を認めて権利を擁護するという立場を保持するのであれば，従来の人間中心主義的な開発（経済的利益を目的とした開発行為）と自然破壊を優先させた現行の法制度のあり方についても再考が求められることになる。

人間を超えて自然へと倫理的配慮を拡大してきた流れの中で，われわれ人間が自然の価値と権利を認め，それをいかにして法的に代弁していくのかという問題が残されている。つまり，「環境倫理上」の自然の権利と「法律上」の自然の権利，というこの二つの要素をどのように有機的に結合させ，また，「自然の権利」思想を法制化していくかを通じて，生態系を持続可能なものにさせるための知恵と工夫がわれわれに求められているといえよう（鬼頭，1999：324-334；加藤編，1998：82-83）。（図表6-3）

第6章 「現代環境思想論」の視点と考え方

図表6-3　環境思想の現代的展開

①**政治的な変革思想としての「環境政治思想」**
- 1960年代後半から70年代の欧州　経済的不平等や都市問題＞一般大衆の不満＞新しい政治スタイル＞新しい政治理論としての「環境政治思想」．環境政治思想から緑の政治思想への転換。
- 1980年代ドイツの緑の党の誕生。
- 経済的持続可能性に依拠した「環境保全型社会」では，地球環境問題の解決は困難で，エコロジー的に持続可能な社会をめざす「緑の政治思想」が必要である。

②**経済的な変革思想としての「環境経済思想」**
- 公害・環境問題による経済思想の変容＞環境経済思想の誕生。
- ローマクラブの『成長の限界』報告書の刊行。
- 日本の四大公害事件。
- 環境経済学：経済的持続可能性に依拠し，環境的持続性を経済活動の枠内に閉じ込めている。
- 環境経済学と異なるエコロジー経済学：人間は自然の一部であり，経済システムと生態系システムには相互性があるという考え方。

③**文化的な変革思想としての「環境文化思想」**
- 環境文化思想とは何か
　人間と自然（生態系）との関係をエコロジー的視点からどのように捉えていくか，という価値観である。
- 環境倫理思想の進化とディープ・エコロジーの役割
　1960年代から1970年代……人間と自然との関係を根底的に見直していく環境主義思想の登場。（例）「動物解放論」「樹木の当事者適格性」「ディープ・エコロジー」
- 今日の環境文化思想に求められる要素
　内発的変革から外発的変革への転換／人間の内発的な価値転換のための「観念的思想（哲学・倫理）」だけでなく，われわれの価値や行動の変革を社会システムそのものの制度変革（外面的変革）へと転換させていくことが求められている。

④**法的な変革思想としての「環境法思想」**
- 環境破壊に対する「自然の権利」(The Rights of Nature)。
- 樹木の当事者適格（C.D.ストーン）：自然物がその権利として原告適格を有し，訴訟提起が可能という考え方。
　　例）パリーラ鳥訴訟，バイラム川対ポートチェスター村訴訟
　　※日本ではアマミノクロウサギや諫早湾のムツゴロウのケースがあるが，いずれも共同原告とは認められなかった。

⑤**政策的な変革思想としての「環境政策思想」**
- 1960年代〜1970年代の欧州における環境問題に対する「政府の失敗」に対する政策展開（事後的な政策対応から，予防的な政策対応へ）
- 「経済発展（開発）」と「環境保護（保存）」との均衡による持続可能な環境政策の模索
- 環境を経済化するための新しい環境政策論の知的装置としての「エコロジー的近代化」論の登場—環境問題に対する経済的・技術的なイノベーションの創出

第6節 「環境政策思想」の視点と考え方:政策のエコロジー化

1.「エコロジー的近代化」論の登場と環境政策の転換

すでに,第3章や第5章で述べてきたように,産業社会の進展に伴って登場してきた,経済開発と環境保全との関係をめぐる問題を科学・技術的な観点から解決していくための方法論として,さらには,新しい環境政策の推進力として注目されたのが,「エコロジー的近代化」論(Ecological Modernisation Theory)である。この考え方は,1960年代から1970年代にかけて展開された政府による規制的な(事後的な)環境政策の失敗に対応していく形で,1980年代に,ドイツ,オランダ等の政治学・経済学・社会学等の研究者が中心となって,高度産業社会における「生産と消費」システムを環境保全型のシステム——「末端処理技術」(End of Pipe Technology)から,「予防的で,よりクリーンな技術へ」(Preventive and Cleaner Technology)と再編成していく方法論を見出したことから出てきたものである(Mol, 2009 : 21)。

この方法論を欧州各国が環境政策として積極的に取り入れ,一定の成果がみられたことを契機として,さらに,環境問題の発生に対する不確実性に対応するための予防的アプローチ(Precautionary Principle)が環境政策の原則として導入されることにより,急速に浸透していったのである。こうしたエコロジー的近代化論は「経済開発」対「環境保存」というゼロサムゲーム的な政策認識から,「経済開発」と「環境保全」との可能な限りの「均衡」という新たな政策認識へと変質していった結果,誕生したもので,基本的には,政策対応的・問題解決的な志向性をもった政策装置であったといえるだろう(Andersen et al., 2000 : 337)。

このことはまた,環境技術革新を基盤とした環境産業を創出させることによって,産業社会の構造的な変革を促し,「社会市場経済原理」(The Principle of Social Market Economy)を既存の経済システムに根づかせ,環境対応型の経済システムへ転換させることを意図したのであった。すなわち,エコロジー的[2]近代化論は既存の社会システムの枠組みのもとで,産業システム,ならびに,

技術システムを環境配慮型のシステム（生態学的合理性）に転換させていく，という部分的な改良主義的環境戦略としての役割をもっていたといえることができるだろう（丸山，2006：90-92）。

2．「エコロジー的近代化」論の視点と考え方

　欧州で誕生した「エコロジー的近代化」論は持続可能な開発（発展）論を背景としながらも，1970年代後半から1980年代にかけて，国家，生産，消費等の具体的な問題に焦点を当てることによって，環境問題と社会との関係を現実的な立場から改善していこうとする，科学的・技術的アプローチによる改良主義の立場を示しているものである。これは，「産業的近代化」論の一類型であり，持続可能的な開発（発展）論の一つの系統として捉えることができるだろう（Congreve, 2000）。

　この理論の基本的な考え方は，「産業社会（産業化されたデモクラシー）における経済と環境の関係を再概念化するもの」であり，産業社会の基本的システムを肯定した上で，環境問題に対する技術的なアプローチを通じて，予防的な処方箋を示している（Young, 2000：2）。ただし，そこには，産業社会が内包している負荷現象としての環境問題への，ある種の免罪符的な性格があるように思われる。「エコロジー的近代化」論があくまでも経済学的合理性を基盤とした，環境問題への改良主義的なアプローチである限りにおいては，環境問題の根底的な解決に向かうにはいくつかの問題を残している。それはバリーの指摘するように，「エコロジー的近代化論を環境問題への国家戦略として政治的な思惑で成功させようとしている理由の一つは，経済をエコロジー化するというラディカルな示唆を含んでいるというよりも，環境を経済化するという現実的な意図をもっている」という点にある。さらに，彼によれば，経済的要請と環境保全との両立をめざす「エコロジー的近代化」論は，「経済成長」（経済的利益）と「社会開発」（環境的利益）との区別や分離を主張している，「持続可能な開発（発展）論」や「グリーン経済論」とは区別されるべきであるとしている（Barry, 2003：6-207）。

　また，「エコロジー的近代化」論は欧州各国の事例にみられるように，一国

図表6-4 政策的な変革思想としての「エコロジー的近代化」論

「エコロジー的近代化」論とは…

- 開発と環境をめぐる問題を科学・技術的な観点から解決するための方法論
- 政策対応的・問題解決的な志向性をもった政策装置
- 環境産業の創出
- 持続可能な開発（発展）論の一つの系統

産業社会における経済と環境の関係の再概念化→環境問題への「免罪符」的性格

一国内における環境問題への対応に限定されているため、グローバルなレベルでの役割が期待できない

しかしながら、環境問題を社会システム全体との関連で解決するための、環境戦略的な有効性は認められる

- 「エコロジー的近代化」論に経済・技術的なイノベーションとしての役割を与えることが必要
- 「社会，制度，文化」版イノベーションとしての役割を付加させることで生態系システムと共生する環境社会を構築できるよう発展させることが必要

内における環境問題への対応に限定されているために、グローバルなレベルでの役割（発展途上国等）を期待できないことや環境保全が前提条件とされている、持続可能な開発（発展）と比べて、あまりにも経済成長の枠の中の議論に終始していることが指摘されている（Barry, 2003：208）。

このように、「エコロジー的近代化」論にはその経済的特質ゆえに急進的な環境主義の立場からの批判がなされていることが多いが、従来の産業主義思想（「経済的効率性」の継続を基本命題としている）と「エコロジー的近代化」論（環境保全主義による「環境効率性」の確保を目標としている現実的な環境政策）の考え方は環境問題を社会システム全体との関連で解決していくに際して、環境問題と経済発展との共生を志向していくという、環境戦略的な有効性は認められているといってよいだろう。

しかし、生態系システム（生態学的合理性）と産業社会システム（経済学的合

理性）の有機的な連関による新しい社会経済システムを構築していかなければ，「エコロジー的近代化」論に環境保全型のポスト産業社会を形成していくための役割を担わせていくことは困難である。そのためには，われわれはまず，新しい環境政策の理論的・実践的な柱としての，「エコロジー近代化」論に環境技術的転換のための「経済的・技術型イノベーション」としての役割を与えること，そして，次に，一般大衆の消費行動・ライフタイル等に影響を及ぼすような，「社会・経済・文化型」イノベーションとしての役割を付加させることによって，生態系システムと共生する環境社会を構築することができるような総合的，かつ，制度的イノベーションへと発展させていくことが必要なのである（吉田，2003：196-199）。（図表6-4）

〔注〕
(1) アメリカでは，共同原告のうち一人の原告適格が是認されればよい制度になっている。
(2) この「社会市場経済原理」とは，〈緑のケインズ主義〉といわれるもので，環境問題の解決に向けて，政府が積極的に市場へ介入したり，環境技術に対する研究開発への補助金の提供によって，市場を活性化させようとする考え方のことである。

第7章
「現代環境思想論」の位置と方向性

第1節　環境思想の源泉と位置

　今日に至る環境思想の源泉は、これまで繰り返し述べてきたように、20世紀初頭のアメリカにおける自然環境保護（保存）をめぐる、思想的対立に由来している。このことは、自然環境の保全（経済開発優先）による〈人間中心主義〉（Anthropocentrism）か、自然環境の保護（原生自然［Wilderness］の保存）による〈自然中心主義〉（Physiocentrism）、ないし、〈生態系中心主義〉（Ecocentrism）か、というわれわれ人間が内包している自然観の価値論争に関する、歴史上有名な〈ヘッチヘッチ論争〉（Hetchy-Hetchy-Controversy）において例示されている。すでに本書の中で何度か述べてきたように、この論争は1908年、アメリカ・サンフランシスコ郊外のヘッチヘッチ渓谷におけるダム建設をめぐって、当時の連邦政府の森林局長官、G. ピンショーと自然保護（保存）運動家、J. ミューアとの間で闘わされたものである（松野，2003：70）。両者の環境思想上の対立点は、自然環境をめぐる〈環境保全主義〉（Conservation）と〈環境保護（保存）主義〉（Preservation）、という政策的対立に集約することができるが、ピンショーが天然資源の賢明なる利用という、功利主義的目的からダム建設を容認する立場を採ったのに対して、ミューアは原生自然への人的介入を嘆き、自然そのもの自体を価値ある存在として認識した上で、国立公園構想を擁護していく住民運動・市民運動を展開した（1916年に「国立公園局設置法」が議決され、国立公園を国家として統一的に運営していくための政策措置がとられた）。

　これは環境主義思想の黎明期に当たる有名な逸話であるが、その後、アメリカにおける環境主義は人間社会の利益と生態系の利益との均衡を図っていく、

自然環境の保全思想を中心として展開されることとなる。逆に，ミューアには環境問題を人間，あるいは，文明の精神的・道徳的側面から捉えていこうとする，哲学的・倫理学的アプローチ側面が散見されるが，ナッシュが論じるように，ミューアはこの論争において環境倫理学的な方法を放棄し，人間中心主義に立脚するという口実のもとに自然の存在論的価値（生命中心主義）という思考を表立って表明することはなかった（Nash, 1990＝1999: 120-121）。逆説的にいえば，〈ヘッチヘッチ論争〉を端緒として社会的な影響力をもっていた，自然環境保護（保存）運動は自然保護の重要性を一般大衆に対して，説得的に訴求しなければならないという戦略的理由から，（ミューアを最後に）エマソンやソローらのロマン主義的・超越主義的な自然思想（原生自然の思想）から転換したと考えることもできるだろう。

環境思想はその草創期において，すでに対立する立場の存在が認められるものであったが，ミューア自身がその哲学的中核を放棄したように，人間中心主義を中核とする価値理念にもとづいて展開せざるをえない必然性もあり，〈環境思想〉（Environmental Thought）は環境問題に対する人間の内面的矛盾を解決するための精神的処方箋としての役割は果たしてきたけれども，環境問題を思想的に変革し，産業社会に代わって，環境社会を構築していくという，能動的な役割をもつには至ってはいない。環境問題を思想的立場から捉えていく場合，一つには，人間と自然の関係，さらには，思想における内発的側面（価値の変革）と外発的側面（行動の変革・制度の変革）について，今日の「大量生産―大量消費―大量廃棄」型の社会経済システムに構造的な影響を及ぼしていくことを通じて，地球環境存続のための「エコロジー的な持続可能性」（Ecological Sustainability）のための方策を構築していくという視点から，環境問題に対する思想的アプローチを再検討していくことが求められる。つまり，ポスト産業社会における社会像としての，新しい環境社会（〈エコロジー的に持続可能な社会〉＝〈緑の社会〉）の方向性と戦略を構想していくことが現代環境思想における基本的な課題である。というのは，環境問題は既存の社会経済システムの維持・発展（経済成長による人間社会の発展）と持続可能な生態系システムの構築との対立，あるいは，人間と自然との関係をめぐる，すぐれて社会制度的，か

つ，社会システム論的な課題だからである。換言すれば，〈エコロジー的に持続可能な社会〉のための制度設計や社会経済システムと生態系システムとを有機的に統合化するような，エコロジー的に持続可能な社会システムを構築していく方策を見出していくことが環境問題解決のための究極の目標であるといえるからなのである。

　また，思想における価値変革をめぐる側面（内発的側面）と制度をめぐる側面（外発的側面）に関する議論はこれまで等閑視されてきたものであり，思想はあくまでも，自然環境の保護（保存）に関する精神的価値（審美主義的）の変革に関わる要素であった。このような精神的価値の変革としての思想は，さまざまな社会的課題に対して哲学的・倫理的位置からの内面的価値の充足と喚起を基本としたものであって，その価値変革によって社会体制や社会制度の現状が打破されるような大きな変革をもたらす役割を担っていなかったように思われる。このことは環境問題に則していえば，アメリカや日本では，環境倫理思想が環境運動に発展することはあっても，欧州のように，環境政治思想を通じて，緑の党のような政治制度の変革につながるような大きなうねりとして結実してこなかったことからも理解されるだろう。

　さらに，草創期の例でみたように，「環境保全主義思想」を中心として展開した環境思想は，人間中心主義にもとづく自然環境保護思想の流れを形成するに至ったが，この立場では，環境問題はあくまで「開発」（環境保全主義）と「環境」（環境保護［保存］主義）の間において，人間の自己利益的な志向による問題解決が図られるべきであるという想定が含まれている。「環境保全主義」から，「環境保存主義」へと価値転換を図る倫理的・哲学的意味が現実に力をもちはじめるようになったのは，すでに述べたように，「動物の解放」論や「動物の権利」論（シンガー／レーガン），「自然物の当事者適格性」（ストーン），「ディープ・エコロジー」（ネス）といった理念が相前後して現れた1960年〜1970年代初頭である。変革的な環境思想を構築していくためには，どのようにして「産業主義思想」を乗り越えるための倫理的可能性を追求していくべきか，といった点に価値軸を移すこと，そして，それによる哲学の立脚点を人間と自然の二分法を基盤としない，新たな環境思想を見出していくことなどが今，必要

とされているのである。

第2節　転換期の環境思想への視点と課題：現代環境思想の構成要素と考え方

　現在の環境思想には，人間の内発的な価値転換のための，〈観念的な環境思想〉（環境哲学・環境倫理学）の役割だけではなく，環境問題を近代産業社会のさまざまな要素から継承してきた，経済発展（ないし，経済成長）に依拠するような社会経済システムそのものが内包している，開発と環境をめぐる政策矛盾の問題の解決に思想的に貢献していくことが，まずは，求められている。さらに，産業社会から，環境社会への本格的な構造転換に向けて，われわれの価値変革や行動変革を社会経済システムそのものの制度変革（社会制度変革）へと繋げていくという観点に立てば，環境問題を思想的な視点だけではなく，政策科学的な視点から解決していくことが要請されているのである。そのためには，環境思想は環境問題を技術対応的に解決していくための改良主義的な位置ではなく，環境問題を生み出している社会経済システムに内在している，多様な要因（政治的要因・経済的要因・文化的要因・法的要因・政策的要因等）を有機的に把握することが必要である。その上で，それらの要因を相互連関させていくための思想的触媒としての，新しい環境思想クラスター＝現代環境思想群，すなわち，環境政治思想，環境経済思想，環境文化思想（環境哲学・環境倫理思想），環境法思想，環境政策思想，等の視点から，環境問題の解決方策を見出し，地球の生態系と共生するような新しい方向性を現在の環境社会を変革していくことを通じて，その展望を切り拓いていかなければならないのである。思想は内発的変革のみならず，外発的変革としての社会制度変革をもたらすのでなければ，単なる，人間自身の精神的自己満足であり，啓蒙的役割でしかない。その意味では，環境思想はまさに，地球環境危機という深刻な状況の中で，人間の内発的変革のための〈観念的な思想〉としてではなく，こうした危機的状況を打破していくための，外発的変革のための〈実践的な思想〉としての役割を担っていくことが焦眉の急となっているといっても過言ではないだろう。

　物質的な豊かさの拡大とその享受が至るところでみられるようになる一方で，

第7章 「現代環境思想論」の位置と方向性

豊かさの病理としての,公害問題・都市問題等の経済的豊かさの歪みを反映するような社会問題も頻発するようになった現代社会では,人間の産業活動の高度化・多様化が進展すればするほど,とりわけ,環境問題は一層,増大化・深刻化し,環境問題への取り組みが地球規模のものになりつつある。

このことは人間の飽くなき物質文明の追求,それに伴う,経済成長を基盤とした社会発展思想神話への幻想があったことを示している。その背景には,人間が自然より優位であり,人間社会の発展のためには,自然環境の破壊を容認してもよいという,「人間中心主義思想」が存在している。環境問題の発生原因を私的利益の極大化という,20世紀型の伝統的な企業観,つまり,利益至上主義的な企業行動に求めていくのは当然としても,今後は,生活者としての市民一人ひとりが自己の環境的加害性を認識し,人間と自然の共生という立場から,地球市民として自らを位置づけることが求められるのである。今日の環境問題の思想的源泉を近代産業社会の原動力となった,「産業主義思想」を批判的に捉えることを通じて,環境問題を解決していくための,思想的基盤を見出していく方途として,「観念的・規範的な環境思想」から,「実践的・変革的な環境思想」へとシフトさせていくことが求められている。

われわれは環境思想を,個人の「価値変革」→集団の「行動変革」→組織の「社会制度変革」といった,〈思想変革のための段階的進化〉の視点から捉え直すことによって,部分的にせよ,産業社会を構造転換させた,〈環境保全型の環境社会〉から,さらに,エコロジー的に持続可能な新しい環境社会としての,〈緑の社会〉(Green Society)や〈緑の国家〉(Green State)の知的装置として位置づけ,その戦略的方向性を明示することにしている。環境思想をこのような社会制度変革への政治的な知的装置として転換させる契機をつくったのは,欧州における環境政治思想・環境政治学研究の第一人者である,A. ドブソン教授(イギリス・キール大学)である。彼は,環境思想が今日の社会経済システム(資本主義社会,あるいは,そのサブ・システムとしての産業社会システム)のもとに制御されている構造を的確に捉えた上で,環境問題がたんなる技術的な対応問題ではなく,資本主義体制下の社会経済システムとしての生産と消費の構造的矛盾にあることを看破し,その根底にある思想や制度に関する問題,す

なわち，産業主義思想やそれを支えている社会制度への批判的検討なしには，今日の環境問題を解決していくことは困難である，という社会制度変革論的な立場に立っている。その解決方策のための思想的アプローチとして，ドブソンは環境政治思想を一つの政治的イデオロギーとして明示し，その上で，これまでの環境政治思想を部分的な変革思想（技術改良志向）としての，〈環境主義思想〉（Environmentalism），と全体的な変革思想（社会制度変革志向）としての，〈エコロジズム〉（Ecologism）に峻別し，環境思想における社会変革的役割の重要性を明確化している（Dobson, 1995＝2001：19-24）。

それでは，現在の環境社会から新しい環境社会へと転換させていくためには，どのような「社会変革の構図」を描くことが可能であるのか，について次にみていくことにしていく。

第3節　現代環境思想の位相と方向性

環境思想は今日，多様化・複雑化・広域化している地球環境危機に対して，どのような視点から環境問題に関するさまざまな問題を解決し，現在の〈環境的に持続可能な社会〉（Environmentally Sustainable Society）を変革することによって，エコロジー的に持続可能な〈緑の社会〉（Green Society）のための社会像を具体的に構築していくか，という実践的，かつ，社会制度・社会経済システムの変革的な方向性を求められている。この背景には，環境問題に対する技術中心主義的アプローチと方法論が重視され，環境保全政策を十全に行っていれば，環境問題は解決可能であるという楽観的な考え方に対するさまざまな批判が顕在化しているからである。とりわけ，2011年3月11日の東日本大震災の津波被害や福島の原子力発電所のさまざまな放射能拡散化問題は今日の環境問題の深刻さと複雑さを物語っているといえよう。周知のように，環境問題は人間生活における経済的価値を優先し，そのために，自然を収奪・破壊し続けてきた結果，環境汚染・地球資源の枯渇・生態系の破壊等の深刻な問題を生み出したのである。したがって，経済の成長と生態系の持続可能性との均衡をどのような社会構想のもとに具現化していくことがわれわれの直面している課題

となっているのである。そのためには、環境問題におけるハードウェア的役割（環境技術中心主義志向）とソフトウェア的役割（環境思想中心主義志向）の有機的連関の可能性を探るとともに、環境思想を新しい〈環境社会〉、すなわち、エコロジー的に持続可能な〈緑の社会〉の構築に向けた、知的基盤・知的戦略のための装置として位置づけていく必要がある。

1. 現代環境思想と多角的な構成要素の統合化

そこで、われわれは、環境思想における価値理念として、「持続可能性」(Sustainability) を前提とするが、それはこれまでのような、経済成長を基盤とした人間社会の発展のための環境保護・環境保全ではなく（「経済的持続可能性」）、人間の生活の質的向上と自然の生態系の持続可能性の両立を見出していくための「エコロジー的持続可能性」を新しい価値概念とすることである。換言すれば、人間社会の経済的豊かさの実現を前提とした、「技術中心主義的持続可能性」(Technocentric Sustainability) から、自然の生態系の持続可能性を基盤とした、「生態系中心主義的持続可能性」(Ecocentric Sustainability) へと環境思想の知的基盤をシフトさせていくことである (Dobson, 1998 : 54-61)。そのためには、環境思想を観念思想的アプローチ＝環境文化思想的アプローチ（環境哲学・環境倫理学等）だけではなく、政策的影響力をもたらすような多角的な環境思想クラスター、すなわち、①環境保全型社会の政治・行政制度を変革していく、「環境政治思想」(Environmental Politics)、ないし、「緑の政治思想」(Green Politics)、②「大量生産―大量消費―大量廃棄」型の社会経済システム（ないしは、産業システム）を再検討し、循環型社会の経済的転換の可能性をめざしていく、「環境経済思想」(Environmental Economy)、ないし、「エコロジー経済学」(Ecological Economy)、③人間と自然との関係、さらに、環境問題に関わる法規範・法制度について、自然と人間との関係をめぐる権利の視点（人間の固有の、かつ、自己利益的な「自然権」から、自然の事物を人間と同等な生命共同体の一員として、その固有の権利を認める、「自然の権利」への転換）を根底的に再検討し、自然と人間との共生の法的可能性を追求していく、「環境法思想」(Environmental Law)、等の環境思想の多角的な構成要素の有機的な連関性に

図表7−1 〈環境保全型社会〉と〈緑の社会型社会〉の価値概念

A. 基礎概念

環境思想の種類		環境保全型社会の価値概念	緑の社会型社会の価値概念
環境政治思想		Environmentalism	Ecologism
環境経済思想		Environmental Economics	Ecological Economics
環境文化思想	哲 学・倫 理	Anthropocentrism	Ecocentrism
		Shallow Ecology	Deep Ecology
		Human Justice	Environmental Justice
環境法思想		Natural Rights	The Rights of Nature

B. 応用概念

環境思想の種類	環境保全型社会の価値概念	緑の社会型社会の価値概念
環境政策思想の度合い	Weak EM	Strong EM
緑化の度合い	Moderate Greening	Ultimate Greening

（注） EM=Ecological Modernisation

図表7−2 社会構想・基礎概念・応用概念の比較

①〈環境保全型社会〉（環境的に持続可能な社会）　②〈緑の社会型社会〉（エコロジー的に持続可能な社会）

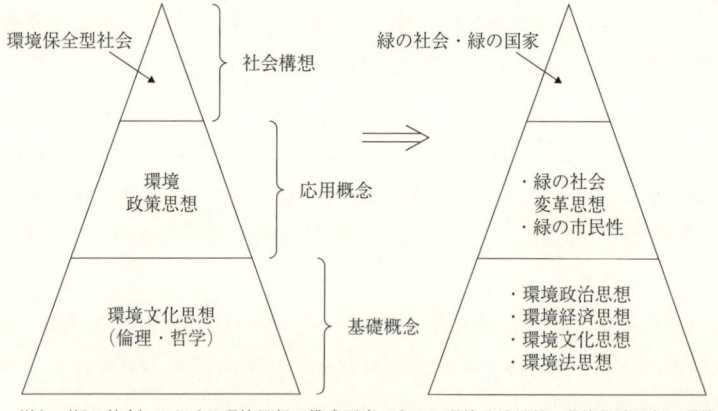

ピラミッド図①：
- 環境保全型社会 —— 社会構想
- 環境政策思想 —— 応用概念
- 環境文化思想（倫理・哲学）—— 基礎概念

⇒

ピラミッド図②：
- 緑の社会・緑の国家
- ・緑の社会変革思想　・緑の市民性
- ・環境政治思想　・環境経済思想　・環境文化思想　・環境法思想

（注）〈緑の社会〉における環境思想の構成要素である，環境政治思想・環境経済思想・環境文化思想・環境法思想は〈環境保全型社会〉から〈緑の社会〉へと移行していく過渡的な位置にある。いずれ，緑の民主主義という〈エコロジー的に持続可能な社会〉のための新しい政治制度が確立されれば，これからの要素は緑の政治思想・緑の経済思想（エコロジー経済思想），緑の文化思想・緑の法思想等，へと転換していくことになる。

よる，環境思想の現代的位相への転換が強く要請されているのである。

環境問題を解決していくための〈実践的な思想〉としての環境思想を［社会構想］・［基礎概念］・［応用概念］の三つの位相として具現化し，その見取り図

を仮説的に図表7-1,7-2として提示している。これらは,これまで経済成長と環境保全との均衡に中心的役割を果してきた,実践的な思想としての基盤であり,社会構想である,〈環境社会〉（Environmental Society）と生態系の持続可能性を基盤とした,人間の文明と生活のエコロジー化をめざす,新しい社会構想としての,〈エコロジー的に持続可能な社会〉としての〈緑の社会〉を示している。すなわち,〈緑の社会〉（Green Society）（あるいは,〈緑の国家〉[Green State]）とを対比し,この二つの社会構想の基盤要素となる,価値概念を政治・法・経済・文化（哲学・倫理）,という四つのスペクトラムに分類している（[基礎概念]）。さらに,こうした基礎概念を制度的に関連させていく応用概念として,〈環境社会〉（環境保全型社会）を支えていくための制度的要素として,「環境政策思想」を,さらに,〈緑の社会〉を構築していくための社会制度変革要素として,「緑の社会のための変革思想」（「緑の国家」論）を提示している。

また,これらの二つの社会構想,すなわち,〈環境社会＝環境保全型社会〉と〈新しい環境社会＝緑の社会〉,の価値概念は人間と自然との関係をめぐる主体が人間から,人間と自然との共生的な共同体（コミュニティ）へと移行していく方向性を示したものである。環境問題という近代産業社会の随伴的結果を地球環境における生態系の持続可能性と人間社会の経済発展との最適な両立性を見出していくための,ポスト産業社会の制度変革の方向性として,〈緑の社会〉を提起している。さらに,その基本的役割を担う新しい環境思想として,四つのスペクトラム〔基礎概念〕とその制度的方向性として,「エコロジー的近代化」思想＝Ecological Modernisation（〈環境保全型社会〉の価値概念）と「緑のデモクラシー（民主主義）思想」＝Ecological Democracy（〈緑の社会〉型の価値概念））とこのデモクラシーを支える「エコロジー的市民性＝緑の市民性」（Ecological Citizenship）を提示している。

こうした社会構想を提示することを通じて,われわれは環境思想の役割を価値変革のための知的基盤としてだけではなく,〈緑の社会〉という人間と自然とのエコロジー的な共生を可能にするような,新しい環境社会として位置づけることに環境思想の現代的意味と役割を見出している。図表7-2の社会構想

の基礎概念として，環境政治思想・環境経済思想・環境文化思想・環境法思想，を列挙しているが，これは〈緑の社会〉へ移行していくための過渡的な要素である。緑の民主主義による新しい政治制度が確立されることになれば，これらの基礎は，緑の政治思想・緑の経済思想・緑の文化思想・緑の法思想，へと転換していくことになるだろう。

2．「緑の国家」への転換のための基礎的な条件：「環境的持続性指標」（ESI）から，「環境的成果性指標」（EPI）へ

経済開発と環境保護の両立を技術的に改良していく，環境保全型の〈環境社会〉から，生態系の持続可能性を基盤とした〈エコロジー的に持続可能な社会〉のための，新しい社会像・国家像としての，〈緑の社会〉や〈緑の国家〉へと移行していくためには，環境的持続性を維持し，発展させていくための条件，すなわち，人間と自然との環境的な共生を可能にするための要素を満たしていくことが求められる。

R．エッカースレイによれば，リベラルな民主主義国家が環境的持続性を環境政策として十分にビルト・インしていないからこそ，現状の経済発展優先型の〈環境社会〉が容認され，生態系の持続可能性を基盤とした〈緑の社会〉への移行が不可能となっているのである。世界の主要なリベラルな民主主義国家が率先して，「環境持続可能性指標」や「環境的成果指標」を高めることによって，環境と共生する環境政策を国家の主要政策として位置づけるならば，エッカースレイの指摘するように，技術的改良主義に依存した環境保全型の〈環境社会〉から，〈緑の社会〉への制度的・政策的シフトは可能になるだろうし，究極的には，生態系の持続可能性を基盤とした，エコロジー的な社会制度（緑の民主主義＝Ecological Democracy）を形成することよって，〈緑の国家〉への道筋も可能となるだろう（Eckersley, 2005）。

〔1〕「環境的持続性指標」（Environmental Sustainability Index : ESI）の内容と評価結果

こうした環境的持続性を客観的に指標化していく作業は，1999～2005年にかけて，アメリカの「イェール大学・環境法／環境政策センター」（Yale Center for

第7章 「現代環境思想論」の位置と方向性

Environmental Law and Policy) と「コロンビア大学・国際地球科学情報ネットワークセンター」(Columbia University's Center for International Earth Science Information Network) が中心となって，「世界経済フォーラム」(World Economic Forum—スイス・ジュネーブ),「ヨーロッパ委員会・共同研究センター」(Joint Research Center—イタリア・イスプラ) との共同によって，①「環境システム」(Environmental System), ②「環境負荷の低減化」(Reducing Environmental Stresses), ③「人間的脆弱性の軽減化」(Reducing Human Vulnerability), ④「社会的・制度的収容能力」(Social and Institutional Capacity), ⑤「グローバルな管理対応力」(Global Stewardship), の五つの構成要素を基準として，環境的持続性の水準の高さや低さを測定した。具体的には，①「環境システム」(大気の質・生物多様性・土地・水質・水量), ②「環境ストレスの低減化」(大気汚染の減少率・生態系の負荷の減少率・人口的圧力の減少率・浪費と消費の減少率・水の負荷の減少率・自然資源の管理), ③「人間的脆弱性の軽減化」(環境の健全性・基本的な人間生活維持要素・環境に関連した自然災害に対する脆弱性の度合い), ④「社会的・制度的収容力」(環境ガバナンス・環境効率性・民間部門の環境対応性・科学と技術の水準), ⑤「グローバルな管理対応力」(国際的な環境的協働活動への参加の度合い・温室効果ガスの排出率・国境横断的な環境圧力の低減率), の要素を21の指標に分類し，さらに，それらの指標を76の変数に分解したものである (詳細な内容については，[http://www.yale.edu/esi/ESI2005_Main_Reprt.pdf] を参照されたい)。

2005年に発表されたESI報告では，ESIランキング (世界146カ国) の上位10カ国は，フィンランド，ノルウェー，ウルグアイ，スウェーデン，アイスランド，カナダ，スイス，ガイアナ，アルゼンチン，オーストリアで，日本は30位，アメリカは45位であった。これをみてわかるように，上位国には北欧三国，アイスランド，カナダ等の環境的成果の高い国が入っていることであった。日本や米国のランクが上位の国に比べて低いのは，先進工業国であるがゆえに，産業廃棄物の量や温室効果ガスの排出量等の環境負荷指数が高いことに起因しているようである。先進工業国にとっては，「開発」と「環境」という二つの課題をうまく処理していく環境ガバナンスを構築していくことが重要な政策課題

となっている。また、ESIランキングの下位10カ国は、イエメン、クウェート、トリニダード・トバゴ、スーダン、ハイチ、ウズベキスタン、イラク、トルクメニスタン、台湾、北朝鮮で、総じて、アフリカ、中東アジア、中米等の開発途上国が多く、経済発展力も相対的に低いばかりでなく、災害対応も含めて、環境ガバナンスの低い国である。したがって、こうした指標をベースにして、効果的な環境政策を推進していくことが、〈緑の社会〉や〈緑の国家〉の基盤形成のための基礎的な条件となってくるものと思われる。

〔2〕「環境的成果指標」(Environmental Performance Index：EPI) の内容と評価結果

この「環境的成果指標」は2005年の「環境持続性指標」を改善させ、2006年にEPIのパイロット調査による検証を経て、2008年から本格的にEPI調査が実施されたものである。EPI調査は1999年に、「コロンビア大学・国際地球科学情報センター」(Center for International Earth Science Information Network [CIESIN]) と「世界経済フォーラム」・「明日の環境タスクフォースのためのグローバルリーダー」との協力のもとに、イェール大学のD.C.エスティ教授 (Esty, D.C.―同大学環境法・政策センターの所長でもあった) によってはじめられたものである。その後、ESIと同じく、「イェール大学 環境法・環境政策センター」と「コロンビア大学国際地球科学情報ネットワークセンター」が中心となり、「世界経済フォーラム」や「欧州委員会・共同研究センター」の協力のもとに、環境政策の意思決定者、環境科学者、環境活動家、一般大衆等の環境問題に高い関心をもつ人々にさらに利用しやすいように工夫された環境成果のための基準評価（ベンチマーキング評価）方式である。ESI調査に関する報告が2002年スイスのダボスで開催された「世界経済フォーラム」（ダボス会議）で行われて以来、2006年にEPI調査（パイロット調査）に衣替えしてからも毎年同会議で報告されている。世界の環境政策を比較する上で重要な資料となっている (2012 Environmental Performance Index by Yale University, Center for Environmental Law and Policy)。

このEPIは、A群「環境の健全性」(Environmental Health)、B群「生態系の活力」(Ecosystem Vitality) を重要な政策目標としている。具体的には、下

記の政策カテゴリー,すなわち,A群では,「環境の健全性」(Environmental Health)——①「疾病の環境的負荷」(Environmental Burden of Disease),②「人間に対する水の影響」(Water effects on humans),③「人間に対する大気汚染の影響」(Air Pollution effects on humans),B群では,①「生態系に対する大気汚染の影響」(Air Pollution effects on ecosystem),②「水」(Water),③「生物多様性と生息地」(Biodiversity and Habitat),④「天然資源の生産性」(Productive Natural Resources: a.「森林」[Forestry], b.「水産業」[Fisheries], c.「農業」[Agriculture]),⑤「気候変動」(Climate Change),のような構成となっている。

最新の2012年度のEPI調査の結果によると,上位10カ国の順位は,第1位スイス(76.69),第2位ラトビア(70.37),第3位ノルウェー(69.92),第4位ルクセンブルグ(69.20),第5位コスタリカ(69.03),第6位フランス(69.0),第7位オーストリア(68.92),第8位イタリア(68.90),第9位イギリス(68.82),第10位スウェーデン(68.82)で,やはり欧州の国々が上位を占め,環境的成果の高さを示している。日本は63.36で第23位(アジアでは,第1位),アメリカは56.59で第49位であった。経済成長と環境政策のバランスのとれた国がEPIの水準が高い国となっており,エコロジー的近代化政策を推進している欧州の国々が環境的成果においても相対的に高い位置を占めているようである。他方,下位10カ国は,リビア(37.68),ボスニア・ヘルツェゴビナ(36.76),インド(36.23),クウェート(35.54),イエメン(35.49),南アフリカ(34.55),カザフスタン(32.94),ウズベキスタン(32.24),トルクメニスタン(31.75),イラク(25.32)の順となっていて,圧倒的にアジア地域の国々が多い。これは発展途上国で経済発展が未成熟なために社会インフラが未整備であり,かつ,医療・衛生の管理も不十分であり,環境ガバナンスが政策として具現化されていないことなどに起因しているといえるだろう(詳細な内容については,[http://www.yale.edu/envirocenter]を参照されたい)。

3. ESIとEPIによる環境ガバナンスの今後の方向性

現状では,世界の環境政策の先進国とそうでない国との差は経済力の格差に

起因し，その経済力によって効果的な環境政策を講じているということが，二つの環境評価によって理解することができる。次に，「環境の健全性」と「生態系の活力」のいずれかの指標を環境政策として重視するか，という政策目標についていえば，これらの指標は人間の生活ニーズへの政策対応（飲料水や衛生状態の改善等）という日常生活に密接な政策課題である，「環境の健全性」に重点が置かれているのに対して，他方，「生態系の活力」という中長期的な問題で，かつ，人間があまり価値を見出さないような政策については関心が低いといえるだろう。換言すれば，人間生活の利害に関わる政策課題には迅速に対応するが，生態系の持続可能性という〈エコロジー的に持続可能な社会〉の構築に対しては，経済発展との関係で消極的な国が多いといえる。環境問題は環境問題のステイクホルダー（環境利害関係者）である，市民・企業・行政が協働して諸問題を解決していかなければ，根本的な解決方策をもたらすことにはならないし，効果的な環境政策を遂行することは不可能である。ESIとEPIという二つの環境政策指標は，国家が環境問題に対してどのような取り組みを行っているかを測定していく客観的な指標の一つである。したがって，こうした指標は環境政策の変革に生かしていくのでなければ，たんなる数字の羅列であり，統計的な遊びである。環境ガバナンスは環境問題を取り巻くステイクホルダーの中でも，環境被害の最大の犠牲者である一般大衆の役割をどのように捉えていくかということが重要である。市民的公共性を基盤とした，環境的公共性による環境政策の構築と遂行が今後，重要な課題となってくると思われる。これらの環境指標は環境先進国としての進化の度合いを図る重要な要素であるといえるだろう。

第4節　「持続可能な社会」への政策転換（事例研究）：スウェーデンにみる「緑の福祉国家」への視点と戦略

　今日，世界の先進諸国，発展途上諸国を問わず，国家の環境政策・環境戦略のグローバル・スタンダードとなっている共通のキー・コンセプトは〈持続可能な社会〉(Sustainable Society) である。この「持続可能な社会」という考え方は産業界や企業側にとっては，環境政策を重視しながらも，〈経済的に持続

可能な社会〉であるのに対して、環境運動や環境政治の構築をめざす人々や環境意識の高い一般大衆にとっては、〈エコロジー的に持続可能な社会〉のことを意味している、両義性の曖昧な概念である。しかしながら、産業革命以来、人間は「大量生産―大量消費」型の近代産業社会を発展させていくために、自然の破壊、環境汚染等の公害や地球温暖化、酸性雨等の問題を軽視、ないし、無視してきた。その意味では、〈持続可能な社会〉とは、自然（生態系）との共生を基盤とした、〈エコロジー的に持続可能な社会〉を構築していくことが政策目標となってくるのが自然なことと思われる。前述の「環境持続性評価」(ESI)と「環境的成果評価」(EPI) は、われわれ人間が、自然と共生可能な新しい環境社会や環境国家を形成していくための、一つのメルクマールとなるものである。

　2005年のESI調査（第4位）、2008年のEPI調査（第2位）、2012年のEPI調査（第10位）を通じて、環境持続性評価、環境的成果評価のいずれにも上位10カ国に入っているのが、北欧の環境先進国のスウェーデンである。スウェーデンはこれまで国家政策の部分的な政策であった環境政策を1991年には、国家戦略として位置づけ、〈エコロジー的に持続可能な社会〉(Ecologically Sustainable Society) としての方向性を明確にし、1996年には、世界の環境先進国に先駆けて、これまでの人間の福利厚生政策を重視する、〈福祉国家〉(Welfare State) から、福祉と環境の双方を重視する、〈緑の福祉国家〉(Green Welfare State) へと構造転換を図っていくことを国家の主要政策目標としたのであった。

　〈緑の福祉国家〉を実現していくための政策転換として、①「環境法典」(1999年）の制定、②「持続可能な開発省」の新設（2005年）、③「環境の質に関する15の政策目標」の制定（1998年／2001年）。―(1)清浄な空気、(2)上質な地下水、(3)持続可能な湖沼および水域、(4)豊かな湿地、(5)バランスのとれた海域、持続可能な沿岸地域、群島、(6)富栄養化の防止、(7)環境の酸性化を自然の範囲内にとどめる、(8)持続可能な森林、(9)豊かな農村風景、(10)雄大な山岳風景、(11)良好な都市環境、(12)有害物質のない環境、(13)安全な放射線環境、(14)オゾン層の保護、(15)気候変動の影響が少ない環境、④「緑の福祉国家」への政策転換（クリーンな生産体系、クリーンな製品、廃棄物処分体系、交通体系、エネルギー体系、持続可能な農業・林業・漁業等の政策の見直し等）を掲げた。その結果、次のような

「緑の福祉国家」へ移行するための八つの転換政策を実行した。

その1．転換政策「気候変動防止への対応」：二酸化炭素の排出量を2000年までに1990年レベルに安定化させ，その後は減少させるという政策目標を掲げ，その間（10年間），GDPは15%増加しているにもかかわらず，99年の温室効果ガス排出量は90年のレベルを0.1%上回っただけであった。

その2．転換政策「オゾン層の保護」：モントリオール議定書では，特定フロン（CFSs）は1995年末までに製造禁止となっていたが，スウェーデンでは，化学製品法にもとづく1988年の「フロンおよびハロン等に関する政令」により，1994年末までに特定フロンの製造，使用および再利用が禁止された。

その3．転換政策「税制」の改革―課税対象の転換：産業界を環境的に持続可能な開発へと向かわせるために，「CO_2課税」(1991年)，「SO_2排出税」(1991年)，「NOx排出税」(1992年) 等の環境税が導入され，所得税と法人税が引き下げられた。

その4．転換政策「エネルギー体系の転換」：原発を新設しないという政策を採用し，原発以外のエネルギーへの転換を推進していった。

その5．転換政策「廃棄物に対する製造者責任制度の導入」：OECDの「拡大生産者責任」(FPR) に関する検討委員会が1994年に発足し，生産者責任のあり方が検討されたが，同年にスウェーデンでは，廃棄物に対する製造者責任制度が導入され，「1990年代の廃棄物政策」(1990年) と「廃棄物の収集・処分に関する法律」(1992年の「循環政策」)，「包装，古紙およびタイヤに対する製造者責任に関する政令」(1994年)，「自動車に対する製造者責任に関する政令」(1998年) 等の政策が実施された。

その6．転換政策「新しい化学物質政策」の制定：これは1999年の「環境法典」に盛り込まれた政策の一つで，「有害物質のない環境」づくりをしていくために，化学物質政策にガイドラインを設定し，特定有害物質の規制や禁止のみならず，産業界が「持続可能な化学製品」を製造していくための指針となっている。

その7．転換政策「持続可能な農業，林業」：環境と調和のとれた農業政策，

林業政策を推進し,持続可能な農業や林業を構築していくための政策的措置がとられていった。農業政策では,「殺虫剤,人口肥料に対する特別な環境税の導入」,「汚染に対して特に感受性の高い地域に特別な環境的配慮をするように求めた新しい法律の導入」,「農地への飛行機からの農薬散布の禁止」,「殺虫剤の使用を50％削減」,「伝統的に開発された農地,森林の保護」等の施策が実施された。他方,林業政策では,「森林は,本来,持続可能なシステムだから,環境と調和のとれた条件下で適切に成長と伐採が行われていれば,森林は消失しない」という考え方で,持続可能な森林の保護に努めている。

その8.転換政策「都市再生」(都市再開発):持続可能な都市政策を推進していくために,「銅ぶきの屋根や鋼管の使用,塩ビ製品の使用禁止等の環境負荷の少ない再開発都市政策」,「エタノールやバイオガスを使用したクリーンな交通システムの構築」,「世界最先端のディーゼル車の排ガス対策の実施」等が実施された。

こうした持続可能な転換政策を実施する一方で,〈福祉国家〉を〈緑の福祉国家〉へ転換させるための政策評価を下記の六つの判断基準で実施している。

①エネルギー消費を削減し,再生可能エネルギーの利用を増やす方向にあるか。
②種の多様性や自然の資源生産力を増大するか。
③生態学的なサイクルの完成をめざしたものであるか。
④人間と環境の許容限度内にあるか。
⑤問題を発生させるよりも,問題を解決する方向性をもっているか。
⑥予防原則を順守しているか。

このように,スウェーデンでは,持続可能な開発を経済成長や経済発展という物質主義的な社会発展ではなく,環境の質を基盤とした社会の構築という,「生活の質的な充実」をめざす脱物質主義的な社会発展を国家の政策目標としている点が他の環境先進国と異なる。このようなスウェーデンの「緑の福祉国家戦略」は「緑の国家論」構想を提起している,エッカースレイの「環境国家(ないし,環境デモクラシー)の三つのタイプの第2段階,「環境福祉国家」に相

当するものであるが,今後,スウェーデンが「緑の国家」としてさらに進展していくためには,政治・経済・文化等のさまざまな政策対象を「緑の政策」として有機的に統合化していくための国家基本政策の構築が必要となってくるだろう。

　［付記］　本節は,元スウェーデン大使館環境オブザーバーの小澤徳太郎氏の環境経済・政策学会報告「スウェーデンの転換戦略──「福祉国家」から「緑の福祉国家」へ」(2005年10月) と同氏の著作『スウェーデンに学ぶ「持続可能な社会」』(朝日選書,2006年) の内容を適宜,要約して紹介したものである。

第8章

〈エコロジー的に持続可能な社会〉のための国家構想
——「緑の国家」論の視点・思想・方法論——

第1節 〈エコロジー的に持続可能な社会〉への視点と方向性

　これまで，環境社会論は「リサイクル型社会論」，「循環型社会論」，「持続可能な社会論」といったような既存の環境政策を集約することによって，環境的持続性を高め，環境危機を克服していくような環境保全型の環境社会論を形成していくことを意図して論じられてきた。つまり，ポスト産業社会における環境政策の強化策としての，「ポスト産業社会像＝経済発展（ないし，経済成長）と環境保護（保存）の両立」，を目的とした環境社会像を提示することで環境問題の解決方策を見出してきたのであった。

　環境政治学者であり，緑の政治学者でもあるR.エッカースレイは環境問題を根本的に解決していくためには，①環境問題に対するポスト産業社会に向けての一般大衆の環境意識の変革（「エコロジー的市民性」［緑の市民性］の醸成），②環境問題におけるエコロジー的市民（緑の市民）による「ガバナンス」の確立（「環境ガバナンス」），③「エコロジー的市民性」と「エコロジー的ガバナンス（「緑の社会」の統治）」を基盤とした，デモクラシーの変革（「リベラル・デモクラシー」，「社会民主主義」から，「エコロジー的デモクラシー」（緑の民主主義）への移行），といったエコロジー的な思想・制度への変革が必要であると指摘した上で，「エコロジー的な持続可能性と社会的正義」を促進していくための主権をもった新しい環境国家の姿として，「緑の国家」（Green State）の構築を提起している。

　この「緑の国家」論は地球環境危機に対応していくための超イデオロギー的，かつ，「緑の国家」戦略としての方法論を提示したもので，現代産業国家を根

本的に変革していくための,ラディカルな社会制度変革論である。ここでは,エッカースレイが2004年に刊行した,緑の政治思想・緑の政治学に関する研究の一つの到達点である,『緑の国家——民主主義と主権の再考』(*The Green State ——Rethinking Democracy and Sovereignty*)(Eckersley, 2004 = 2010)で提示した「緑の国家」構想を考察することによって,「緑の国家」論の視点・思想・方法論を検討していくことにしている。

〔備考〕 R. エッカースレイは,〈環境保全型社会〉としての,〈環境社会〉に対して,生態系の持続可能性を価値基盤とした,〈エコロジー的に持続可能な社会〉を〈緑の社会〉としている。したがって,エコロジーと緑(グリーン)は同義的に使用されていることに留意していただきたい。筆者も本書では,エッカースレイと同じ立場から,〈環境社会〉から〈緑の社会〉への構造転換を提起している。

第2節 「緑の国家」論の思想的構想:緑の政治思想の萌芽

環境政治思想・緑の政治思想分野で女性の環境政治学者として世界的な活躍をしている,オーストラリア・メルボルン大学教授のR. エッカースレイはディープ・エコロジー思想における生態系中心主義(Ecocentrism)に啓発されて,環境運動を制度変革(社会制度)へと転換させていくための知的装置,すなわち,「緑の政治思想」(Green Political Thought)をイギリス・キール大学のA. ドブソン教授等とともに資本主義的な社会制度変革のための理論として構築した「緑の政治学者」であり,「緑のデモクラシーの実践的な推進者」でもある。

彼女は1986年に発表した環境運動のエリート主義化に対する批判的論文,「中産階級のエリート主義としての環境運動」を発表して以来,一般大衆をリードしていく環境運動や,社会制度改革をめざす党派的な活動(緑の党)を支援していくような理論的装置としての「環境政治思想」や「緑の政治思想」を構想してきた(Eckersley, 1986:24-36)。彼女はフルクフルト学派の批判理論,とりわけ,Y. ハーバーマスの批判理論(全体主義的な管理社会を啓蒙的理性によって批判し,開かれた自由による社会を構築することで,人間解放をめざす)を人間中心主義的な社会理論・政治理論であるがゆえに,自然の解放は不可能で

あるとする批判を行うことによって，人間と自然との関係のエコロジー的な平等性の構築をめざすための環境主義の政治理論化を意図した著作，『環境主義と政治理論——生態系中心主義的アプローチの構築をめざして』(*Environmentalism and Political Theory——Towards a Ecocentric Approach*)に結実させた(Eckersley, 1990: 739-776)。さらに，「エコロジー的な市民性（緑の市民性）」(Ecological Citizenship)を起点とした，「エコロジー的デモクラシー（緑の民主主義）論」(Ecological Democracy)の理論構築へと発展し，環境先進国の政治制度的基盤とされる，「リベラルなデモクラシー国家（自由民主主義国家）」(Liberal Democratic State)から，「緑の民主主義国家」(Green Democratic State)への制度的なシフトを主張する，「緑の国家」論(Green State)へと到達していったのである (Eckersley, 1996: 212-236 ; Eckersley, 2005)。

第3節　「緑の国家」論の制度的構想：視点と考え方

1. 「緑の国家」論の視点と構想

　1970年～1980年代にかけて出現した環境主義思想は，「大量生産―大量消費―大量廃棄」型社会経済システムの構造矛盾，すなわち，経済開発という社会発展が自然環境や人間生活の破壊・解体をもたらすものとして，そうした活動を推進した政府・企業等に対して，「異議申立て」としての社会運動（環境運動）を通じて，環境政策を重要な政策として遂行すべきであるという方向性を生み出した。こうした政策状況をつくり出していったのはディープ・エコロジーを中心とした，ラディカル環境主義思想としての環境倫理思想であった。こうした環境倫理思想はわれわれ人間の内発的変革（環境意識の萌芽）をもたらしたものの，エコロジー的に持続可能な社会や国家を創出していくには至らなかった。こうした課題を政策的検討や制度的変革の方向性の視点から積極的に引き受けてきたのが，1980年代の「緑の党」の出現であり，1990年代に登場した環境政治思想・環境政治学や緑の政治思想論・緑の政治学等の「エコロジー政治理論」と政治体制のエコロジー化をめざした，欧州の研究者たちであった。

エッカースレイによれば，経済のグローバル化は資本主義的な国家の推進と環境問題のグローバル化，すなわち，今日のような地球環境の生存を脅かすような地球環境危機をもたらし，そうした状況の深刻化が〈エコロジー的に持続可能な国家〉を生み出すとともに，〈エコロジー的に持続可能な社会〉を構築していくことになるとしている (Eckersley, 2004 = 2010 : Chapter 1・Introduction)。こうした〈緑の国家〉像として，「緑の党」が主体となってさまざまな環境政策目標を綱領として掲げるようなリベラルな民主主義国家ではなく，エコロジー的民主主義を基盤とした，環境政策を主軸とした強力で実効的な国家であり，環境的公共財を保護する任務を果たす「エコロジー的受託者」(Ecological Steward) としての〈善き国家〉(Good State) であり，グローバルな環境ガバナンスを共有できるような〈エコロジー的，熟議民主主義的，脱国家的な国家〉をエッカースレイは構想している。そのための課題として，①環境的多国間主義の進展，②企業や国家の競争戦略としての持続可能な発展や強いエコロジー的近代化論の出現，③市民社会における環境的思考の成熟化，④環境問題をめぐって「拘束のない対話」，「包摂性」，「社会的学習」等を可能とするような開かれた民主主義，すなわち，「熟議民主主義」(Deliberative Democracy) を基盤とした，「エコロジー的民主主義」(Ecological Democracy) の実現，等を指摘している (Eckersley, 2004 = 2010 : chapter 1 and 5)。

このようなエッカースレイの「緑の国家」論の根底には，現在のリベラルな民主主義国家では，経済におけるグローバリズムによる私的な経済的利益の獲得が支配的な政策目標となっているような，政府や企業が存在している限り，生態系を破壊するような地球環境危機は解決できないという強い懸念がある。さらに，彼女は特定の政党（緑の党等）や運動家（環境運動家等）を構成メンバーとするような国家形成ではなく，すべての利害関係者が民主的な手続きによって，国家政策に参加できるような，「緑の国家」を想定しているのである。

2．「緑の国家」論の段階的発展論

こうした環境政治的な思考や緑の政治的な思考を理論的・実践的に熟成させたエッカースレイは資本主義的な生産と消費のシステムを維持し，経済発展と

環境保全を両立させようとする,〈環境保全型国家〉から,地球環境の生態系の持続可能性を基盤とした,「エコロジー的市民性」(Ecological Citizenship) と「環境ガバナンス」(Environmental Governance) の二つの要素の有機的統合化による,未来の国家像として,〈緑の国家〉(Green State) の見取り図を提示した (Eckersley, 2004)。さらに,近年の論文では,〈環境保全型国家〉から,〈緑の国家〉への移行過程を次のような三つの段階に分類し,〈緑の国家〉への方向性を明示している。このエッカースレイの三段階の環境国家像は,〈持続可能な社会〉という形で,資本主義的な経済成長と環境保護の両立性を提唱した,1987年の「ブルントラント委員会報告」を批判的に発展させたものである。

その理念的類型化は以下のようなものである(図表8−1を参照のこと)。

まず,第一段階としては,原基的なエコロジー的近代化論政策(Simple Ecological Modernisation) を軸として,技術的イノベーションを通じて,「環境的効率性」(Eco-Efficiency) と「環境的生産性」(Environmental Productivity) の双方を向上させていく,〈環境的リベラル国家〉(Ecoliberal state＝リベラルな民主主義国家) の段階がある。ここから,第二段階である,持続可能な発展政策の段階へと進んでいく。この政策の価値目標となっているのが,「環境保護」(Environmental Protection) と「環境的正義」(Environmental Justice) の促進を基盤としながら,すべての人間のニーズを現在から未来に向けて充足させていく,〈環境福祉国家〉(Environmental welfare state＝ソーシャルデモクラシー〔社会民主主義〕) である。最後の〈緑のデモクラシー国家〉(Green democratic state) とは,近代産業社会以降の思想基盤である,「産業的近代化」(Industrial Modernization) の手段・目標・影響を再帰的に検討していく,「再帰的なエコロジー的近代化論」(Reflexive Ecological Modernization) を基軸としながら,人間と自然との共生関係を現在から,未来に向けて持続させていく段階である。また,同じく,オーストラリア・メルボルン大学のP.クリストフ博士もエコロジー的近代化政策の強弱レベルを起点として,〈環境的ネオリベラル国家〉(Environmental neoliberal state―環境的価値の制度化が弱い:オーストラリア・アメリカ),〈環境的福祉国家〉(Environmental welfare state―非常に弱いヴァージョンのエコロジー的近代化政策:スウェーデン・オランダ),〈緑の国家〉(Green state―強い

図表8-1　環境国家（デモクラシー＝民主主義）の三つの型（タイプ）

国家のタイプ	戦略・言説	環境活動の目的	政治体制（デモクラシー）	経済活動
環境的リベラル国家	原基的なエコロジー的近代化	環境効率性の達成と環境的生産性の改善	リベラル・デモクラシー（自由主義的民主主義）	供給サイドの経済活動への適度な規制
環境的福祉国家	持続可能な開発（発展）	現在と将来のすべての基本的な人間ニーズの充足	ソーシャル・デモクラシー（社会民主主義）	需要―供給サイドの経済活動への適度な規制
緑の民主主義国家	再帰的なエコロジー的近代化	現在と将来の人間と人間以外の存在との相互の共存	エコロジー的デモクラシー（エコロジー的民主主義）	需要―供給サイドの経済活動への強い規制

（出所）Eckersley, 2005：20.

ヴァージョンのエコロジー的近代化政策：該当国なし），〈エコファシスト国家〉（Ecofascist state―強いエコロジー的近代化政策：該当国なし），のような四つの区分による環境国家の類型化を行っている。〈社会福祉国家〉（Social welfare state）（該当国：社会主義国家ハンガリー）や〈ネオリベラル国家〉（Neoliberal state）も類型化の中に記載されているが，特性分析がないのでここでは除外している（図表8-2を参照のこと）。基本的には，エッカースレイの類型化とは類似しているが，この二人に共通しているのは，〈エコロジー的に持続可能な社会〉の実現を推進していく，〈緑派〉の環境政治学者・環境政策学者であるということである（表8-1を参照のこと）。

　このような環境国家の類型化に関する捉え方は環境保全型社会でありながら，依然として，経済成長や物質文明を追求し続けている，今日のような「大量生産―大量消費―大量廃棄」型の社会経済システムを進展させ，人間の自己利益のための自然の収奪・破壊を継続させている，今日の社会・経済・文化の各システムを批判していくとともに，これらのシステムを変革していくための社会制度変革の方向性を明確に示したものとしてきわめて示唆的である。われわれが今日の環境問題を技術対応的な志向性ではなく，社会制度（あるいは，社会システム・産業システム）の構造変革的な志向性の観点から解決していこうとする時，こうしたマクロな社会構想的な展望は〈緑の社会〉（〈エコロジー的に持続可能な社会〉）を政策的に具現化していくための道筋を示す類型化として，理

第8章 〈エコロジー的に持続可能な社会〉のための国家構想

図表8-2　P.クリストフによる環境国家の類型

国家の類型	特　性	該当国（例）
〈緑の国家〉 (Green state)	＊下記の条件により，強いエコロジー的近代化政策の遂行 ・高水準の国家的環境収容能力・介入政策 ・高水準の経済的・社会福祉的・環境福祉政策の統合化 ・エコロジー的価値に対する強い文化的・政治的制度化 ・高水準のエコロジー的市民性―高度な包括的な環境国家 ・生態系中心主義的な価値に対する高い貢献度 ・人間福祉的環境主義に対する高い貢献度 ・人間福祉的環境への争点や生態系中心的な争点への高い貢献度	なし
〈環境的福祉国家〉 (Environmental welfare state)	＊下記の条件により，弱いエコロジー的近代化政策が遂行される。 ・中水準の国家的環境収容力・介入政策 ・エコロジー的価値に対する低い貢献，資源保全を含む人間中心主義的福祉（社会的・環境的）の優位性 ・中水準のエコロジー的市民性（中水準の環境国家も含む） ・生命中心主義的価値に対する低い貢献度 ・人間福祉的環境主義に対する高い貢献度 ・環境問題に対する中水準の予算の貢献度	スウェーデン オランダ
A.〈社会福祉国家〉 (Social welfare state) B.〈ネオリベラル国家〉 (Neoliberal state) C.〈環境的ネオリベラル国家〉 (Environmental neoliberal state)	＊下記の条件により，非常に弱いエコロジー的近代化政策が遂行される。 ・国家的環境収容力と介入度が弱い―市場指向性が強い ・環境的価値の制度化が弱い ・国家の資源保全や環境改善に関する施策が弱い ・低水準のエコロジー的市民性（国家排外主義政策の採用） ・中―高水準の人間福祉的環境主義 ・社会的・環境的福祉に対する中水準の予算的貢献が弱い	社会主義国家 ハンガリー オーストラリア アメリカ
D.〈エコファシスト国家〉 (Ecofascist state)	＊下記の条件により，強いエコロジー的近代化政策が遂行される。 ・ネオ・マルサス主義的思想を基盤としているために，エコロジー的価値の制度化が強い ・高水準の国家的環境収容力・介入政策の遂行 ・権威主義的な政治特性 ・エコロジー的市民性やエコロジー的民主主義の水準が非常に低い（国家排外政策の強化） ・生態系中心主義的な価値に対する高い貢献度 ・人間福祉的環境主義に対する低い貢献度 ・とりわけ，生態系中心主義的な問題や価値に対する予算的貢献が（可能な限り）強い	なし

（出所）Christoff, 2005：42-43.

念的・理論的・実践的視点からもきわめて有意義なものと思われる。

　こうした環境国家論が登場してきた背景には，これまでの環境政策が〈持続可能な社会〉（現実的には，〈経済的に持続可能な社会〉）という美名のもとに，環境保護政策よりも経済成長を重視する経済政策が優先され続けてきたことに起因するが，こうした政策に対して，〈エコロジー的に持続可能な社会〉への転換に向けて，社会制度の全面的な変革を追求していこうとする，ラディカルな環境思想的，すなわち，緑の政治思想的な志向性がエッカースレイ等の環境政治学者や緑の政治学者には明確に読み取ることができる。

3．「緑の国家」論の制度的構想：「緑の政策」と「緑の憲法」の具体像
〔1〕「緑の国家」論の政策構想

　これまでみてきたように，「緑の国家」論の基盤形成となるのは，①「エコロジー的民主主義」（Ecological Democracy）への移行と，②「エコロジー的な持続可能性」（Ecological Sustainability）と「社会的正義」（Social Justice）を促進することによって，「緑の国家」を構築していくためのアクター，すなわち，「エコロジー的な市民性」（Ecological Citizenship）を基盤とした，エコロジー的な市民活動の存在である。そのことが「緑の国家」形成の両輪である，①「エコロジー的民主主義」の確立による「緑の公共圏」（Green Public Sphere）の確立であり，②国家主権における緑化の進化，などである。とりわけ，国家主権における緑化を進化させるための政策パラダイム，国家の役割を変革させるために次のようなグローバルな環境法・環境政策のグローバルな整備をエッカースレイは提起している（Eckersley, 2004＝2010：211-240）。

　A．「環境的多国間主義」の発展：国連における地球環境会議は，ストックホルム会議（1972年）からリオサミット（2002年）に至るまでとヨハネスブルグ会議（2002年）に至るまでのさまざまな国際会議における政策的な協議事項（アジェンダ），すなわち，原則の確立，制度の創設，行動計画の制定に関する事項，についてNGO等の民間非営利組織を参画させて検討してきた。その結果，環境問題における問題領域の設定，環境規制の方法，合意の方法，持続可能な開発（発展），予防原則等の共通の原則が確立されてきた。こうした環境

第8章 〈エコロジー的に持続可能な社会〉のための国家構想

政策に関わる討議事項をさらに進展させることが必要である。

B.「環境的危害に対する国家の責任」：これまでの慣習的な国際法の原則では，被害国の領土の保護よりも加害国の領土の利用を優先するものが多かった。それに対して，環境に関する条約や宣言は，ストックホルム宣言の第21原則（＊各国は，国連憲章および国際法の原則に従い，自国の資源をその環境政策にもとづいて開発する主権を有する。各国はまた，自国の管轄権内または支配下の活動が他国の環境，または，国家の管轄権の範囲を越えた地域の環境に損害を与えないことを確保する責任を負うこと）やリオ宣言の第2原則（＊国家は国連憲章と国際法の原則に従い，自らの環境と開発の政策に準じて自国の資源を開発する主権的権利と自ら管轄，または，支配する行動が他の国や自らの管轄権の及ばない地域への環境破壊を起こさないようにする責任を有すること）にみられるように，環境的危害に対する国家の責任を前進させるものであった。今後，さらに国家の責任をより明確にしていく必要がある。

C.「開発の権利—経済的正義対環境的正義」：天然資源に対する主権的権利や開発の権利は植民地支配を脱した新興独立国の登場という文脈で承認されたものなので，発展途上国（ないし，開発途上国）にとって不公正なものである。国際経済システムにおける経済的正義の面からみても，不公正な正義である。したがって，先進国と発展途上国における天然資源に対する主権的権利や開発の権利は配分的正義やコミュニケーション的正義にもとづいて議論されることが肝要である。

D.「エコロジー的安全保障」：冷戦の終了後，国際社会では，安全保障概念の再検討が行われ，「エコロジー的安全保障」(Ecological Security)，すなわち，安全保障の対象を国家から市民，および，生態系に変更し，領土の防衛という考え方ではなく，環境問題も領土を越えて多様化・深刻化していくという現実認識が必要で，そのための原則・考え方を国際的合意のもとに進めていかなければならない。

E.「環境的危害・環境的介入・エコロジー的に応答する国家の必要性」：これまでの主権国家が排他的領域支配や自己決定権を有している点を活用することで，エコロジー的に応答する国家形成が可能となるという考え方である。し

たがって，他国で産出された汚染物質，有害廃棄物，遺伝子操作作物が自国の領土内に入ってくることは，環境の質，あるいは，天然資源の持続可能な利用，生物的・遺産の保護等の方法に関して決定を行う自由の侵害とみなされるし，また，市民の環境権に対する脅威になる可能性がある。こうした権利は逆に環境的介入を抑制する責任を伴うので，こうした責任が環境的危害の不在の挙証責任と同時に課せられることになれば，領土の所有者であり，利用者でもある国家から，外国やグローバルな共同体から領土内の環境管理を信託される国家へと変容することになり，国家の存在理由が転換されることになる。

〔2〕「緑の国家」の制度構想：「緑の憲法」の視点と考え方

エッカースレイは社会経済システムの緑化を推進していくに際して，「エコロジー的な持続可能性」と「社会的正義」に対する明確な市民意識を保有しているエコロジー的市民が「緑の国家」の重要な担い手となることを提起している。その上で，エコロジー的に持続可能な環境政策を構築していくための政策的基盤として，「緑の憲法」を制定していくことの重要性を提起している。

A．「緑の憲法」の前提と主要条項：「緑の国家」の憲法は，エコロジー的民主主義（緑の民主主義）の規制理念，および，基本的主張を「環境危機によって影響を受けるものすべてがこうした危機を生み出す政策や決定の策定に参加するか，あるいは，自らの利益を代表できるような実効的機会をもたなければならない」とし，その上で，「人間の諸権利への責任のみならず，生物多様性や地球生態系の生命維持活動と完全性を保護していく責任」を宣言していく必要があるとしている。このことはすでに説明したように，「緑の国家」の形成基盤としての「エコロジー的な持続可能性」と「社会的正義」を「緑の国家」の価値理念として確保することによって，「緑の国家」の基本的指針を示しているのである（Eckersley, 2004＝2010：242-243）。

B．「緑の憲法」構想における主要な政策規定：この「緑の憲法」構想では，「エコロジー的多国間主義」(Ecological Multilateralism)，「エコロジー的近代化」(Ecological Modernisation)，「緑の討議的構想」(Green Discursive Design)，という三つの基本思想を有機的に連関させることによって，今日の環境危機を克服し，エコロジー的民主主義を基盤とした新しい環境国家としての「緑の国家」

構想が具現化していくとされている。これらの三つの思想を踏まえた憲法の基本要素である「環境権」と「環境責任」に関する主要な政策規定は以下のようである (Eckersley, 2004 = 2010 : 241-244)。

①環境に関する情報を得る権利。
　——この権利は，環境に関する事柄を報告する義務を負った国家と環境汚染物質，その他の有害物質に関する共同体の「知る権利」の法制化とによって保障されるものである。
②環境リスクを生み出す提案に関して，知らされる権利。
③新たな開発計画，および，新しい技術に関する環境影響評価に参加する権利。
④環境基準の設定をめぐる協議に参加する権利。
⑤環境的損害を被る，または，そのおそれがある場合に，救済される権利。
⑥最低限の環境基準の規定を含む一般的な環境法が実効性をもつために，環境問題に関心をもつNGOや市民に対して，第三者訴訟を起こす権利を保障すること。
⑦国家のすべての政策決定者と企業が，環境リスク評価のための慎重なアプローチを採用する責任を負うこと。
　——このことは，倫理的配慮の対象を将来世代や人間以外の生物種を含む存在まで拡大した，予防原則が憲法に組み込まれることを意味している。
⑧善意の第三者に環境的危害が及ぶことを回避する，あるいは，必要な場合にそれを補償する責任。
　——このことは，汚染者負担の原則が憲法に組み込まれることを意味している。
⑨例えば，環境保護のための機関，すなわち，公的で独立した組織の設置を憲法で規定すること。
　——そうした組織が，人間以外の生物種や将来世代の利益を含む，公共的な環境利益について，政治的，ないし，法的に代表する責任を負うこと。
⑩ある国で提起された開発計画によって深刻な影響がもたらされるような状況で，国境横断的で環境的な関心事項，あるいは，他国の市民と共通の環

境的な関心事項に関連して,憲法で規定された機関が脱国家的な住民投票による決定や熟議にもとづくフォーラムにおける相互代表を可能にするような規定。
——この機関の活用には他の諸国との相互協定が必要となるだろう。
⑪連邦国家の場合,国家政府,ないし,中央政府に環境保護のために明確,かつ,無条件の法制定権を認め,両者内部における環境問題に関する責任回避(すなわち,下位自治体への責任の転嫁)を防ぐとともに,環境保護協定の迅速な制定と実施を進めること。

こうした「緑の憲法」の規定は,今日の環境問題がグローバルに展開されているために,先進国や発展途上国を個別に対象にした対応策では根本的な解決にならないという状況を踏まえた上で,「環境リスクに晒されている,より広範な共同体(コミュニティ)のためにエコロジー的責務を果たすことができるようにするために,また,必要があれば,それを強制することができるような統治構造をもたらす」ことを意図しているのである。

4．「緑の国家」論への展望

2008年6月15～17日の千葉大学における「環境思想国際シンポジウム 2008——地球的環境危機に対する国際的提言」(「環境思想研究会」と千葉大学大学院人文社会科学研究科付置「地球福祉研究センター」共催)開催時に来日した際に,岩波書店の月刊誌『世界』8月号において,筆者がエッカースレイ教授に「緑の国家への道筋——洞爺湖サミットにおける日本の役割」というテーマでインタビューしたが,その際に,「緑の国家」の具体的イメージについて質問した。「スウェーデンというのはおそらく現実にある国家としてはもっとも『緑の国家』に近い国でないか」という回答に示されているように,「緑の国家」にもっとも近づいているのが,世界の福祉先進国であり,1990年代から福祉政策と環境政策の有機的な連関を図ることによって,「緑の福祉国家」へと転換し,政策的な成果をあげてきた,北欧の環境先進国・スウェーデンである(エッカースレイ=松野,2008:179-184)。このことは,「緑の国家」という,彼女の構想が決してたんなるユートピアではなく,主権・民主主義・市民性をエコロ

第8章 〈エコロジー的に持続可能な社会〉のための国家構想

ジー的に転換させることによって，緑の社会制度変革へと結実していくことになれば，実現可能性があることを例証しているといってもよいだろう。

今日のグローバルな環境危機を現代文明の一過性的な危機としてではなく，環境リスク，否，人間文明への絶えざるリスクとして捉えることで，産業社会のシステムや生活等に過度に依拠したわれわれの思想・ライフスタイル・行動・政策等をエコロジー的に変革していくことが環境危機を解決していくための〈新しい環境社会〉へと転換していくための出発点となるだろう。

これまでのように，環境問題に対して，技術対応的な方策によって経済成長と生態系のバランスを図っていくことが，ポスト産業社会としての〈新しい環境社会〉を形成していくことになるのだろうか。それとも，生態系の持続可能性を基盤とした，自然環境と共生するような社会・経済・文化システムを構築していくことで，新しい環境社会への制度変革の結果としての〈エコロジー的に持続可能な社会〉，すなわち，〈緑の国家〉をつくり出していくことが可能なのだろうか。われわれは，環境思想が既存の環境保全型の社会システムを維持していくための，さらに，人間の自己利益のための〈改良的・規範的な環境思想〉から，〈新しい環境社会＝緑の社会〉へと転換していくような，社会制度の構造転換のための，〈変革的・創造的な環境思想〉へとシフトさせていくことにその答えを見出していかなければ，今日の深刻な地球環境危機はますます増殖化・拡大化していく事態を招き，やがては，地球環境の崩壊という最後の審判を迎えることになるかもしれない。

［付記］　本章は，「「エコロジー的に持続可能な社会」実現のための新しい国家構想――「緑の国家論」の視点・思想・方法論」（『緑の国家』R. エッカースレイ著／松野弘監訳，2010年，岩波書店）の監訳者解説用の論考の一部を加筆・修正したものであることに留意していただきたい。

終わりにかえて
――現代環境思想のゆくえ――

　今日の地球環境問題は18世紀のイギリスの産業革命以降に登場した「近代産業社会」を推進していくために，自然の収奪・破壊，さらには，産業化のための都市地域への工場立地による公害問題の発生等にその源泉をみることができる（エンゲルス，1845=1990）。こうした産業化による負荷現象は先進工業国だけではなく，地球環境全体に拡大してきたのは，環境問題がローカルな環境問題（ゴミ問題・生活環境の悪化・自然景観の阻害等）から，高度産業社会の到来に伴う産業化（工業化）を起因とする大気汚染・酸性雨・オゾン層破壊・生態系の破壊・森林伐採等のグローバルな環境問題へと展開してきたことである。環境問題のグローバル化の根底にあるのは，高度産業社会の多様化・複合化・広域化によって発生してきた，地球の気候変動問題，すなわち，地球温暖化問題である。これは環境問題が先進国のみに波及しているのではなく，国境を越えて，発展途上国を含めた世界の国々へと拡大してきたことを意味している。近年の中国における公害問題の深刻化は，黄砂やPM2.5（微小粒子状物質）の発生に伴う大気汚染問題を国境を越えて日本にももたらしてきていることからも明らかである。
　こうした地球規模の環境問題としての地球温暖化問題に対処するために，国連は，「気候変動に関する国際連合枠組み条約」(the United Nation's Framework Convention on Climate Change) に関する第1回締約国会議（COP 1 ）を1995年にドイツのベルリンで開催し，この会議には欧米の先進国やアジア等の発展途上国（ないし，開発途上国）が参加した。これまで，2012年，カタールのドーハで開催された第18回締約国会議（COP18）まで，地球温暖化の元凶とされる温室効果排出ガス（二酸化炭素，メタン，亜酸化窒素等）の規制・削減等の政策的措置の法制化をめぐって議論されてきた。とりわけ，1997年に日本の京都で開催された第3回締約国会議（COP 3 ）では，先進国等が2008～2012年までに，

温室効果ガス（主として，二酸化炭素）の排出の抑制，あるいは，削減を数値目標とする，いわゆる「京都議定書」(Kyoto Protocol to the United Nations Framework Convention on Climate Change) が基本となり，先進国と発展途上国の間で削減数値をめぐって激しい議論が展開された。しかし，その後，リーマンショックをはじめとする世界経済の低迷化現象に伴い，経済発展（ないし，経済成長）のための政策を重視していくために，こうした地球温暖化阻止のための規制政策はアメリカをはじめとした先進国の条約からの離脱，中国・インド等の発展途上国の規制対象外扱等により，この地球温暖化のための気候変動枠組条約は今のところ，暗礁に乗り上げている。

　こうした地球環境の気候変動問題における，温室効果ガス（主として，二酸化炭素）をめぐる今後の削減目標や排出権取引等の量的規制についての先進国と発展途上国の間の厳しいやりとりをみていると，近代産業社会の登場と産業社会の負荷現象をめぐっての20世紀初頭にアメリカにおける自然環境をめぐる「環境保存主義派」（J.ミューア［シエラ・クラブの創設者］）と「環境保全主義派」（G.ピンショー［米国政府の林野庁長官］）との激しい論争，「ヘッチヘッチ論争」を想起せざるをえない。ここには，人間文明と自然環境をめぐる基本的な対立，すなわち，経済発展が優先か，生態系の持続可能性が優先か，という地球環境全体のあり方を検討していかなければならない重要な課題が提起されているのである。

　すでに本書で何度も述べてきたように，〈ヘッチヘッチ論争〉とは，1908年に米国・サンフランシスコ郊外のヘッチヘッチ渓谷にサンフランシスコ住民への水供給のためのダムをつくるという計画を連邦政府に申請したところからはじまったもので，ヘッチヘッチ渓谷の自然環境の保存を主張する，自然環境保護運動家のJ.ミューアと自然環境を全く破壊しなければ，自然環境の賢明なる使用を認めてもよいという功利主義的な自然観をもつ，連邦政府の林野庁長官G.ピンショーとの人間文明と自然環境をめぐる激しい論争を社会的に喚起したばかりでなく，三人のアメリカ大統領（セオドア・ルーズベルト，ウィリアム・タフト，ウッドロー・ウィルソン）を巻き込む，社会的論争であった。換言すれば，自然環境は人間にとって倫理的・美的対象であり，自然環境を保存す

ることが自然環境保護に繋がるという,「自然環境保存思想」(Preservation)と当時の経済開発型の革新主義思想 (Progressivism) を基盤とした,自然環境の功利主義的な利用は自然環境のすべてを破壊しない範囲で許されるという,「自然環境保全思想」(Conservation) との環境思想をめぐる対立であった。

　これは近代産業社会の萌芽期の話であるが,冒頭で述べたように,地球環境問題の象徴的な政策課題である「地球温暖化問題」における国連の気候変動に関する枠組み条約においても,前述の対立的な課題が現代社会の経済と環境をめぐる基本的課題争点として〈ヘッチヘッチ論争〉が引き継がれているように思われる。つまり,現在の高度産業社会における「大量生産―大量消費―大量廃棄」型の社会経済システムを維持したままで,環境問題への技術的対応で問題解決を図ろうとする「エコロジー的近代化論派」(Ecological Modernizers-Environmentalists) とこうした産業システムを根本的に変革し,地球の生態系の持続可能性を基盤としたエコロジー的に持続可能な〈緑の社会〉を新しい社会制度として形成すべきだとする「緑の政治思想論派」(Ecologists),という現代環境思想をめぐる対立が現在の気候変動問題をはじめとする,さまざまな現代環境問題に表出しているといっても過言ではないだろう。

　このように,今日の環境問題はこれまで人間が築いてきた「物質主義文明」(Materialized Civilization) とこうした文明を拒否し,自然環境における生態系と人間の文明との有機的な結合を図ろうとする,「脱物質主義文明」(Postmaterialized Civilizeation) をめぐる現代社会における産業システムに依拠した「環境主義思想」(Environmentalism) と「エコロジズム思想」(Ecologism) との対立の構図であるといってよいだろう。その意味で,20世紀初頭の「ヘッチヘッチ論争」が近代産業社会と自然環境との関係を人間がどのように捉え,自然環境と人間文明がどのように共存していくかという,われわれの永遠の命題を提起したのである。

　今日の環境問題が地球環境問題として人間文明全体の課題として変容し,この深刻な問題を解決しなければわれわれ人間も自然環境も存亡の危機に晒されている現状では,われわれが生活の起点としている「現代産業社会」と破壊を阻止しなければならない「環境」(自然環境・人間環境も含む) との関係を現在

の社会制度枠組みの中で（政治制度・経済制度等）をどのように変えていくか，ということを最優先の課題としなければならない。つまり，20世紀初頭の「ヘッチヘッチ論争」が提起した人間文明と自然環境との〈人間中心主義的な関係〉（Anthropocentrism）を再検討し，人間と自然環境が共存・共生するための，エコロジー的に持続可能な新しい環境社会としての，〈緑の社会〉（Green Society）や〈緑の国家〉（Green State）の構築に向けて，その具現化のための方策を現実の政策として検討していかなければならない時期にきていると思われる。

さらに，2011年3月11日に日本を襲った，東日本大震災は，1979年にアメリカのペンシルバニア州のスリーマイル島2号炉原子力発電所や旧ソ連のチェルノブイリの4号炉原子力発電所で起きた深刻な原発事故が決して他人事ではないことをわれわれに思い知らせてくれた。また，東日本大震災の結果生じた，福島原発事故による放射線の拡散は原子力発電所に対する安全性神話を崩壊させただけでなく，自然災害と人間の過ち（原発の安全性に対する対策の失敗）とがリンクすることによって，新たな環境災害が今後，発生してくる可能性があることを警告したといってもよいだろう。今こそ，人間と自然の関係を根底的に見直し，〈エコロジー的に持続可能な社会〉，すなわち，〈緑の社会〉を構築していくための構想づくりを検討していかなければならないだろう。

本書の第8章で紹介した，『緑の国家』の著者，R.エッカースレイ教授（オーストラリア・メルボルン大学）の近著『グローバリゼーションと環境』（*Globalization and the Environment*）（Christoff, P. & Eckersley, R., Roman & Littlefield Publishing, Inc., 2013）によれば，先進国における資本主義のグローバル化（多国籍企業による資本蓄積，資本投資，消費主義等）が1990年代から隆盛を誇ってきた環境運動，緑の党の活動，緑の消費者運動，エコロジー的意識の高い市民の育成活動等を鈍化させてきたとした上で，グローバリゼーションは経済発展を促進するが，他方，環境破壊や環境運動に危機的な状況をもたらしていると指摘している（Christoff & Eckersley, 2013 : 206）。

こうしたグローバル化の進展は2008年のリーマンショック以来の世界的な経済低迷状態を脱していくためのビジネス・チャンスを生み出しているけれども，

終わりにかえて

グローバル化による経済発展の論理は，経済発展と生態系の持続可能性の両立をめざしたエコロジー的に持続可能な〈緑の社会〉の実現を阻害する要素をもっているといってもよいだろう。その意味で，グローバル化は経済的利益の確保を錦の御旗として優先，環境破壊を阻止していくためのこれまでの環境政策を軽視・無視していくことになれば，われわれ人類は未曾有の地球環境的な破局を迎える可能性があるということを十分に認識し，その対応方策を準備しておく必要があるだろう。

また，本書では，本書の副題にあるように，環境保全型の〈環境社会〉(Environmental Society)から，エコロジー的に持続可能な〈緑の社会〉(Green Society)を実現していくための視点・方法・考え方をより明確にしていることにも留意していただきたい。こうした社会の実現のためには，(1)環境思想から，緑の思想へ，(2)環境政策から，緑の政策へ，(3)環境民主主義から，緑の民主主義へ，の転換のための市民の意識変革（エコロジー的市民性＝緑の市民性＝Ecological Citizenship）がより強く要請される。今こそ，人間の経済的欲望を充たすための〈持続可能な社会〉ではなく，自然と人間文明が共生するための〈エコロジー的に持続可能な社会〉（＝〈緑の社会〉）を構築すべく，われわれ人類の賢明なエコロジー的な叡智を結集すべき時である。本書が今日の地球環境危機を突破していくための思想的変革の一つの契機となれば幸いである。

引用・参考文献一覧

Andersen, M. S. et al., (2000), "Ecological Modernisation-Origins, Dilenmas, and Future Directions," *Journal of Environmental Policy & Planning*, Vol.2, No.4.

安藤喜久雄他（1992）『産業社会学』学文社。

Arnold, D., (1996), *The Problem of Nature : Environment, Culture and European Expansion*, Wiley-Blackwell. ＝［邦訳］飯島昇蔵他訳（1999）『環境と人間の歴史』新評論。

Aron, R., (1967), *Dix-huit Legons sur la societé industrielle*, Gallimard. ＝［邦訳］長塚隆二訳（1970）『変貌する産業社会』荒地出版社。

Ashton, T. S., (1948), *The Industrial Revolution 1760-1830*, Oxford University Press. ＝［邦訳］中川敬一郎訳（1973）『産業革命』岩波書店。

Ashton, T. S., (1948), "The Standard of Life of the Workers in England 1790-1830," *The Journal of Economic History*, Vol. 9 Supplement, Oxford University Press. ＝［邦訳］杉山忠平・松村高夫訳・編（1972）『イギリス産業革命と労働者の状態』未来社。

新睦人他編（1979）『社会学のあゆみ』有斐閣新書，有斐閣。

新睦人（1995）『現代社会の理論構造』恒星社厚生閣。

Bacon, F., (1597), Meditationes Sacræ. De Hæresibus（『聖なる瞑想。異端の論について』）。

Bacon, F., (1597), Bacon's essays. ＝［邦訳］神吉三郎訳（2004）『ベーコン随筆集』一穂社。

Barnard, C. I., (1938), *Functions of Executives*, Harvard University Press. ＝［邦訳］山本安次郎他訳（1968）『新訳経営者の役割』ダイヤモンド社。

Barry, J., (1999), *Rethinking Green Politics*, Sage Publications.

Barry, J. & Frankland, E. G., (eds.), (2002), *International Encyclopedia of Environmental Politics*, Routledge.

Barry, J., (2003), *Ecological Modernization, Environmental Thought*, edited by Page, E. & Proops, J., Edward Elgar.

Batchelor, R., (1995), *Henry Ford : Mass Production, Modernism and Design*, Manchester University Press. ＝［邦訳］楠井敏朗他訳（1998）『フォーディズム』日本経済評論社。

Baudrillard, J., (1970), *La Société de consommation : ses mythes, ses structures.* ＝［邦訳］今村仁司他訳（1979）『消費社会の神話と構造』紀伊國屋書店。

Baxter, B., (1999), *Ecologism*, Edinburgh University Press.

Beck, U., (1986), *Risikogesellschaft-Auf dem Weg in eine andere Morderne*, Suhrkamp

Verlag.＝[邦訳] 東廉他訳（1998）『危険社会——新しい近代への道』法政大学出版局。
Beck, U. et al., (1994), *Reflexive Modernization-Politics, Tradition and Aesthetics in Modern Social Order*, Polity Press.＝[邦訳] 松尾精文他訳（1997）『再帰的近代化——近現代における政治・伝統・美的原理』而立書房。
Bell, D., (1960), *The End of Ideology : On The Exhaustion of Political Ideas in The Fifties*, The Free Press.＝[邦訳] 岡田直之訳（1969）『イデオロギーの終焉——1950年代における政治思想の涸渇について』東京創元社。
Bell, D., (1973), *The Coming of Past-Industrial Society : A Veuture in Social Forecasting*, Basic Books.＝[邦訳] 内田忠夫訳（1975）『脱工業化社会の到来（上・下）』ダイヤモンド社。
Benton, T., (1989), "Marxism and Natural Limits : An Ecological Critique and Reconstraction," *New Left Review*, no.178.
Bookchin, M., (1990), *Remaking Society*, South End Press.＝[邦訳] 戸田清他訳（1996）『エコロジーと社会』白水社。
Boulding, K. E., (1966), "The Economics of the Coming Spaceship Earth," in H. Jarvett (ed.), *Environmental Quality in a Growing Economy*, Baltimore : Johns Hopkins University Press.
Boulding, K. E., (1978), *Ecodynamics : A New theory of Social Evolution*, Sage.＝[邦訳] 長尾史郎訳（1980）『地球社会はどこへ行く（上・下）』講談社。
Bramwell, A., (1989), *Ecology in the 20 Century-A History*, Yale University Press.＝[邦訳] 金子務監訳（1992）『エコロジー 起源とその展開』河出書房新社。
Brown L. R., (ed.), (1984), *State of the World 1984 : A Worldwatch Institute Report on Progress Toward a Sustainable Society*, Worldwatch Inst.
Bullard, R. D. & Wright, B. H., (1989), "The Quest for Environmental Equity : Mobilizing the African-American Community for Social Change," in Dunlap, R. E. & Mertig, A. G., (eds.), *American Environmentalism*.＝[邦訳] 戸田清訳（1993）『現代アメリカの環境主義』満田久義監訳, ミネルヴァ書房。
Callicott, J. B., (1983), "Animal Liberation : A Triangular Affair," Scherer, D. & Attig, Th., (eds.), *Ethics and the Environment*, Prentice-Hall Inc.＝[邦訳] 千葉香代子訳（1995）「動物解放論争——三極対立構造」小原秀雄監修『環境思想の系譜3 環境思想の多様な展開』東海大学出版会, 59-80頁。
Callicot, J. B., (1989), *Defense of the Land Ethic : More Essays in Environmental Philosophy*, State University of New York Press.
Carson, R., (1962), *Silent Spring*, Fawcet Crest.＝[邦訳] 青樹築一訳（1992）『沈黙の春』新潮文庫, 新潮社。

Carter, N., (2001), *The Politics of the Environment*, Cambridge University Press.
Catton, W. R. & Dunlap, R. E., (1978), "Environmental Sociology : A new paradigm," *The American Sociologist*, 13 (February).
Christoff, P., (2002), "Ecological Modernization," Barry, J. & Frankland, E. G., *International Encyclopedia of Environmental Politics*, Routledge.
Christoff, P., (2005), "Out of Chaos, a Shining Star Towards a Typology of Green States," Barry, J. & Eckersley, R., (eds.), (2005), *The State and the Global Ecological Crisis*, MIT Press.
Christoff, P. & Eckersley, R., (2013), *Globalization & the Environment*, Rowman & Littlefield Publishers, Inc.
Clarke, R., (1973), *Woman who founded Ecology*, Follette.＝［邦訳］工藤秀明訳（1986）『エコロジーへのはるかな旅――学際科学の創始者エレン・スワロー』ダイヤモンド社／（改訂版）工藤秀明訳（1994）『エコロジーの誕生――エレン・スワローの生涯』新評論。
Commoner, B., (1971), *The Closing Circle : man and technology*, Knopf.＝［邦訳］安部喜也他訳（1972）『なにが環境危機を招いたか――エコロジーによる分析と回答』講談社ブルーバックス，講談社。
Comte, A., (1804), *Le Cours de philosophie positive* (1830-1842), Paris : Bachelier.
Comte, A., (1844), *Le Discours sur l'esprit possitif*, J. Vrin.
Comte, A., (1851), *Le Systèm de politique positive* (1851-1854), Paris : Anthropos.
Condorcet, M. J. A., (1793-94), *Esquisse d'un tableau historique des progrès de l'esprit humain*, Œuvres de Condorcet, 12 vols, 1847-49, Paris, Librairie Firmin Didot Frères. ＝［邦訳］渡辺誠訳（1951／2002），『人間精神進歩史』第一部（全2冊），岩波文庫，岩波書店。
Congreve, A., (2000), *Ecological Modernization : the business answer to sustainable development*, Envirospace Eco Measures.
Constanza, R. et al., (1997), *An Introduction to Ecological Economics*, St. Lucie Press.
Dahrendorf, R., (1957), *Soziale Klassen und Klassenkonflikt in der industriellen Gessellschaft*, Ferdinand Enke.＝［邦訳］富永健一（1964）『産業社会における情報，および階級闘争』ダイヤモンド社。
Daly, H. E., (1996), *Beyond Growth――The Economics of Sustainable Development*, Beacon Press.＝［邦訳］新田功他訳（2005）『持続可能な発展の経済学』みすず書房。
Darwin, C., (1859), *On The Origin of Species by Means of Natural selection, or the Preservation of Favoured Races in the Struggle for Life*, London : John Murray, Albemarle Street.＝［邦訳］八杉龍一訳（1990）『種の起原　上・下』岩波文庫，岩波書店。
Descartes, R., (1637), *Discours de la méthode*, (1896-1910), Œuvres, publiées par Charles

Adam & Paul Tannery, sous les auspices du Ministère de l'instruction publique., 12 vol., Léopold Cref, Imprimerie-Éditeur.=[邦訳] 落合太郎訳（1967）『方法序説』改訳版, 岩波文庫, 岩波書店。

Devall, B. & Sessions, G., (1985), *Deep Ecology*, Gibbs Smith.

Dobson, A., (1990), *Green Political Thought* (1st edition), Unwin Hymann.

Dobson, A., (1995), *Green Political Thought* (2nd edition), Routledge.=[邦訳] 松野弘監訳（2001）『緑の政治思想——エコロジズムと社会変革の理論』ミネルヴァ書房。

Dobson, A., (1998), *Justice and the Environment: Conceptions of Environmental Sustainability and Theories of Distributive Justice*, Oxford University Press.

Dobson, A., (2002) "Environmentalism and Ecologism," Barry, J. & Frankland, E. G., (eds.), *International Encyclopedia of Environmental Politics*, Routledge, pp.184-186.

Dryzek, J. S., (1st 1997/2nd 2005), *The Politics of the Earth*, Oxford University Press.

Durkheim, E., (1893), *De la division du travail social*, F. Alcan.=[邦訳] 井伊玄太郎訳（1989）『社会分業論　上・下』講談社学術文庫, 講談社。

Eckersley, R., (1986), "The Environmental Movement as Middle Class Elitism: A Critical Analysis," *Regional Journal of Social Issues*, 18.

Eckersley, R., (1990), "Harbermas and Green Political Thought: Two Roads Diverging," *Theory and Society*, 19.

Eckersley, R., (1992), *Environmentalism and Political Theory: Toward an Ecocentric Approach*, State University of New York Press.

Eckersley, R., (1996), "Greening Liberal Democracy: The Rights Discourse Revisited," Doherty, B. & M. de Geus, (eds.), (1996), *Democracy and Green Political Thought: Sustainability, Rights and Citizenship*, Routledge. 236.

Eckersley, R., (2002a), "Environmental Pragmatism," Barry, J. & Frankland, E. G., (eds.), *International Encyclopedia of Environmental Politics*, Routledge.

Eckersley, R., (2002b), "Environmental pragmatism, ecocentrism and deliberative democracy: Between problem-solving and fundamental critique," Taylor, B. P. & Minteer, B., (eds.), *Democracy and the Claims of Nature*, Lanham, MD: Rowman and Littlefield, pp. 49-69.

Eckersley, R., (2004), *The Green State——Rethinking Democracy and Sovereignty*, The MIT Press.=[邦訳] 松野弘監訳（2010）『緑の国家——民主主義と主権の再考』岩波書店。

Eckersley, R., (2005), From the Liberal Democratic State to the Green Democratic State, 7th Nordic Environmental Social Sciences Research Conference, working paper, Gothenburg University.

Eckersley, R. = [邦訳] 松野弘訳・編 (2008)「『緑の国家』への道筋——洞爺湖サミットにおける日本の役割」『世界』8月号, 岩波書店.
Ehrich, P.R., (1968), *The Population Bomb*, Ballantine. = [邦訳] 宮川毅訳 (1974)『人口爆弾』河出書房新社.
Ekins, P., (ed.), (1986), *The Living Economy: A New Economics in the Making*, Greenprint. = [邦訳] 石見尚他訳 (1987)『生命系の経済学』日本経済評論社.
Emerson, R. W., (1836), *Nature*, Berthoff, W., (ed.).
Emerson., R. W., (1841), "The Over-Soul," in Essays, First Series, in *The Complete Works of Ralph Waldo Emerson, Centenary Edition*, 12 vols., Houghton Mifflin and Co., 1903-1904. = [邦訳] 酒本雅之訳 (1972)「大霊」『エマソン論文集』(下) 岩波文庫, 岩波書店.
Engels, F., (1845), *Die Lage der arbeitenden Klasse in England—Nach eigner Anschauung und authentischen Quellen*, Otto Wigand. = [邦訳] 一條和生他訳 (1990)『イギリスにおける労働者階級の状態——19世紀におけるロンドンとマンチェスター (上・下)』岩波文庫, 岩波書店.
Ford, H., (1922), *My life and Work*, Garden City. = [邦訳] 稲葉襄監訳 (1968)『フォード経営』東洋経済新報社.
Fox, W., (1990), *Toward a Transpersonal Ecology*, Shambhala. = [邦訳] 星川淳訳 (1994)『トランスパーソナル・エコロジー』平凡社.
Freudenberg, N. & Steinsapir, C., (1992), "Not in Our Backyards: The Grassroots Environmental Movement," Dunlap, R. E. & Mertig, A. G., (eds.), (1992), *American Environmentalism—The U. S. Environmental Movement, 1970-1990*, Crane Russak & Co. = [邦訳] 堀川三郎訳「草の根環境運動の生成と展開——"NIMBY"から"NIABY"へ」満田久義監訳 (1993)『現代アメリカの環境主義』ミネルヴァ書房.
Frosch, R. A. & Gallopoulos, N., (1989), "Strategies for manufacturing," *Scientific American*, 261(3).
藤原保信 (1991)『自然観の構造と環境倫理学』お茶の水書房.
福士正博 (2001)『市民と新しい経済学』日本経済評論社.
古沢広祐 (1995)『地球文明ビジョン——「環境」が語る脱成長社会』日本放送出版協会.
George, S., (1977), *How the Other Half Dies*, Penguin Books, Harmondsworth. = [邦訳] 小南祐一郎他訳 (1984)『なぜ世界の半分が飢えるのか』朝日新聞社.
George, S., (2004), *Another World is Possible if*, Verso Books. = [邦訳] 杉村昌昭他訳 (2004)『オルター・グローバリゼーション宣言——もうひとつの世界は可能だ! もし……』作品社.
Giddens, A., (1990), *The Consequences of Modernity*, Polity Press. = [邦訳] 松尾精文他 (1993)『近代とはいかなる時代か?——モダニティの帰結』而立書房.

Giddens, A., (1999), *Runaway World : How Globalization is Reshaping Our Lives*, Profile Books.＝[邦訳] 佐和隆光訳（2001）『暴走する世界――グローバリゼーションは何をどう変えるのか』ダイヤモンド社.
Goldsmith, E. et al., (1972), "A Blueprint for Survival," *The Ecologist*, Vol. 2, No. 1, January.
Goldsmith, E. et al., (1972), *A Blueprint for Survival*, Penguin Books.
Goodin, R. E., (1992), *Green Political Theory*, Polity Press.
萩原なつ子（1997）「エコロジカル・フェミニズム」江原由美子他編（1997）『ワードマップフェミニズム』新躍社, 292-317頁.
Hajer, M., (1995), *The Politics of Environmental Discourse : Ecological Modernization and the Policy Process*, Oxford University Press.
濱島朗他編（1997）『[新版]　社会学小辞典』有斐閣.
Hardin, G., (1968), "The Tragedy of Commons," *Scinence*, 162 : 1243-1248.＝[邦訳] 松井巻之助訳（1975）『地球に生きる倫理』佑学社.
長谷川公一（1993）「産業化」金子勇・長谷川公一『マクロ社会学』新曜社.
Hays, S. P., (1959), *Conservation and the Gospel of Efficiency*, Harvard University Press.
平凡社編（1971）『哲学事典』平凡社.
Hobsbawm, E. J., (1968), *Industry and Empire, An Economic History of British since 1750*, Weidenfeld and Nicolson.＝[邦訳] 浜村正夫他訳（1984）『産業と帝国』未来社.
星野彰男他（1977）『スミス国富論入門』有斐閣.
Huber, J., (2000), "Towards Industrial Ecology : Sustainable Development as a Concept of Ecological Modernization," *Journal of Environmental Policy and Planning*, Vol. 1.2, No. 4, Oct.-Dec., p. 270.
Humphrey, C. R. & Buttel, F. H., (1982), *Environment, Energy, and Society*, Wadsworth Publishing Co.＝[邦訳] 満田久義他訳（1991）『環境・エネルギー・社会』ミネルヴァ書房.
井原久光（1999）『テキスト経営学』ミネルヴァ書房.
今井賢一（1984）『情報ネットワーク社会』岩波書店.
Inglehart, R., (1979), *Silent Revolution : Changing Values and Political Styles Among Western Publics*, Princeton University Press.＝[邦訳] 三宅一郎訳（1978）『静かなる革命――政治意識と行動様式の変化』東洋経済新報社.
石川晃弘（1990）「インダストリアリズムの論理」塩原勉他編『社会学の基礎知識』有斐閣.
Joseph, D., (1871), *Essays/* by Francis Bacon ; with notes by Joseph Devey, London, Edinburgh : [s. n.].
加茂直樹他編（1994）『環境思想を学ぶ人のために』世界思想社.

環境思想研究会編(2005)『環境思想研究 Vol. 1』環境思想研究会。
環境思想研究会編(2009)『環境思想研究 Vol. 2』環境思想研究会。
Kassiola, J. J., (1990), *The Death of Industrial Civilization*, State University of New York Press.＝[邦訳] 松野弘監訳(2014)『産業文明の死』ミネルヴァ書房。
加藤尚武(1991)『環境倫理学のすすめ』丸善ライブラリー。
加藤尚武(1996)『技術と人間の倫理』日本放送出版協会。
加藤尚武編(1998)『環境と倫理――自然と人間の共生を求めて』有斐閣アルマ。
加藤三郎(1998)「持続可能な社会構築に必要な価値観や制度の転換」加藤三郎編『岩波講座地球環境学 10』岩波書店, 130-131頁。
Kerr, C., (1960), *Industrialism and Industrial Man*, Harvard University Press.＝[邦訳] 川田寿訳(1963)『インダストリアリズム』東洋経済新報社。
King, Y., (1983), *Towards an Ecological Feminism and a Feminist Ecology*, Pergamon Press.
King, Y., (1990), "Healing the Wounds : Feminism, Ecology, and The Nature/ Culture Dualism," Jaggar, A. M. & Bordo, S., (1989), *Gender/body/knowledge : feminist reconstructions of being and knowing*, Rutgers University Press.＝[邦訳] 丸山久美訳(1995)「傷を癒す――フェミニズム, エコロジー, そして自然と文化の二元論」小原秀雄監修『環境思想の系譜3 環境思想の多様な展開』東海大学出版会。
King, Y., (1991), *Ecofeminism : The Reenchantment of Nature*, Boston : Beacon Press.
岸根卓郎(2004)『環境論――環境問題は文明問題』ミネルヴァ書房。
北川隆吉編(1992)『時代比較の社会考』青木書店。
鬼頭秀一(1996)『自然保護を問いなおす』ちくま新書。
鬼頭秀一(1999)「アマミノクロウサギの「権利」という逆説――守られるべき「自然」とは何だろうか」鬼頭秀一編『環境の豊かさをもとめて――理念と運動』昭和堂, 324-334頁。
Knesse, A. V. et al., (1970), *Economics and the Environment*, The Johns Hopkins Press.＝[邦訳] 宮永昌男訳(1974)『環境容量の経済学』所書店。
Koppen, C. S. A. van & Mol, A. P. J., (2002), "Ecological modernization of Industrial ecosystem," Lens, P., et al. (eds.), (2002), *Water Recycling and Resource Recovery in Industry*, IWA Publishing, pp. 3-4.
古在由重(1960)『思想とは何か』岩波新書, 岩波書店。
國広敏文(1996)「現代フランスにおける政治的エコロジー運動の生成と展開」立命館大学法学部編『立命館法学』245号, 2頁。
倉阪秀史(2003)『エコロジカルな経済学』ちくま新書, 筑摩書房。
倉阪秀史(2005)「エコロジカル経済学の思想的背景」『環境思想研究 Vol. 1』環境思想研

究会。

栗原彬編（2000）『証言　水俣病』岩波新書。

桑子敏雄（1999）『環境の哲学』講談社学術文庫，講談社。

Leopold, A., (1947), *A Sand County Almanac*, Oxford University Press.＝[邦訳] 新島義昭訳（1997）『野生のうたが聞こえる』講談社学術文庫，講談社。

Lovelock, J. E., (1979), *Gaia : A new look at life on Earth*, Oxford University Press.＝[邦訳] 星川淳訳（1984）『地球生命圏——ガイアの科学』工作舎。

Lyon, D., (1988), *The Information Society : Issues and Illusions,* Polity Press.＝[邦訳] 小松崎清介監訳（1990）『新・情報化社会論——いま何が問われているか』コンピュータ・エージ社。

Malthus, T. R., (1798), *An Essay on the Principle of Population*, Harmondsworth.＝[邦訳] 永井義雄訳（1973）『人口論』中公文庫，中央公論社。

March, J. G. & Simon, H. A., (1958), *Organizations,* Wiley.＝[邦訳] 土屋守章訳（1977）『オーガニゼーションズ』ダイヤモンド社。

Marsh, G. P., (1965), *Man and Nature : Or, Physical Geography as Modified Human Action*, Cambridge, Mass.

丸山正次（2006）『環境政治理論』風行社。

正村公宏（1980）『産業主義を越えて』中央経済社。

間瀬啓允（1991）『エコフィロソフィー提唱』法蔵館。

松野弘他編（1999）『現代企業の構図と戦略』中央経済社。

松野弘（2000）「産業社会の思想と論理」山梨学院大学『経済情報学論集第6号』山梨学院大学経済情報学研究会。

松野弘（2003a）「産業主義思想と環境主義思想の有機的統合化への視点と課題」大東文化大学『国際比較政治研究　特集環境問題と政治学——環境政治学の役割と課題』第12号。

松野弘（2003b）「産業主義と環境主義の有機的統合化への視点と課題」『国際比較政治研究』第12号。

松野弘（2009）『環境思想とは何か——環境主義からエコロジズムへ』ちくま新書，筑摩書房。

松岡信夫（1986）「ボパールからの呼びかけ——豊かなものが破壊し，貧しいものが被害をこうむる」『新日本文学』6月号。

松下圭一（1991）『政策型思考と政治』岩波書店。

Mayo, G. E., (1933), *The Human Problems of an Industrial Civilization*, Macmillan.＝[邦訳] 勝本新次他訳（1951）『産業文明における人間の問題』日本能率協会。

McCormick, J., (1995), *The Global Environmental Movement* (2nd ed.), John Wiley &

Sons Inc. = ［邦訳］石弘之他訳（1998）『地球環境運動全史』岩波書店。
Meadows, D. et al., (1972), *The Limits to Growth*, Earth Island. = ［邦訳］大来佐武郎監訳（1972）『成長の限界』ダイヤモンド社。
Meadows, D. H., et al. (1992), *Beyond the Limits*, Chelsea Green Publishing Co. = ［邦訳］芽陽一監訳（1992）『限界を超えて』ダイヤモンド社。
Mellor, M., (1992), *Breaking the Boundaries : Towards a Feminist Green Socialism*, Virago Press. = ［邦訳］壽福眞美他訳（1993）『境界線を破る！――エコ・フェミ社会主義に向かって』新評論。
Merchant, C., (1980), *The Death of Nature : Women, Ecology, and the Scientific Revolution*, Harper & Row. = ［邦訳］団まりな訳（1985）『自然の死――科学革命と女・エコロジー』工作舎。
Merchant, C., (1992), *Radical Ecology-The Search for A Livable World*, Routledge, Chapman & Hall Inc. = ［邦訳］川本隆他訳（1994）『ラディカルエコロジー 住みよい世界を求めて』産業図書。
満田久義（1995）「環境社会学とはなにか――米国でのパラダイム論争再考」環境社会学会編『環境社会学研究』創刊号, 新曜社。
満田久義（2005）『環境社会学への招待――グローバルな展開』朝日新聞社。
宮本憲一（1973）『地域開発はこれでよいか』岩波新書, 岩波書店。
宮本憲一（1989）『環境経済学』岩波書店。
宮本憲一（2007）『新版環境経済学』岩波書店。
水田洋（1997）『アダム・スミス』講談社学術文庫, 講談社。
Mol, A. P. J., (1996), "Ecological Modernization and Institutional Reflexivity : Environmental Reform in the Late Modern Age," *Environmental Politics*, 5(2).
Mol, A. P. J., (2000), "The Environmental Movement in an era of Ecological Modernisation," *Geoforum*, 31.
Mol, A. P. J., et al. (eds.), (2000), *Ecological Modernisation Around the World――Perspectives and Critical Debates*, Frank Cass.
Mol, A. P. J., et al. (eds.), (2009), *The Ecological Modernisation Reader*, Routledge.
Mol, A. P. J & Sonnenfeld, D. A., (2000), "Ecological Modernisation Around The World : An Introduction," *Environmental Politics*, 9(1).
Mol, A. P. J. & Spaargaren, G., (1993), "Environment, Modernity and the Risk-Society : The Apocalyptic Horizon of Environmental Reform," *International Sociology*, 8 (4) : 431-459.
森岡正博（1995）「エコロジーと女性――エコフェミニズム」小原秀雄監修『環境思想の系譜3 環境思想の多様な展開』東海大学出版会。

Muir, J., (1901), "Our National Park, Houghton Mifflin," in Nash, R. F., (1990), *American Environmentalism—— Readings in Conservation History*, McGraw-Hill.=［邦訳］松野弘監訳（2004）『アメリカの環境主義』同友館。

Muir, J., (1912), "The Yosemite, Century.," in Nash, R. F., (1990), *American Environmentalism—— Readings in Conservation History*, McGraw-Hill.=［邦訳］松野弘監訳（2004）『アメリカの環境主義』同友館。

武笠俊一（1990）「時計の統合と近代社会の形成」『社会学評論』No. 163。

村上泰亮（1975）『産業社会の病理』中央公論社。

Naess, A., (1973), "The Shallow and the Deep, Long-Range Ecology Movement: A Summary," *Inquiry*, 16, pp. 95-100.

Naess, A., (1989), *Ecology, Community, and Lifestyle*, Cambridge University Press.=［邦訳］斎藤直輔他訳（1997）『ディープ・エコロジーとは何か』文化書房博文社。

永井清彦（1983）『緑の党――新しい民主の波』講談社現代新書，講談社。

Nash, R. F., (1987), *From These Beginnings—— A Biographical Approach to American History*, Harpaer & Row.=［邦訳］足立康訳（1989）『人物アメリカ史（下）』新潮社。

Nash, R. F., (1990), *The Rights of Nature——A History of Environmental Ethics*, The University of Wisconsin Press.=［邦訳］松野弘訳（1993／1999／2011）『自然の権利――環境倫理の文明史』TBSブリタニカ／ちくま学芸文庫／ミネルヴァ書房。

O'Connor, J., (1991), "Is Sustainable Capitalism Possible?," in Conference Papers by James O'Connor（CES/CNS Pamphlet 1), Center for Ecological Socialism.=［邦訳］戸田清訳「持続可能な資本主義はありうるか」小原秀雄監修（1995）『環境思想の系譜2　環境思想と社会』東海大学出版会。

小原秀雄監修（1995a）『環境思想の系譜1　環境思想の出現』東海大学出版会。

小原秀雄監修（1995b）『環境思想の系譜2　環境思想と社会』東海大学出版会。

小原秀雄監修（1995c）『環境思想の系譜3　環境思想の多様な展開』東海大学出版会。

O'Riordan, T., (1981a), "Environmentalism and Education," *Journal of Geography in Higher Education. 1466-1845*, Volume 5, Issue 1.

O'Riordan, T., (1981b), *Environmentalism,* Pion, 2nd edition, Routledge Kegan & Paul.

小澤徳太郎（2005）「スウェーデンの転換戦略――「福祉国家」から「緑の福祉国家」へ」環境経済・政策学会報告論文。

小澤徳太郎（2006）『スウェーデンに学ぶ「持続可能な社会」』朝日新聞社。

尾関周二他編（2005）『環境思想　キーワード』青木書店。

Page, E. A. & Proops, J., (eds.), (2003), *Environmental Thought*, Edward Elgar.

Pascal, B., (1670), *Pensées*, Brunschvicg., L., et al., (eds.), Garnier Frères.=［邦訳］前田陽一他訳（2001）『パンセ（I・II）』中公クラシックス。

Passmore, J., (1974), *Man's Responsibility for Nature : Ecological Problems and Western Traditions*, Gerald Duckworth & Co., Ltd.=[邦訳] 間瀬啓充訳（1998）『自然に対する人間の責任』岩波書店。

Pepper, D., (1984), *The Roots of Modern Environmentalism*, Routledge.=[邦訳] 柴田和子訳（1994）『環境保護の原点を考える』青弓社。

Pepper, D., (1993), *Eco-socialism : from deep ecology to social justice*, Routledge.=[邦訳] 小倉武一監訳（1996）『生態社会主義』食料・農業政策研究センター編。

Pepper, D., (1996), *Modern Environmentalism*, Routledge.

Pepper, D., (1999), "Ecological Modernisation or the 'Ideal Model' of Sustainable Development? Questions Prompted at Europe's Periphery, " *Environmental Politics*, 8(4).

Pepper, D., (2002), "eco-socialism," in Barry, J. and Frankland, E. G. (eds.), *International Encyclopedia of Environmental Politics*, Routledge.

Porritt, J., (1984), *Seeing Green : The Politics of Ecology Explained*, Oxford : Blackwell.

Rawls, J., (1971), *A Theory of Justice*, Harvard University Press.=[邦訳] 矢島鈞次監訳（1979）『正義論』紀伊國屋書店。

Rees, W. & Wackernagel, M., (1992), "Appropriated Carrying Capacity : Measuring the Natural Capital Requirements of the Human Economy," Invited plenary paper, The Second Meeting of the International Society for Ecological Economics, Investing in Natural Capital, University of Stockholm, Stockholm, Sweden, August, 6.

Regan, T., (1983), *The Case for Animal Rights*, University of California Press.=[邦訳] 青木玲訳（1995）「動物の権利の擁護論」小原秀雄監修『環境思想の系譜3 環境思想の多様な展開』東海大学出版会。

Roethlisberger, F. J., (1941), *Management and Morale*, Harvard University Press.=[邦訳] 野田一夫他訳（1954）『経営と勤労意欲』ダイヤモンド社。

Rolston, H., (1988), *Environmental Ethics―― Duties to and Values in the Natural Word*, Philadelphia : Temple University Press.

Roosevelt, Th., (1909), "Opening Address by the President," in Blanchard, N. C., (ed.), (1909), *Proceedings of a Conference of Governors in the White House*, U. S. Government Printing Office.=[邦訳] 松野弘監訳（2004）「ホワイトハウスにおける保全の呼びかけ」『アメリカの環境主義』同友館。

Rostow, W. W., (1960), *The Stages of Economic Growth : A Non-Communist Manifesto*, Cambridge University Press.=[邦訳] 木村健康他訳（1974）『経済成長の諸段階』ダイヤモンド社。

斎藤修編（1998）『世界歴史22　産業と革新』岩波書店。

坂本慶一他編（1970）『世界の名著42　オウエン；サン・シモン；フーリエ』中央公論社。

佐久間信夫編(1998)『現代経営学』学文社。
作田啓一他編(1968)『社会学のすすめ』筑摩書房。
Sandbach, F., (1980), *Environment, Ideology and Policy*, Blackwell.
佐藤慶幸(1991)『新版　官僚制の社会学』文眞堂。
佐和隆光・植田和弘編(2002)『岩波講座　環境経済・政策学　第1巻──環境の経済理論』岩波書店。
Schumacher, E. F., (1973), *Small is Beautiful : Economics as if People Really Mattered*, Abacus.=[邦訳]小島慶三他訳(1986)『スモール　イズ　ビューティフル──人間中心の経済学』講談社学芸文庫，講談社。
Schumpeter, J. A., (1934), *The Theory of Economic Development*, Harvard University Press.=[邦訳]塩野谷裕一他訳(1979)『経済発展の理論』岩波書店。
勢古浩爾(2004)『思想なんかいらない生活』ちくま新書，筑摩書房。
Shabecoff, P., (1993), *A Fierce Green Fire──The American Environmental Movement*, Hill & Wang Pub.=[邦訳]さいとうけいじ他訳(1993)『環境主義』どうぶつ社。
柴山英樹(2004)「ドイツにおけるダーウィニズムと教育思想──エルンスト・ヘッケルの反復発生説を中心に」日本大学教育学会『教育学雑誌』第39号。
嶋津格(1998)「ロールズ『正義論』」見田宗介他編(1998)『社会学文献事典』弘文堂，646頁。
清水幾太郎編(1970)『世界の名著36　コント；スペンサー』中央公論社。
塩原勉他編(1990)『社会学の基礎知識』有斐閣。
塩見治人(1978)『現代大量生産論』森山書店。
思想の科学研究会編(1995)『新版　哲学・論理学用語辞典』三一書房。
Shiva, V., (1988), *Staying Alive*, Zed Books.=[邦訳]熊崎実訳(1994)『生きる喜び──近代科学批判としてのイデオロギー』築地書館。
Shiva, V., (1991), *The Violence of the green revolution : Third World agriculture, ecology, and politics*, Zed Books Penang Malaysia.=[邦訳]浜谷喜美子訳(1997)『緑の革命と暴力』日本経済評論社。
Shrader-Frechette, K. S., (ed.), (1991), *Environmental Ethics*, (2nd ed.), Boxwood Press.=[邦訳]京都生命倫理研究会訳(1993)『環境の倫理(上・下)』晃洋書房。
Singer, P., (1975), *Animal Liberation*, AVON books.=[邦訳]戸田清訳(1988)『動物の解放』技術と人間。
Singer, P., (ed.), (1985), *In Defense of Animals*, Basil Blackwell.=[邦訳]戸田清訳(1986)『動物の権利』技術と人間。
Smith, A., (1826/1993), *An inquiry into the nature and causes of the wealth of nations*, Oxford University Press.=[邦訳]大内兵衛他訳(1959)『諸国民の富』岩波文庫，岩波書

店。

Simon, H. A., (1947), *Administrative Behavior*, Macmillan.＝［邦訳］松田武彦他訳（1965）『経営行動』ダイヤモンド社。

染谷孝太郎『産業革命序説』白桃書房，1976年。

Steiguer, J. E. de, (1996), *The Age of Environmentalism*, McGraw-Hill.＝［邦訳］新田功他訳（2001）『環境保護主義の時代』多賀出版。

Stone, C. D., (1972), "Should Trees Have Standing?――Toward Legal Rights for Natural Objects", *Southern California Law Review*, Vol. 45：450.＝［邦訳］岡嵜修・山田敏雄訳／畠山武道解説（1990）「樹木の当事者適格――自然物の法的権利について」『現代思想』11月号。

Stone, C. D., (1987), *Earth and Other Ethics――The Case for Moral Pluralism*, Harper & Low.

庄司光・宮本憲一（1975）『日本の公害』岩波新書，岩波書店。

高田純（2003）『環境思想を問う』青木書店。

Touraine, A., (1980), *L'Après-socialisme, Grasset*.＝［邦訳］平田清明他訳（1982）『ポスト社会主義』新曜社。

Taylor, F. W., (1919), *The Principles of Scientific Management*, Harper.＝［邦訳］上野陽一訳編（1957）『科学的管理法』技報堂／上野陽一訳（1969）『科学的管理法』産業能率短大出版部。

Thoreau, H. D., (1849), *Civil Disobedience*, Aesthetic Papers of Mrs. Elizabeth P. Peabody.＝［邦訳］佐藤雅彦訳（2011）『ソローの市民的不服従』論創社。

Thoreau, H. D., (1854), *Walden, or Life in The Woods, in Thoreau's Complete Works* (The Concord Edition), Houghton Mifflin.＝［邦訳］酒本雅之訳（2000）『ウォールデン―森で生きる』ちくま学芸文庫，筑摩書房。

Tibbs, H. B. C., (1992), "Industrial Ecology," *Whole Earth Review*, Winter, no.77.

戸田清（1994）『環境的公正を求めて』新曜社。

戸田清（1995）「社会派エコロジーの思想」小原秀雄監修『環境思想の系譜2　環境思想と社会』東海大学出版会，162-186頁。

Toffler, A., (1980), *The Third Wave*, Bantam Books.＝［邦訳］徳山二郎監訳（1980）『第三の波』日本放送協会。

土岐寛編（2003）「特集　環境問題と政治学――環境政治学の役割と課題」『国際比較政治研究第12号』大東文化大学　国際比較政治研究所。

富永健一（1966a）『社会変動の理論』岩波書店。

富永健一（1966b）「産業主義と人間社会」『社会心理学の形成』培風館。

富永健一（1973）『産業社会の動態』東洋経済新報社。

富永健一（1980）『社会学原理』岩波書店。
富永健一（1993）『現代の社会科学者』講談社学術文庫，講談社。
富永健一（1995）『社会学講義』講談社。
富永健一（1996）『近代化の理論』講談社学術文庫，講談社。
十時嚴周（1992）『現代の社会変動』慶應通信。
角山栄他（1992）『生活の世界歴史10 産業革命と民衆』河出書房新社。
鶴見俊輔（1996）『思想とは何だろうか』晶文社。
植田和弘他編（1991）『環境経済学』有斐閣。
植田和弘（1998）『環境経済学への招待』丸善。
海上知明（2005）『環境思想――歴史と体系』NTT出版。
占部郁美（1989）『経済学小辞典』中央経済社。
Wallerstein, I., (1974), *The Modern World-System*, Academic Press.＝［邦訳］川北稔訳（1981）『近代世界システム』岩波書店。
Wallerstein, I., (1998), *Utopistics*, The New Press.＝［邦訳］松岡利道訳（1999）『ユートピスティクス――21世紀の歴史的選択』藤原書店。
Weber, M., (1921), "Vorbemerkung," *Gesammelte Aufsätze zur Religionssoziologie*, Bd. I.＝［邦訳］安藤英治他訳（1968）「『宗教社会学論文集』序言」『宗教・社会論集』河出書房新社。
Weber, M., (1987), *Bürokratie, Grundriß der Sozialökonomik, III.* Abteilung, Wirtschaft und Gesellscaft, Verlag von J. C. B. Mohr [Paul Siebeck], Tübingen, 1921-1922, Ditter Teil, Kap. VI, S. 650-678.＝［邦訳］阿閉吉男他訳（1987）『官僚制』恒星社厚生閣。
World Commission of Environment and Development＝WECD, (1987), *Our Common Future*, Oxford University Press.＝［邦訳］大来佐武郎監訳（1987）『われら共有の未来』福武書店。
山本雅男（1992）『ヨーロッパ「近代」の終焉』講談社現代新書，講談社。
山村恒年・関根孝道編（1996）『自然の権利――法はどこまで自然を守れるか』信山社。
安田三郎他編（1981）『基礎社会学V巻』，東洋経済新報社。
八杉龍一（1969）『進化論の歴史』岩波新書，岩波書店。
八杉龍一（1994）『ダーウィニズム論集』岩波文庫，岩波書店。
米本昌平他（2000）『優性学と人間社会』講談社現代新書，講談社。
吉田文和（2003）「環境と科学・技術」『岩波講座 環境経済・政策学 第5巻―環境保全への政策統合』岩波書店。
Young, S. C., (1993), *The Politics of the Environment*, Baseline.
Young, S. C., (eds.), (2000), *The Emergence of Ecological Modernisation*, Routledge.

あとがき

　今日の環境問題を取り巻く状況で新たに追加せざるをえない深刻な事態は，一つには，2011年の3月11日に発生した「東日本大震災」であり，この震災を起因として発生した東京電力の福島第1原子力発電所における「放射性物質放出問題」や「放射性物質による海洋汚染問題」等の「放射能問題」であり，あと一つは，世界のGDP第2位国である中国における，黄砂やPM2.5（微小粒子状物質）等などの拡散による大気汚染に象徴されるような「公害問題の深刻化と拡散化問題」である。いずれもこれまでの経緯からして，事前にさまざまな予兆や問題があったにもかかわらず，経済発展を優先させたために起きた「人為的事故」といっても過言ではないだろう。「人為的事故」とは，われわれ人間が予防的方策を講じることができたにもかかわらず，そうした方策を軽視，ないし，無視してきた結果，こうした事故が発生し，今なお，福島の「放射能問題」は解決できていないし，中国では，宇宙にさまざまな人工衛星（軍事用・気象用・資源用等）を打ち上げているにもかかわらず，公害問題の深刻化への対応が不十分である，といったことである。こうした事実に直面すると，自然をはじめとする他の生命体を踏み台にして，人間はいかに自己利益を追求する「経済人」であることか，また，近代産業社会の成立以来，科学技術に対する神話を盲信することで，経済成長を推し進めるために，自然破壊を今なお，継続しつづけている「人間中心主義者」であることか，ということをわれわれは厳然と受け止めざるをえない。

　本書『現代環境思想論』は，2009年に刊行した『環境思想とは何か』（ちくま新書）を執筆する際に，土台となっている元の原稿を加筆・修正して作成したものである。新書版はもとの原稿を3分の1程度，削除・修正して完成させたものである。この『環境思想とは何か』はメディア等の書評にも取り上げられ，今日の環境問題にはこうした視点が強く要請されていることを再確認した

次第である。

　ちくま新書は「環境思想とは何か」をテーマとしていたために，環境思想の形成・発展過程や環境保全型社会における環境社会に重点を置いた。翻って，本書は本来の構想案をベースにして加筆・修正したものである。全体的には，本書の内容をより理解しやすくするために，さまざまな図表を付加している。具体的には，ちくま新書にはない，第1章「環境問題と思想の役割」の第2節「『思想』とは何か」，の追加，さらに，第2章「近代産業社会の登場と社会的影響」，では，中期産業主義思想や後期産業主義思想に関する詳細な考察，データの最新化等の加筆修正を加えることによって，近代産業社会の思想・方法・課題をより明確にしている。というのは，今日の環境問題の根源となっている近代産業社会の分析なしには，地球環境危機を克服していくための有効な思想や方策を見出すことができないからである。イギリスでは，18世紀後半に産業革命が出現し，近代産業社会が形成過程にあった時代に，エンゲルスが指摘しているように，すでに，都市地域（ロンドン・リバプール等）の工場周辺地域や市民生活において，今日のような公害問題が発生し，労働者や一般市民に深刻な影響を与えていたからである（F. エンゲルス＝一條和生・杉山忠平訳『イギリスにおける労働者階級の状態（上・下）』岩波書店，1990年）。本書でも，第2章「近代産業社会の登場と社会的影響」，第3章「近代産業社会とそのディレンマ」で近代産業社会がもたらした負荷現象との理論的装置としての「産業主義思想」に対する批判的検討がなされている。これに関連して，近代産業社会が経済学に偏在した社会発展論を基盤に推進されたために，公害問題や環境問題等の「産業主義思想」の負荷現象をもたらしたことを歴史的・理論的に分析した著作を環境政治哲学者・環境政治学者である，ジョエル・カッシオーラ教授（アメリカ・サンフランシスコ州立大学）が『産業文明の死——経済成長の限界と先進産業社会の再政治化』(*The Death of Industrial Civilization-The Limits to Economic Growth and the Repoliticization of Advanced Industrial Society*, State University of New York Press, 1990) として刊行し，経済学主導型の高度産業社会論を環境政治学の立場から痛烈に批判し，アメリカでは反響を呼んだ。この日本語版（拙監訳）がミネルヴァ書房から刊行されているので，読者の皆

あとがき

様にはぜひ，この著作を通じて，「経済成長の限界」の意味と環境問題に与えてきた影響と問題点について，さらに理解を深めていただければと思う。

さらに，本書では，読者の方々に環境思想に関わるさまざまな概念について，(1)歴史的な観点（時系列記述），(2)内容的な観点（概念的記述），という二つの観点から理解していただくために，同じ概念や表現がいくつかの章で重複的，かつ，重層的に展開されていることに留意していただきたい。また，ここで一つお断りしておきたいのは，『環境思想とは何か』において検討を約束した，日本における環境思想の研究についていえば，未だ，筆者の結論が集約されていないことである。その理由は，欧米の「環境思想」概念を安直に日本の自然思想や自然観に当てはめただけで，日本の「環境思想」を論じていいのかどうか，という一つの問いがあったことと，日本の「自然思想」や「自然観」を「環境思想」という学問領域（ディシプリン）として明確化していくためには，より厳格な概念規定・方法論・理論的内容を十分に詰めていく必要があるのではないか，というもう一つの問いが筆者にあったからである。日本の「環境思想」という章を設定することは容易であったが，学問的な検証を十分に行うことなしに，日本の「環境思想論」を展開していくことは，学問的な誠実さに欠けることになると判断した。さらに，「日本の環境思想」の研究を進めることで，比較環境思想論のような形で研究成果をまとめていきたいと思っている。

現代環境思想に求められているのは，環境哲学的，環境倫理学的な理念的な環境意識の変革だけではなく，環境問題の根本的なテーマである「人間―自然」関係を生態系の持続可能性の観点から見直し，〈エコロジー的に持続可能な社会〉としての〈緑の社会〉を形成していくという社会制度・社会経済システムの全面的な変革であるといってもよいだろう。

地球環境危機を警告的に提言した，ローマクラブの『成長の限界』報告書（1972年）をまとめた，当時のアメリカのMIT研究チーム（マサチューセッツ工科大学）の中心的な研究者の一人，D.L.メドウズ博士は，2009年の4月に第25回国際賞の授賞式に出席するために来日し，朝日新聞のインタビューを受けた。彼がその中で，指摘した重要な点は，深刻な地球環境危機があと30年は続くと警告した上で，「持続可能性（サステイナビリティー）とは，原子力や炭素吸着

といった技術の進歩がもたらすわけではなく，人間の意識・態度の問題なのです。だから難しいのです」と高度産業社会の過剰な消費思想に腐食された，われわれ人間の環境意識を変えていくことの困難さを指摘している（『朝日新聞』2009年4月30日夕刊）。この言葉には，われわれ人間の環境思想が環境問題の解決に対して重要な役割を果たしていかなければならないこと，さらに，環境思想が環境問題の解決に影響を及ぼしていかなければならない，という重要な示唆が含意されているように思われる。その意味で，筆者が主張している，経済発展に依存した，現在のような環境保全型の〈環境社会〉に対して，何らの見直しをすることなく，現状の環境政策を継続していけば，いずれ地球環境は崩壊し，宇宙船地球号は宇宙の大海を漂流することになるかもしれない。環境思想が環境政策に大きな影響を及ぼすような政策科学志向型の環境思想，すなわち，「現代環境思想」へと構造的な転換を遂げ，エコロジー的に持続可能な〈緑の社会〉へとステップ・アップしていくことが求められているのである。

　本書をこのような形で単著としてまとめることができたのは，環境政治思想・環境経済思想・環境文化思想・環境政策思想等の多角的な分野ですぐれた研究成果を世に問うてきた世界の第一線の研究者であり，かつ，筆者の長年の親しい友人である，次のような方々との学術的な交流のおかげである。アメリカのR.F.ナッシュ（カリフォルニア大学サンタバーバラ校名誉教授―環境倫理思想史），イギリスのA.ドブソン（キール大学教授―緑の政治思想），J.バリー（クィーンズ大学ベルファスト準教授―緑の政治理論），オーストラリアのR.エッカースレイ（メルボルン大学教授―緑の政治学），P.クリストフ（メルボルン大学上級講師―環境政治学），R.E.グッディン（オーストラリア国立大学教授―社会・政治哲学），J.ドライゼク（オートスラリア国立大学教授―環境政治学），ドイツのJ.フーバー（マルティン・ルッター大学教授―環境社会学），オランダのA.モル（ワーヘニンゲン大学教授―環境政策論）等と環境思想や環境問題をめぐって真摯な議論を行った結果とこれらの人々からの建設的なアドバイスによって，本書を完成させることができた。ここに，これらの方々のご協力に心より感謝したい。

　また，ご多忙の中，本書の「推薦のことば」をご執筆いただいた，日本にお

あとがき

ける環境政策論のすぐれた研究者としてご活躍されている，京都大学名誉教授の松下和夫先生，エコロジー的近代化論研究の第一人者である，オランダ・ワーヘニンゲン大学のA.モル教授，環境政治学研究の分野で，世界的に著名な女性研究者のオーストラリア・メルボルン大学のR.エッカースレイ教授の諸先生には心より感謝の意を表しておきたい。また，お忙しい中，本書の索引（人名索引・事項索引）作成に協力していただいた，玉川大学経営学部准教授の山田雅俊先生には御礼を申し上げたい。

最後に，本書の刊行に際して，今日の地球環境問題における環境思想研究の重要性を認識され，環境思想に関する著作を世に出すことに賛同していただいた，ミネルヴァ書房の杉田啓三社長に心より感謝の意を表したい。また，本書の企画を構想段階から相談にのっていただき，適切，かつ，迅速な編集作業を進めてくれた，ミネルヴァ書房の担当編集者の梶谷修氏や本書の校正作業を丁寧に行ってくれた校正担当の方，その他，本書の刊行に関わっていただいた多くの方々にこの場を借りて感謝の気持をお伝えしたい。

本書の「現代環境思想論」は環境問題をめぐる人間の過剰なまでの「科学技術神話」への幻想に対するエコロジー的な観点からの，ささやかな問題提起であるとともに，エコロジー的に持続可能な〈緑の社会〉を構築していくために必要とされる社会制度変革への，エコロジストとしての学問的応答である。「現代環境思想論」という考え方だけで，環境問題を全面的に解決していく決定力となりうるとは思えない。しかし，「人間と自然の関係」をめぐる〈人間中心主義的な思想〉を自然の生態系との共存・共生を基盤とした〈エコロジー的な思想〉へと転換させ，現在の社会経済システムや環境政策に何らかの政策的な影響力を行使できるようになれば，本書は社会的な役割を果たすことができたといえるだろう。

本書がこれまでの「環境思想論」に新しい息吹を与え，理想的な環境社会としての〈緑の社会〉を実現していくための思想的な一歩となれば，著者として望外の歓びである。

2014年2月1日

松野　弘

人名索引

ア 行

アーノルド，D.(Arnold, D.)　25
アシュトン，T. S.(Ashton. T. S.)　70
イェニケ，M.(Janicke, M.)　97, 120, 121, 163
井原久光　71
イリッチ，I.(Illich, I.)　187
イングルハート，R.(Inglehart, R.)　113
ウィルソン，W.(Wilson, W.)　75, 107
植田和弘　198
海上知明　19
エイヤー，R. U.(Ayer, R. U.)　99
エーリック，P. R.(Enrich, P. R.)　24, 79, 88, 89, 189
エスティ，D. C.(Esty, D. C.)　228
エッカースレイ，R.(Eckersley, R.)　90, 94, 119, 124, 131, 193, 226, 233, 235–240, 242, 244, 246, 266
エマソン，R. W.(Emwrson, R. W.)　105, 145, 218
エンゲルス，F.(Engels, F.)　10, 87, 178
オコンナー，J.(O'connor, J.)　118, 181, 182
小澤徳太郎　233
オリョーダン，T.(O'riordan, T.)　19, 28, 102

カ 行

カー，C.(Kerr, C.)　63, 64
カーソン，R.(Carson, R.)　24, 81, 88, 89, 109, 110, 137, 151, 184, 186
カーター，N.(Carter, N.)　26, 94, 102, 202
カップ，K. W.(Kapp, K. W.)　133, 199
加藤尚武　204
ガルブレイス，J. K.(Galbraith, J. K.)　64
岸根卓郎　18
鬼頭秀一　102
キャットン，W. R.(Catton, W. R.)　90
キャリコット，J. B.(Callicot, J. B.)　189
ギャロプロス，N. E.(Gallopoulos, N. E.)　98
キング，Y.(King, Y.)　117, 184, 185
グッディン，R. E.(Goodin, R. E.)　119
クネーゼ，A.V.(Kneese, A. V.)　196
倉阪秀史　200
クリストフ，P.(Christoff, P.)　167, 168, 239
クロスビー，A. W.(Crosby, A. W.)　25
ケネディ，J. F.(Kennedy, J. F.)　81
小泉純一郎　8
ゴールドスミス，E.(Goldsmith, E.)　111
コールリッジ，S.(Coleridge, S.)　105
古在由重　9
ゴドウィン，B.(Godwin, B.)　176
コモナー，B.(Commoner, B.)　80, 88, 111
コンスタンザ，R.(Constanza, R.)　200
コント，A.(Comte, A.)　41–44
コンドルセ，M. J. A.(Condorcet, M. J. A.)　42

サ 行

サイモン，H. A.(Simon, H. A.)　60, 61
サンシモン，C. H.(Saint-Simon, C. H.)　44
清水幾太郎　14
シューマッハ，E. F.(Schumacher, E. F.)　24, 112
シュムペーター，J.(Schumpeter, J.)　60
ジョージ，S.(George, S.)　123
シンガー，P.(Singer, P.)　144, 147, 148, 150, 202, 207, 219
ストーン，C. D.(Stone, C. D.)　112, 121, 144, 148, 149, 202, 207, 219
スパーガレン，G.(Spaargaren, G.)　131, 164, 165
スペス，G.(Speth, G.)　116
スペンサー，H.(Spencer, H.)　41, 43
スミス，A.(Smith, A.)　49, 50, 196
スワロー，E.(Swallow, E.)　143, 183

275

セッションズ，G.(Sessions, G.)　138, 140, 203
ソロー，H. D.(Thoreau, H. D.)　105, 145, 218
ゾンネンフェルト，D.(Sonnenfeld, D.)　131

タ 行

ダーウィン，C.(Darwin, C.)　43
高田純　18
ダグラス，W. O.(Douglas, W. O.)　149, 208
武笠俊一　51
タフト，W.(Taft, W.)　75, 107
ダンラップ，R. E.(Dunlap, R. E.)　90
チャップリン，C.(Chaplin, C.)　58
都留重人　197, 199
鶴見俊輔　9, 14
ティップス，H.(Tibbs, H.)　98
ディドロー，D.(Diderot, D.)　103
テイラー，F. W.(Taylor, F. W.)　50, 51, 58, 71
デイリー，H.(Daly, H.)　160-162
デヴァール，B.(Devall, B.)　138, 140, 203
デュルケム，E.(Durkheim, E.)　49, 50
テュルゴ，A. R.(Turgot, A. R.)　42
テンニース，F.(Tönnies, F.)　41
徳川家康　8
戸田清　189
ドブソン，A.(Dobson, A.)　31, 86, 90, 94, 99, 118, 119, 121, 192-195, 204, 221, 222, 236
トフラー，A.(Toffle, A.)　62, 67, 68
ドボンヌ，F.(d'Eaubonne, F.)　183
ドライゼク，J. S.(Dryzek, J. S.)　119
トレーヌ，A.(Touraine, A.)　64

ナ 行

ナッシュ，R. F.(Nash, R. F.)　108, 117, 143, 188, 218
ネス，A.(Naess, A.)　112, 137-140, 143, 144, 173, 178, 195, 201-204, 219

ハ 行

バーグ，P.(Berg, P.)　138
ハーディン，G.(Hardin, G.)　89

バーナード，C. I.(Barnard, C. I.)　60, 61
ハーバーマス，J.(Habermas, J.)　236
バクスター，B.(Baxter, B.)　29, 119
バトル，F. H.(Battel, F. H.)　90
ハムフェリー，C. R.(Humphrey, C.R.)　90, 91
バラード，R. D.(Bullard, R. D.)　117, 152
バリー，J.(Barry, J.)　119, 193, 195
ピグー，A.(Pigou, A.)　196
日高六郎　14
ヒットラー，A.(Hitler, A.)　8
ピンショー，G.(Pinchot, G.)　74-76, 107, 108, 217
フーバー，J.(Hoover, J.)　24, 97, 120, 121, 163
フォード，H.(Ford, H.)　55-57
フォレスター，J.(Forrester, J.)　78, 91
藤原保信　192, 193
ブックチン，M.(Boockchin, M.)　118, 173-177, 186, 194, 205
ブラウン，L. R.(Brown, L. R.)　116
プルードン，P. J.(Proudhon, P. J.)　176
プループス，J.(Proops, J.)　21
古沢広祐　133
ブルントラント，G. H.(Brundtland, G. H.)　96, 133
ベーコン，F.(Bacon, F.)　25, 35
ページ，E. A.(Page, E. A.)　21, 27
ベック，U.(Beck, U.)　118
ヘッケル，E.(Haeckel, E.)　31, 143
ペッチェイ，A.(Peccei, A.)　78, 93
ペッパー，D.(Pepper, D.)　28, 88, 118, 179, 194
ベル，D.(Bell, D.)　64
ベンサム，J.(Bentham, J.)　147
ベントン，T.(Benton, T.)　117
ポーリット，J.(Porritt, J.)　132, 203
ボールディング，K. E.(Boulding, K. E.)　197
ホブズボーム，E. J.(Hobsbawm, E. J.)　70, 178
ホワイト，L.(White, L.)　143

マ 行

マーシャル，A.(Marshall, A.)　196
マーチャント，C.(Merchant, C.)　30, 117, 172,

人名索引

181, 185, 187
マコーミック, J.(McCormick, J.) xi
松下圭一 197
マルクス, K.(Marx, K.) 10, 41, 87, 88, 178
マルサス, T. R.(Malthus, T. R) 43, 88, 89, 196
満田久義 102
宮本憲一 133, 153, 197, 199
ミューア, J.(Muir, J.) 74, 75, 107, 108, 217, 218
ミル, J. S.(Mill, J. S.) 196
メイヨー, E.(Mayo, E.) 58
メドウズ, D. H.(Meadows, D. H.) 24, 78
メラー, M.(Mellor, M.) 187
モル, A.(Mol.A.) 121, 131, 163-165

ラ 行

ラブロック, J.(Lovelock, J.) 113

リース, W.(Rees, W.) 189
リカード, D.(Ricardo, D.) 196
ルーズベルト, T.(Roosevelt, T.) 75, 76, 107
レーガン, T.(Regan, T.) 144, 147, 148, 188, 202, 207, 219
レオポルド, A.(Leopold, A.) 108, 144-146, 150, 188, 189, 206, 207
ロールズ, J.(Rawls, J.) 155
ロッシュ, R. A.(Frosch, R. A.) 98

ワ 行

ワーズワース, W.(Wordsworth, W.) 105
ワケナゲル, M.(Wackernagel, M.) 189
ワルラス, L.(Walras, L.) 196

事項索引

あ 行

赤い緑派　178
アジェンダ21　96, 120
異議申立て　11, 26, 101, 110, 117, 151, 153, 182, 192, 237
維持可能性　134
インダストリアリズム　62-64
インフォーマル組織　59
インプットーアウトプット手法　200
宇宙船地球号　90, 111, 197
永続可能性　134
エクソン・バルディーズ号　133
エコアナーキズム　173
エコ社会主義(＝エコソーシャリズム＝生態社会主義)　136, 173, 177-182, 194
エコセントリズム　19, 35
エコソフィ　138
エコファシスト国家　240
エコフィロソフィ　2, 137, 138
エコフェミニズム　19, 29, 117, 136, 173, 183-185, 187, 188
エコマルクス主義　180
エコロジー経済学　27, 87, 198-200, 223
エコロジー社会　167, 175-177
エコロジー的安全保障　243
エコロジー的意識　266
エコロジー的ガバナンス　235
エコロジー的近代化　21, 132, 164, 244
　――思想　225
　――政策　132, 229, 239
　――論　24, 25, 27, 95-97, 99, 100, 120, 121, 123, 124, 131, 136, 157-159, 162-168, 170, 171, 211-214, 265
　　原基的な――論政策　239

再帰的な――論　239
　強い――　169
　強い――政策　239
　強い――論　168, 169, 235
　弱い――　169
　弱い――政策　239
　弱い――論　167, 169
エコロジー的国家　238
エコロジー的な倫理　169
エコロジカル・フットプリント　169, 189
エコロジズム　17, 22, 31, 32, 35, 77, 86, 94, 99, 119, 121, 124, 194, 201, 222, 265
SO_2排出税　232
NOx排出税　232
エントロピー　161, 200
汚染者負担の原則　245
オゾン層の保護のためのウィーン条約　99
オゾン層(の)破壊(問題)　26, 199, 263
オゾン層を破壊する物質に関するモントリオール議定書　116, 231
OPRC条約　133
オルター・グローバリゼーション運動　123
温室効果ガス　165, 227, 231, 263, 264

か 行

ガイア　113
外部不経済(性)　161, 170, 179, 197-199
科学的管理(法)　51, 52, 59, 71
課業　51
革新主義
　――運動　75, 76
　――(的な)思想　73, 107
拡大生産者責任　232
かけがえのない地球　99
家政学　143, 183

事項索引

神の管理人思想　25
環境アセスメント（＝環境影響評価）　157, 165, 245
環境運動　1, 2, 13, 26, 78, 80, 93, 102, 109, 110, 114, 117, 120, 122, 123, 135, 143, 152, 178, 183, 185, 188, 192, 219, 236, 237, 266
　──のグローバル化　119
　──の政治化　192
　──排除問題　26
　環境保全型の──　111, 113, 194
　草の根──　114, 152, 154, 156, 183
　政治活動主義的な──　110
　制度変革型の──　122
　ラディカルな──　138, 157, 175, 203
環境NGO　120, 208
環境汚染規制　120
環境（的）ガバナンス　227, 229, 230, 235, 238, 239
環境監査報告書　134
環境管理　244
　──システム　98
　──プログラム　97
　持続可能な──　97
環境共生型社会　160, 162
環境経済　198
　──学　1, 17, 19, 21, 23, 27, 87, 97, 153, 198, 199
　──思想　19, 21, 22, 27, 32, 34, 119, 121, 124, 191, 193, 196, 220, 223
　──論　123
　生態系中心主義的な──　119
環境権　207, 208, 244, 245
環境効率　98, 99
環境国家　124, 233, 235, 240, 244
　──構想　122
　──像　239
　──論　124, 125, 132, 242
　新しい──　123, 124
環境差別　154
環境収容力　179, 189
環境主義　1, 31, 86, 92, 99, 102, 110, 119, 121, 157,

201, 217, 236
　──運動　1
　──志向　114
　──の政治理論化　236
　改良主義的な──　178, 194
　技術中心主義的な──　28
　近代──　26, 102
　現実的な──　28
　現状維持的な──派　121
　生態系中心主義的な──　28
　ユートピア的な──　28
　ラディカル（な）──　116, 117, 157, 178
　リベラルな──　175, 176
環境神学　105
　──思想　143
環境人種差別　151
環境税　165, 199, 232
環境（的）正義　156, 189
　──論　136, 151, 153-156, 189, 239, 243
　──思想　151, 153, 173, 189
環境政治　27
　──学　1, 21, 23, 24, 87, 91, 94, 97, 162, 192, 193, 237
　──思想　21, 22, 26, 32, 34, 87, 94, 119, 121, 124, 191-194, 219, 220, 222, 223, 236, 237
　──的思考　238
　──理論　118, 121
環境生態学　23
環境的安全性　21
環境的加害性　221
環境的公共財　238
環境的持続可能性指標　226
環境的人類生存主義　89
環境的成果性指標（＝環境パフォーマンス指標）　225-230
環境哲学　1, 2, 16-19, 21, 27, 29, 31, 34, 35, 87, 97, 113, 135, 137, 138, 143, 201, 202, 204, 206, 207, 220, 223
環境と開発に関する国連会議（＝国連地球サミット＝リオ・サミット）　96, 120, 124, 242

279

環境と開発に関する世界委員会 96, 133, 160
環境と開発に関するリオ宣言 96, 99, 120, 243
環境に責任を持つ経済のための連合 132
環境ネオ・リベラル国家 239
環境パフォーマンス 227, 229
　――評価 230, 231
環境ファシズム 147, 188, 189
環境プラグマティズム 23
環境文化
　――学 23
　――思想 32, 124, 191, 193, 200, 205, 206, 207, 220
環境法 87, 121, 207, 223, 242
　――学 1, 17, 19, 23
　――思想 21, 22, 32, 34, 124, 191, 206, 220
環境保全主義 ix, xi
　――思想 74, 75, 219
　――派 264
環境保存主義 ix, xi
　――思想 74, 75
　――派 264
環境マネジメント論 99
環境民主主義(＝環境デモクラシー) 233
環境利害関係者(＝環境ステイクホルダー) 209, 229
環境(的)リスク 245-247
環境リスク評価 245
環境リベラル国家 239
環境倫理 29, 102, 145, 146, 202, 208, 210
　――学 2, 16-19, 21, 27, 29, 31, 34, 35, 87, 97, 105, 108, 135, 143, 192, 201, 206, 207, 218, 220, 223
　――思想 19, 32, 108, 117, 121, 193, 201, 203, 219, 220, 237
　――的視点 108
幾何級数的成長 83-85, 159
「企業と社会」論 70
企業の社会的責任(CSR) 114, 134
　――論(CSR論) 70, 200
　CSR報告書 134

企業倫理 70
危険社会 118
気候行動ネットワーク 120
気候変動 228
　――に関する国際連合枠組条約 99, 120, 263, 265
　――に関する政府間パネル 116
　――問題 26, 263, 265
　――枠組条約 264
　地球―― 21
疑似科学的予言 88
技術決定論 48
救命艇の倫理 89
競争原理 40, 41, 43, 45, 48, 55, 177
　機械的―― 48
　人間的―― 48
　非―― 48
協働(の)体系 59, 60
京都議定書 120, 264
近代経済学派 196
草の根運動 188
クラッパム学派 40, 177, 178
グリーン運動 114
グリーン・エコノミー 200
グリーンピース 113, 120
グローバリズム 14
グローバルな正義運動 123
原生自然 26, 74, 107, 217
　――の思想 218
原生自然協会 178
原発事故 266
賢明なる自然の活用 107
公式組織 52
工場制機械工業 39
公正 156
　環境的―― 152, 189
　社会的―― 93, 160
合成物質 111
高度(大衆)消費社会 7, 23, 66, 67
　――論 61, 62

事項索引

合理化　48, 52
　——思想　6, 49, 54, 206
　機械の——　54
　技術的——　39
　経済組織に対する——　53
　政治に対する——　53
　全体社会に対する——　53
　人間的——　39
　人間労働の——　54
　法律に対する——　53
功利主義　107, 147
　——的視点　22, 23
　——的立場　74
　——的な観点　101
　——的な正当性　143
　——的目的　217
効率性　196
　経済的——　50, 146, 199, 214
　産業——　22
国際自然保護連合　96
国際連合人間環境会議　95, 99
国内希少野生動植物種　209
国立公園　76
　——局設置法　76, 217
　——構想　217
国連環境計画　96, 116, 121
古典派経済学　161, 196
コマンド・アンド・コントロール式　170, 171
コミューン思想　194
コミュニタリアン・ソサエティ　176
コモンズの悲劇　89

さ　行

サービス経済化社会　65
再帰的近代化　118
　——論　111
再生可能(な)エネルギー　68, 160, 233
最大多数の最大幸福　74
サバイバリスト　89
サバイバリズム　87, 89, 90

砂漠化(問題)　26, 119, 199, 206
差別出来高制度　52
産業エコロジー　96, 98
　——論　27, 95, 97-99
産業革命　15, 16, 37, 39, 40, 43, 45-47, 54, 60, 66, 67, 70, 73, 87, 102, 103, 106, 120, 132, 135, 177, 178, 196, 206, 230, 263
産業(型)社会　11, 39-41, 43, 45, 47, 55, 62, 64-68, 103, 109, 111-113, 118, 125, 138, 143, 157, 159, 162, 165, 169, 176-179, 181, 182, 195, 196, 206, 211, 212, 213, 218, 220, 221, 230, 247, 264
　——システム　214, 221
　——の高度化　61
　——のシステム化　55
　現代——　69
　高度——(論)　13, 22, 32, 62-64, 68, 113, 192, 263, 265
　資本主義的——　54
　脱——論　64
　ポスト(高度)——　22, 32, 68-70, 235
　ポスト高度——論　124
産業主義思想　41, 45, 47, 54, 55, 61, 63, 69, 70, 157, 196, 201, 203, 206, 213, 219, 221
　近代——　6, 7
　経済発展志向型の——　70
　人間中心主義的な——　204
産業的近代化　118, 120, 239
　——論　97, 213
三状態(三段階)の法則　41, 42
酸性雨(問題)　26, 119, 199, 206, 263
シエラ・クラブ　112, 148, 178, 208, 209, 264
ジェンダー　186
CO_2課税　232
時間・動作研究　52
自己調整メカニズム　92
市場原理主義　14, 123
市場の失敗　198, 199
システム・ダイナミックス　78, 83, 91, 158
自然環境保全主義思想　144
　功利主義的な——　144

281

人間中心主義的な―― 144
自然権　34, 143, 207, 223
　　――思想　117
自然思想
　　ロマン主義的・超越主義的な―― 218
自然主義思想　88
自然中心主義　101, 149, 173, 191, 204, 217
　　――的立場　74
自然の権利　34, 112, 117, 144, 148, 184, 188, 206, 208, 209, 223
　　――思想　117, 143, 144, 207, 210
　　――訴訟　149, 156, 208, 209
　　――論　136, 142-145, 150, 157
自然の植民地化　25
自然の生存権　203
自然美派　102
自然保護　107, 148, 218
　　――思想　144, 145, 205, 219
　　――倫理思想　108
持続可能性　31, 95, 108, 133, 193, 199, 200, 223
　　エコロジー的(な)――　33, 132, 135, 195, 199, 206, 218, 223, 235, 242, 244
　　環境的――　108, 195
　　環境の――　133
　　技術中心主義的(な)――　33, 223
　　経済的――　108, 199, 223
　　社会の――　179
　　生態系中心主義的(な)――　33, 223
　　生態系の――　22, 28, 31, 32, 33, 69, 77, 87, 95, 113, 120, 121, 132, 133, 135, 137, 151, 171-173, 191, 222-226, 229, 236, 239, 264, 265, 267
持続可能な開発　116, 120, 133, 212, 232, 233
　　――に関する世界首脳会議　122, 124
　　――論　121, 213
持続可能な社会　96, 99, 116, 122, 124, 133, 230, 239, 240, 242, 268
　　――論　118, 235
　　エコロジー的に――　2, 22, 27, 31, 32, 34, 77, 91, 119, 122, 123, 132, 135, 140, 170-172, 179, 191, 193, 195, 218, 219, 222, 223, 225, 229, 231,

235-238, 240, 242, 247, 266, 268
環境技術イノベーション型の――　132
環境的に――　95, 171, 222
環境的・経済的に――　33
経済的に――　230
持続可能な発展　21, 22, 97, 99, 108, 133, 159, 160, 162, 163, 200, 212, 238, 242
　　――政策　239
　　――論　95, 96, 121, 157, 158, 213
実証主義　6, 43, 44
　　――思想　42-44
　　――段階　41, 42
　　論理――　60
実証哲学　43, 44
市民運動　1, 5, 11-13, 151
社会市場経済原理　212, 215
社会主義　4, 10, 11, 41, 71, 87, 178-181, 187
社会進化　6
　　――思想　6, 42, 43, 88, 205
　　――論　10, 43, 44, 73, 80, 87, 196
社会進歩　6, 69
　　――思想　3, 6, 42-44, 196, 206
　　――論　10, 73, 87
社会ダーウィン主義　43
社会的損失　40
社会淘汰論　43
社会福祉国家　240
社会有機体論　43, 80
シャドウ・ワーク　187
シャロー・エコロジー(＝浅いエコロジー＝浅薄なエコロジー)　112, 113, 137, 138, 203
自由主義　185
　　――思想　196
　　アメリカ――　188
自由放任主義思想　40
終末論思想　88
(地域)住民運動　11, 13, 152, 153
収斂説　63
熟練
　　――の移転　51

事項索引

――の平準化 51
種差別主義 147
循環型社会 223
　――論 235
　資源―― 70
消費 21
　――行動 159, 214
　――者運動 1, 192
　――者行動 92
　――者主義 141
　――社会 66
　――社会論 65
　過剰な――文化 194
　資源―― 92, 111
　資源――の効率化 85, 159
情報
　――化 63, 65, 67, 68
　――(化)社会 62, 63, 65, 67, 68
　――監視問題 62, 68
　――管理社会化 62, 68
　――犯罪問題 62, 68
　高度――社会 61, 63
照明実験 58
職業的専門化 49
職能化の原理 52
女性解放運動 192
女性ペンタゴン行動 185
女性と地球の生命 185
女性の権利獲得運動 110
新エコロジカル・パラダイム 90, 92, 93
神学 2
　――思想 145
　――段階 41, 42
　ユリテリアン―― 145
人口(Population) 91, 94
　――過剰現象 24, 88
　――成長 141
　――成長問題 26
　――増加 78, 79, 83, 86, 88, 111, 139, 158
　――の安定化 85, 159

　――の幾何級数的成長 95
　――爆弾 24, 79, 88, 189
　――爆発 189
　――問題 80, 82
　――論 88
　幾何級数的な――増加現象 77
　世界―― 84
新古典派経済学 196, 197
審美主義
　――的視点 22
　自然―― 103
　自然環境―― 110
進歩主義 74
　――運動 75
森林管理
　――思想 102
　――論 76
森林伐採(熱帯林伐採問題) 26, 188, 263
森林伐採反対運動 188
人類生存のための青写真 95, 97, 111
人類の危機プロジェクト 78
スーパーファンド法 156
ストックホルム会議・条約・宣言 122, 242, 243
スモール・イズ・ビューティフル 24, 112
スリーマイル島 184, 266
生活原理主義 123
正義 155, 156
　経済的―― 243
　コミュニケーション的―― 243
　社会的―― 1, 154, 155, 160, 179, 182, 187, 189, 193, 235, 242, 244
　社会的――思想 151
　配分的―― 243
　分配的―― 154
　分配的不―― 154
生態系中心主義 16, 19, 28, 29, 31, 102, 113, 149, 150, 173, 181, 188, 191, 217, 236
　――思想 205, 207
　――的立場 74
　――的な自然概念 105

283

成長の限界　15, 24, 69, 77-79, 83-97, 111, 133, 143, 157, 197, 206
　──報告書　159
　──論　158, 159
製品のライフサイクル評価・管理　98
生物進化論　41, 43
生物多様性　21, 226, 228, 244
　──条約　116
　──の損失問題　26
生命共同体　16, 108, 135, 144-147, 188, 223
　──思想　206
生命圏　99, 188
　──平等主義　205
　地球──　113
生命地域主義　138
生命中心主義　144, 149, 150, 162, 218
　──的平等　139, 140, 142, 204
生命の網　140
世界経済フォーラム　228
世界資源研究所　116
世界自然保護基金　96
セコイア国立公園　149
世代間の公平性　96
世代間倫理　156, 160, 203, 204
世代内倫理　156
絶対的不可逆的損失　153
絶滅危惧種　208, 209
絶滅危惧種保護法　112, 208
セリーズ原則　114, 134
ゼロサム(・ゲーム)　163, 212
ゼロ成長　92
　──政策　92
　──論　93
全国総合開発計画　197
全体論　147, 150, 174
　──的特質　29
　──的な倫理　146
全米オーデュボン協会　209
ソーシャル・エコロジー　118, 136, 173, 175-177, 186, 194

属性原理　48
組織革新思想　60

た　行

対抗思想　101
対抗理論　204
第三の波論　62, 66-68
大量生産──大量消費(──大量廃棄)　7, 15, 24, 34, 37, 49, 51, 56, 57, 65, 66, 80, 95, 103, 194, 195, 201, 205, 218, 223, 230, 237, 240, 265
大霊　105, 145
多国間主義
　エコロジー的──　244
　環境的──　238, 242
脱工業化社会　62
脱国家的な国家　238
　──論　61, 62, 64, 65
多目的利用原則　107
チェルノブイリ　117, 266
地球温暖化(問題)　73, 119, 199, 206, 263-265
　──防止京都会議　120, 124
　──防止条約　120
地球環境会議　242
地球全体主義　188, 204
　──的視点　204
地球白書　116, 133
地球の友　113, 120
地球の未来を守るために(=われらの共有する未来)　96, 116, 133, 160
チプコ運動　188
超絶主義　145
　──思想　105, 145
直接行動主義　113
沈黙の春　24, 81, 88, 109, 110, 137, 151, 184, 186
DDT　81, 184
ディープ・エコロジー(=深遠なエコロジー)　108, 112, 113, 136-144, 157, 173-175, 178, 195, 201-205, 219, 236, 237
テイラー主義　51
適者生存　80, 88

事項索引

テクノクラート 65, 168
テクノセントリズム 19, 35
テクノセントリック 28
哲学思想 203
デトロイト・オートメーション 56
天然資源 74, 78, 91, 94, 96, 103, 106-108, 133, 165, 182, 197, 198, 217, 243, 244
　——管理主義 110
　——収奪(問題) 25, 26
　——の効率的利用 75
　——の保全 160
　——の有効利用 76
当事者適格(性) 112, 121, 144, 148, 202, 207, 219
動物愛護運動 102, 105
動物愛護協会 105
動物の解放 147
　——思想 144, 147
　——論 202, 207, 219
動物の権利 144, 150, 188
　——思想 147, 207
　——論 147, 202, 219
　　人間中心主義的な——論 148
ドゥームズ・デイ 89
ドゥームセイヤー 87, 89, 90
洞爺湖サミット 122, 124
土地倫理 108, 146, 147, 150, 188
トリプル・ボトムライン 162
トレード・オフ 86, 159, 163

な 行

流れ作業システム 57
ナショナル・トラスト 106
南北問題 73
ニューヨーク科学アカデミー 99
人間関係論 58, 59
人間疎外 50, 57, 80, 180
人間中心主義 22, 29, 31, 101, 108, 109, 112, 135, 138, 142, 149, 162, 173, 175, 191, 202, 205, 217-219
　——思想 221

——的立場 74, 138
——的な関係 210, 266
——的な視点 147
——的な社会理論 236
——的な政治理論 236
——的パラダイム
　啓蒙された—— 149
人間特例主義パラダイム 69, 90, 92, 93
NIABY 156
NIMBY 運動 114, 156
ネオ・マルクス主義 164
ネオリベラル国家 240
能率 48, 51, 71, 107
——原理 39, 55
——的な時間思想 51
——の論理 53
作業—— 49, 50, 56, 59
作業——優先主義 57
能率思想 6, 47-49, 51, 52, 54, 196

は 行

バーゼル条約 116
バーナード=サイモン理論 60
排出権取引 264
バルティーズ原則 114, 133, 134
ハモンド学派 40, 178
PM2.5 263
東日本大震災 222, 266
非人間中心主義 149
非暴力 193
百科全書派 3
フィードバック・ループ 83, 158
フェミニズム 182, 183, 185-188
——運動 183
——思想 184
　近代的——運動 183
　現代的——運動 183
　ラディカル・—— 185
　ラディカル(な)——思想 117, 183
　リベラル・—— 183

285

フォーディズム　55
　　脱——　55
フォードシステム　55, 56
部分的核実験禁止条約　81
プラグマティズム　14
フルクフルト学派　236
ブルントラント委員会　96, 133, 157, 160
　　——報告（書）　116, 121, 133, 239
プログラム化社会　68
分業　48-51, 71
　　——原理　39
　　——思想　6, 47-49, 54, 196
　　——の功利主義的側面　50
　　——の社会的側面　50
　　——の社会病理的側面　50
　　技術的——　49, 50
　　経済的——　49, 50
　　社会的——　49, 50
文明興亡の宇宙法則　18
閉鎖系システム　161
ヘッチヘッチ渓谷　74, 75, 107, 217, 264
ヘッチヘッチ論争　73-75, 106, 107, 174, 217, 218, 264-266
ベルトコンベアシステム　56
ホーソン実験　58, 59
ポジティヴ・サム　163, 235
ポスト・モダニズム　164

ま 行

マクシミン・ルール　155
マルクス学派　40
マルクス主義　41, 70, 87, 117, 179-182, 187
　　——経済学派　196
　　——思想　10, 11, 180
　　——的なエコロジスト思想　118
マルサス主義　43
　　——思想　88
緑の革命　82
緑のケインズ主義　215
緑の憲法　242, 244, 246

緑の国家　131, 167, 172, 195, 221, 225-227, 233, 235, 239, 242, 244, 246, 247, 266
　　——構想　132, 236
　　——戦略　235
　　——像　238
　　——論　122, 124, 235, 237, 246
　　——論構想　233
緑の思想　31, 94, 103, 119, 121, 124, 267
緑の市民　235
　　——性　225, 235, 237, 268
緑の社会　15, 22, 27, 32, 119, 131, 172, 191, 193-195, 218, 221, 225-227, 236, 240, 247, 266-268
　　——のための変革思想　225
　　——論　122, 124
　　エコロジー的に持続可能な——　267
緑の社会主義思想　194
緑の消費者運動　266
緑の政治　iv, 119, 193
　　——的思考　238
　　——思想　2, 23, 26, 87, 94, 119, 138, 193-195, 236
　　——思想論　237
　　——思想論派　265
　　——理論　119, 195
緑の政治学　3, 4, 87, 90, 91, 94, 236
　　——的視点　94
　　——的な立場　90
緑の党　26, 27, 110, 113, 114, 132, 137, 192, 193, 195, 219, 236-238, 266
緑の統治　235
緑の人々　193
緑の福祉国家　230, 231, 233, 246
　　——戦略　233
　　——論　124
緑の民主主義　119, 121, 122, 125, 195, 225, 226, 235, 237
　　——国家　237, 239
水俣病　153, 154, 197
ミネラル・キング渓谷　112, 148
民主主義（＝デモクラシー）　3, 10, 14

──化 45
──社会 4, 95
エコロジー的──(=エコロジー的デモクラシー) 168, 237, 238, 242, 244
草の根── 193
産業化された── 213
熟議──的国家 238
ソーシャル── 239
リベラル(な)── 226, 237, 239
無政府主義思想 4

や 行

有害廃棄物の越境移動 116
有害物質 81, 152, 232, 245
有機的社会 51
有機的連帯 50
優勝劣敗 41, 45, 54, 80, 88
有毒物質 109
豊かな社会 44, 73, 80, 82
ユニオン・カーバイド社 152
ヨセミテ国立公園 74
ヨハネスブルク会議(=ヨハネスブルク・サミット) 122, 124, 242
予防原則 21, 233, 242, 245
予防措置 163
四大公害事件(=四大公害問題) 153, 197

ら 行

ラブ・キャナル事件 151, 156, 188
利害関係者(=ステイクホルダー) 120, 229, 230, 238
リスク管理 111

リバータリアン的地域自治主義 176
緑化
　環境運動の政治的な── 119
　環境主義思想の── 103, 118, 119
　国家主権における── 242
　社会経済システムの── 244
　宗教の── 105, 143
　生物学の── 143
　哲学の── 143
霊魂的平等主義 104
霊的・宇宙論的な一体化 204
労働
　──の画一化 48, 58
　──の機械化 39, 52, 54, 80
　──(力)の規格化 39, 51
　──の効率化 47, 51
　──の細分化 47, 49
　──の社会的分割 50
　──(の)生産性 52, 55, 80
　──の単純化 48, 49, 58
　──の人間化 57
　──の能率化 51, 52
　──の非熟練化 50
　──の非人間化 50
労働者の無気力化 57
ローマクラブ 15, 24, 77, 78, 84, 85, 93, 94, 96, 97, 111, 133, 143, 157, 159, 197, 206
ロマン主義 102
　──的自然主義 105

わ 行

ワールドウォッチ研究所 133

〈著者紹介〉

松野　　弘（まつの・ひろし）

　1947年　岡山県生まれ。早稲田大学第一文学部社会学専攻卒業。
　現　在　千葉商科大学人間社会学部教授／大学院政策情報学研究科教授，博士（人間科学，早稲田大学）。
　　山梨学院大学経営情報学部助教授，日本大学文理学部教授／大学院文学研究科教授／大学院総合社会情報研究科教授，千葉大学大学院人文社会科学研究科教授／千葉大学CSR研究センター長等を経て，現職。日本学術会議第20期・第21期連携会員（特任―環境学委員会）。
　　専門領域としては，環境思想論／環境社会論，産業社会論／CSR論・「企業と社会」論，地域社会論／まちづくり論。現代社会を思想・政策の視点から，多角的に分析し，さまざまな社会的課題解決のための方策を政策的に提示していくことを基本としている。
　　研究テーマ（環境思想領域）としては，①「環境思想」の比較研究（Environmentalism vs. Ecologism），②「環境政治思想」・「緑の政治思想」生成と展開に関する研究，③「エコロジー的近代化」論（Ecological Modernisation）の思想と環境政策との関係に関する研究，④「現代産業文明」と〈エコロジー的に持続可能な社会〉（Ecologically Sustainable Society）に関する社会科学的研究（「大量生産－大量消費－大量廃棄型」の社会経済システムの批判的検討），等がある。
　　環境思想に関する研究を多角的な視点から研究し，環境思想と環境政策を有機的に連関させた「現代環境思想論」という新しい学問分野を構築している，先駆的な環境思想論，並びに，環境社会論の研究者である。

　[主要著訳書]
『大学教授の資格』（単著，NTT出版，2010年）
『大学生のための知的勉強術』（単著，講談社現代新書，講談社，2010年）
『環境思想とは何か』（単著，ちくま新書，筑摩書房，2009年）
『地域社会形成の思想と論理』（単著，ミネルヴァ書房，2004年）
『現代地域問題の研究』（編著，ミネルヴァ書房，2009年）
『「企業の社会的責任論」の形成と展開』（編著，ミネルヴァ書房，2006年）
『環境思想キーワード』（共著，青木書店，2005年）
『自然の権利』（R.F. Nash，訳，ミネルヴァ書房，2011年）
『産業文明の死』（J.J. Kassiola，監訳，ミネルヴァ書房，2014年）
『企業と社会（上・下）』（J.E. Post 他，監訳，ミネルヴァ書房，2012年）
『ユートピア政治の終焉』（J. Gray，監訳，岩波書店，2011年）
『緑の国家』（R. Eckersley，監訳，岩波書店，2010年）
『ハイパーカルチャー』（S. Bertman，監訳，ミネルヴァ書房，2010年）
　他多数。

　　　　　　現代環境思想論
　　　　　──〈環境社会〉から〈緑の社会〉へ──

2014年6月5日　初版第1刷発行　　　　　　〈検印省略〉

　　　　　　　　　　　　　　価格はカバーに
　　　　　　　　　　　　　　表示しています

　　　　　著　者　　松　野　　　弘
　　　　　発行者　　杉　田　啓　三
　　　　　印刷者　　藤　森　英　夫

　　　発行所　株式会社　ミネルヴァ書房
　　　　607-8494　京都市山科区日ノ岡堤谷町1
　　　　　　　　電話代表（075）581-5191
　　　　　　　　振替口座　01020-0-8076

　Ⓒ松野　弘, 2014　　　　　　　　亜細亜印刷・兼文堂
　　　　　ISBN978-4-623-06751-0
　　　　　　Printed in Japan

産業文明の死
―― J・J・カッシオーラ著　松野　弘監訳　Ａ５判　378頁　本体4800円

●経済成長の限界と先進産業社会の再政治化　膨大な検討素材を提示しながら，地球環境問題を政治学的に検討する画期的啓蒙書。

緑の政治思想
―― Ａ・ドブソン著　松野　弘監訳　Ａ５判　376頁　本体4000円

●エコロジズムと社会変革の理論　ポスト産業社会＝"環境社会"実現のための社会改革の思想的方向性を提起する。

自然の権利
―― ロデリック・F・ナッシュ著　松野　弘訳　Ａ５判　400頁　本体4000円

●環境倫理の文明史　哲学・宗教などが環境倫理思想へと転換する過程を迫った環境倫理学の古典的名著の復刊。

ハイパーカルチャー
―― Ｓ・バートマン著　松野　弘監訳　Ａ５判　424頁　本体4000円

●高速社会の衝撃とゆくえ　高速社会は人間をどう変えたのか。高速化・高度効率化した現代文明に警鐘を鳴らす。

新しいリベラリズム
―― ジェフリー・M・ベリー著　松野　弘監訳　4-6判　370頁　本体3800円

●台頭する市民活動パワー　市民活動パワー研究の第一人者による実証的研究の成果，待望の邦訳。

企業と社会（上）（下）
―― J・E・ポスト／A・T・ローレンス／J・ウェーバー著　松野　弘／小阪隆秀／谷本寛治監訳
Ａ５判　上410頁／下338頁　各巻本体3800円

●企業戦略・公共政策・倫理　米国で最も多くの読者に読まれた定評ある「企業と社会」論のテキスト，初邦訳。

―― ミネルヴァ書房 ――
http://www.minervashobo.co.jp/